Trends in der Automobilindustrie

Entwicklungstendenzen – Betriebsratsarbeit – Steuer- und Fördertechnik – Gießereitechnik – Informationstechnologie und -systeme

von

Prof. Dr. rer. nat. habil. Bernd Rudow
Prof. Dr.-Ing. Werner Neubauer

Oldenbourg Verlag München

Hans-Helmut Becker ist Leiter des Volkswagenwerkes Kassel, Ingenieur (Dr.-Ing.) und Professor für Fertigungstechnik an der Universität Kassel.

Siegfried Fiebig ist Leiter des Volkswagenwerkes Wolfsburg, Ingenieur (Dr.-Ing.) und Honorarprofessor an der Ostfalia-Hochschule für angewandte Wissenschaften.

Andreas Gebauer-Teichmann ist als Ingenieur (Dr.-Ing.) im Technologiezentrum der Gießerei des Volkswagenwerkes Kassel tätig.

Hans-Christian Heidecke ist Dipl.-Ing. und Dipl.-Wirtsch.-Ing. (FH) und zurzeit Leiter der Abteilung ITP-Komponente der Volkswagen AG.

Maik Lehmann ist Ingenieur (Dr.-Ing.) und Dipl.-Wirtsch.-Ing./Dipl.-Ing. und gegenwärtig Assistent der Werkleitung des Werkes Wolfsburg der Volkswagen AG.

Klaus Hardy Mühleck war von 2004 bis Ende 2011 Leiter IT des Volkswagen Konzerns.

Werner Neubauer ist Mitglied des Markenvorstands der Volkswagen AG, Ingenieur (Dr.-Ing.) und Honorarprofessor für Produktionsprozessoptimierung an der Hochschule Merseburg.

Bernd Osterloh ist Vorsitzender des Gesamt- und Konzernbetriebsrates der Volkswagen AG und Mitglied im Aufsichtsrat und im Präsidium der Volkswagen AG und der Porsche Holding SE.

Bernd Rudow ist Dipl.- Psychologe, Naturwissenschaftler (Dr. rer. nat.) und ordentlicher Professor für Arbeitswissenschaften an der Hochschule Merseburg.

Hartmut Wandke ist Dipl.- Psychologe, Naturwissenschaftler (Dr. rer. nat.) und ordentlicher Professor für Ingenieurpsychologie und Kognitive Ergonomie an der Humboldt-Universität zu Berlin.

Bibliografische Information der Deutschen Nationalbibliothek

Die Deutsche Nationalbibliothek verzeichnet diese Publikation in der Deutschen Nationalbibliografie; detaillierte bibliografische Daten sind im Internet über http://dnb.d-nb.de abrufbar.

© 2012 Oldenbourg Wissenschaftsverlag GmbH
Rosenheimer Straße 145, D-81671 München
Telefon: (089) 45051-0
www.oldenbourg-verlag.de

Lektorat: Dr. Gerhard Pappert
Herstellung: Constanze Müller
Titelbild: Volkswagen AG
Einbandgestaltung: hauser lacour
Gesamtherstellung: Beltz Bad Langensalza GmbH, Bad Langensalza

Dieses Papier ist alterungsbeständig nach DIN/ISO 9706.

ISBN   978-3-486-71527-9
eISBN 978-3-486-71688-7

Vorwort

Das Auto war in seiner Geschichte schon immer mehr als ein Fortbewegungsmittel. Es ist das Symbol für technische Innovation, es steht ferner für Mobilität, für „Speed and Power", für Prestige, für Design, für Lebensstil, für Persönlichkeit und allgemein für Lebensfreude und -qualität. Die Faszination, die vom Auto ausgeht, hat ihre Wurzeln im späten 19. Jahrhundert, als in Deutschland das Automobil erfunden und Geschwindigkeit zum Signum der Moderne wurde. Das Auto verband die Fortschrittseuphorie mit der Möglichkeit, sich schnell, flexibel und individuell fortzubewegen. Das Auto wurde zum Statussymbol und Prestigeobjekt. Und es gab seinem Fahrer das Gefühl, die Technik zu beherrschen und in einer schneller werdenden Welt das Tempo selber zu bestimmen. Kurzum: Das Auto kündigte Anfang des 20. Jahrhunderts eine neue Mobilitätsepoche an.

Die Automobilbranche bestand anfangs aus kleinen Firmen, die maßgeschneiderte Autos in Handarbeit herstellten. Hochwertig, teuer und exklusiv war die Produktion. Mehr als 50 Jahre sollten vergehen, bis der PKW 1954 das Motorrad bei den Zulassungszahlen überholte. Dann aber verlief die Motorisierung rasant. Vor allem der in Großserie gebaute VW Käfer sorgte dafür, dass Automobilität für breite Bevölkerungsschichten bezahlbar wurde. Nicht nur in Deutschland, sondern auch in Brasilien oder Mexiko. Als früher Global Player übernahm Volkswagen die Führungsrolle in der deutschen Automobilbranche, die in den 1950er Jahren zum industriellen Leitsektor aufstieg und der Wirtschaft wichtige Wachstums- und Modernisierungsimpulse gab.

Seitdem haben die deutschen Automobilunternehmen manche Krise überstanden, neue Technologien entwickelt, die Produktion internationalisiert und verschlankt und die tayloristische Arbeitsorganisation aufgehoben. Die Branche zählt heute zur Old Economy. Doch ihre Bedeutung für den Standort Deutschland kann kaum überschätzt werden. Mit einem Anteil von etwa 20 Prozent am Gesamtumsatz der deutschen Wirtschaft und über 700.000 Beschäftigten ist der Automobilbau eine Schlüsselindustrie. Aufgrund der Vernetzung mit anderen Industriezweigen hängt etwa jeder siebte Arbeitsplatz am Auto. Die Exportstärke der Automobilunternehmen und ihre führende Rolle auf dem Gebiet umweltfreundlicher Mobilität sichert Beschäftigung. Drei Viertel aller in Deutschland produzierten Fahrzeuge werden auf internationalen Märkten abgesetzt. In neun von zehn Fahrzeugklassen weisen deutsche Marken geringere CO_2-Emissionen als ihre Wettbewerber auf.

Auch in den Turbulenzen der Finanz- und Schuldenkrise hat sich die Automobilindustrie als Stabilitätsfaktor erwiesen und ein robustes Wachstum verzeichnet. Der Volkswagen Konzern hat daran maßgeblichen Anteil. Unter seinem Dach vereinigt der europäische Branchenführer zehn eigenständige Marken[1] mit breiter globaler Aufstellung. Weltweit bietet er über 200 Modelle an, die alle Marktsegmente abdecken – vom Kleinstwagen bis zum 40-Tonner. 2010 bauten rund 400.000 Mitarbeiter an 62 internationalen Standorten insgesamt 7,3 Millionen Fahrzeuge, die Tendenz ist steigend.[2]

Gut gerüstet für den globalen Wettbewerb, steht die heimische Automobilindustrie am Anfang des 21. Jahrhunderts erneut vor tief greifenden Umwälzungen. Was sie aus ihrer Geschichte für die Zukunft lernen kann, ist vor allem eins: Technische Innovationen allein führen nicht automatisch zu Mobilitätsfortschritten. Es geht nicht nur darum, Technologien zu beherrschen, sondern auch Prozesse, das heißt Fertigungsprozesse, Innovationsprozesse, aber auch Veränderungsprozesse. Die Automobilindustrie befindet sich gegenwärtig mitten in einer technologischen Wende. Der Klimaschutz und die Endlichkeit fossiler Rohstoffe setzen der auf Verbrennungsmotoren basierenden Mobilität natürliche Grenzen. Ebenso verlangen der zunehmende Verkehr in den Megacitys und die Industrialisierungsdynamik ehemaliger Schwellenländer neue Antriebskonzepte für den erwarteten Mobilitätsboom. In zehn Jahren, so die Prognosen, wird die Anzahl der Autos von heute einer Milliarde auf 1,3 Milliarden ansteigen. Die Schwerpunkte des globalen Nachfragebooms liegen in China, Indien, Südamerika und Osteuropa.

Um dieses Wachstumspotenzial zu nutzen, muss die deutsche Automobilindustrie innovative und umweltverträgliche Lösungen für die landesspezifischen Mobilitätsbedürfnisse finden. Das wird aber nur gelingen, wenn sie ihre Wertschöpfungskette lokalisiert, von der Forschung und Entwicklung über die Beschaffung und Produktion bis hin zu den Finanzdienstleistungen. Volkswagen nimmt hier eine Vorreiterrolle ein. Die Kernmarke ist mit Standorten in China, Brasilien, Indien und Russland präsent, wo sie auf den regionalen Markt zugeschnittene Produktpaletten fertigt. Speziell für den brasilianischen Markt hat Volkswagen in Kooperation mit Bosch den Flex-Fuel-Motor entwickelt. Er läuft nicht nur mit herkömmlichem Kraftstoff, sondern auch mit Bioethanol.

Zur Mobilität der Zukunft führt kein Königsweg. Vielmehr sind die deutschen Automobilunternehmen aufgefordert, das gesamte Technologiespektrum weiterzuentwickeln, vom optimierten Verbrennungsmotor über Leichtbau und alternative Kraftstoffe bis hin zur Elektromobilität. Die Branche investierte 2010 fast 20 Milliarden Euro in Forschung und Entwicklung. Und alle Hersteller haben für die kommenden Jahre Elektrofahrzeuge angekündigt. Bei Volkswagen beispielsweise gehen 2013 die Elektroversionen von Golf und up! an den Start. Bis zur Überführung dieser Technologie in die Großserie sind noch einige Hindernisse zu überwinden. Die Entwicklung bezahlbarer Batterien für alltagstaugliche Reichweiten stellt gegenwärtig das größte Problem dar, das nur durch eine stärkere Vernetzung der Automobilunternehmen mit Forschung und Wissenschaft gelöst werden kann. Auch eine enge Kooperation zwischen Politik, Autoindustrie und Stromkonzernen ist unerlässlich, um eine Ladeinfrastruktur aufzubauen und mehr regenerativen Strom zu erzeugen.

---

[1]   inklusive MAN

[2]   ohne MAN

Die Globalisierung hat nicht nur Wachstumschancen eröffnet, sondern auch neue starke Konkurrenten wie den Hyundai-Kia-Konzern hervorgebracht. Lokale chinesische Hersteller versuchen sich zudem aus einem starken Heimatmarkt und mit Hilfe der Regierung erfolgreich zu internationalisieren. Dem wachsenden Wettbewerbs- und Kostendruck begegnet der Volkswagen Konzern mit einer Innovations- und Wachstumsstrategie. Bis 2018 will das Wolfsburger Unternehmen zum ökonomisch und ökologisch führenden Automobilhersteller aufsteigen. Die Grundlage für eine rentable Technologie- und Modellvielfalt schaffen die seit 2007 eingeführten Baukästen mit standardisierten Modulen, die marken- und fahrzeugübergreifend zum Einsatz kommen. Der modulare Querbaukasten, der 2012 in Serie geht, liefert das Rüstzeug für mehr als 40 Modelle und 3,5 Millionen Fahrzeuge der Kompakt- und Mittelklasse. Darüber hinaus hat Volkswagen im Dialog mit Betriebsrat und Belegschaft einen Weg beschritten, der die Flexibilität und Effizienz, aber auch die Umweltverträglichkeit der Produktion kontinuierlich steigern soll.

125 Jahre nach der Geburt des Automobils stehen die Unternehmen der Branche heute vor der großen Aufgabe, das Auto und in mancher Hinsicht auch sich selbst neu zu erfinden. Das vorliegende Buch will hierzu mit systematischen Anregungen für die Praxis beitragen. Es soll neue Entwicklungen in der Automobilindustrie reflektieren. Autoren sind Manager und Wissenschaftler, die sich an ein breites Fachpublikum wenden, an Praktiker im Automobilunternehmen ebenso wie an Wissenschaftler und Studierende unterschiedlicher Automotivdisziplinen.

Das Buch weist drei thematische Schwerpunkte auf:

I. *Werner Neubauer* stellt den Einfluss gesellschaftlicher Faktoren auf Markt- und Kundenstrukturen dar und nimmt insbesondere den demografischen und den Wertewandel in den Blick. In diesem Zusammenhang skizziert er die Auswirkungen von Marktveränderungen auf Produktentwicklung, Fahrzeugfertigung und Lieferantenbeziehungen in der Automobilindustrie. Aus Arbeitnehmerperspektive umreißt *Bernd Osterloh* am Beispiel der Volkswagen AG neue Aufgaben und Handlungsfelder der Betriebsratsarbeit.

II. *Siegfried Fiebig* analysiert die Konsequenzen, die sich aus dem Wandel zur flexiblen Fabrik für die Steuer- und Fördertechnik ergeben. *Hans-Helmut Becker & Andreas Gebauer-Teichmann* zeigen am Beispiel der Leichtmetall-Gießerei, wie die technologische Entwicklung in der Automobilindustrie einer umweltverträglichen, nachhaltigen Fertigung gerecht werden kann.

III. *Klaus Hardy Mühleck* und *Hans-Christian Heidecke* geben einen Überblick über die Entwicklung von IT-Systemen in der Automobilindustrie und machen die Informationstechnologie als integrativen Bestandteil der Unternehmensstrategie kenntlich. *Bernd Rudow* zeigt, dass betriebliche Informationssysteme als soziotechnische Systeme unter Berücksichtigung von technischen und humanen Faktoren ganzheitlich analysiert, evaluiert und gestaltet werden müssen. *Hartmut Wandke* illustriert anhand von Fahrerinformations- und Fahrerassistenzsystemen, was die Ingenieurpsychologie zur Gestaltung eines Mensch-Maschine-Systems beitragen kann. Schließlich stellt *Maik Lehmann* am Beispiel der Endmontage im Automobilunternehmen dar, wie ein Modell handlungsleitender Informationsprozesse in die Fabrikplanung integriert werden kann.

Unser Dank gilt Dr.-Ing. *Maik Lehmann* (VW), M.Sc. Dipl.-Kffr. *Beate Eilermann* (VW), Dr. *Alexandra Baum-Ceisig* (VW), Dipl.-Ing. *Jörg Stübig* (VW) und Dipl.-Ök. *Heide-Rose Rudow*, die besonders bei der Endfassung mitwirkten. Es freut uns, dass wir für das Buch den renommierten Oldenbourg Wissenschaftsverlag gewinnen konnten. Wir danken herzlich Herrn Dr. Pappert für die sachkundige Unterstützung besonders in der Finalphase des Buches.

Die Herausgeber   *Wolfsburg und Merseburg, Dezember 2011*

Inhaltsverzeichnis

Trends in der Automobilindustrie

Trends in the automotive industry

Werner Neubauer

Zusammenfassung

Die Entwicklung der Automobilindustrie ist bisher vorwiegend durch technische Innovationen bestimmt worden. Gegenwärtig sind aber mehr denn je auch globale, gesellschaftliche und soziale Einflussfaktoren zu beachten. Davon ausgehend werden Aspekte der Marktentwicklung, der Kundenstruktur, der Produktentwicklung, der Fahrzeugfertigung und der Beziehung zum Lieferanten dargestellt. Diesen Herausforderungen müssen sich Automobilhersteller stellen.

Summary

The development of the automotive industry has until now been primarily defined by technical innovations. Currently, however, global, societal and social factors must be considered more than ever before. Against this backdrop, aspects of market development, customer structure, product development, vehicle production and supplier relations are presented. These are the challenges that the OEMs must respond to.

1 Einleitung

Unterschiedliche Entwicklungen der Weltmärkte führen dazu, dass derzeit von einer Revolution in der Automobilindustrie gesprochen wird (Hüttenrauch & Baum, 2008). Die Herausforderungen sind vornehmlich durch komplexe wirtschaftliche, politische und gesellschaftliche Themen geprägt. Dies sind beispielsweise die Entwicklung der globalen Märkte, Wettbewerbsstrukturen und die Nachfrage nach innovativen und umweltfreundlichen Produkten. Insbesondere die Auswirkungen des demographischen Wandels der westeuropäischen Industrienationen, die Umweltanforderungen und der technologische Paradigmenwechsel sind deutliche Indikatoren eines Veränderungsbedarfs. Dieser Veränderungsbedarf ist auf neue Strategien und Trends in der Automobilindustrie fokussiert. Die entscheidenden Treiber für diese Entwicklung werden im Folgenden in ihrer Bedeutung für die OEM's (Original Equipment Manufacturer) skizziert.

2 Marktentwicklung und Finanzmarktkrise

Die Entwicklung der Märkte und die aktuellen Trends – basierend auf der Finanzmarktkrise – werden im Folgenden betrachtet.

2.1 Differenzierte Marktstruktur als globale Herausforderung

Die globalen Märkte konnten vor der Finanzmarktkrise zweidimensional entsprechend ihres prognostizierten qualitativen und quantitativen Wachstums aufgeteilt werden. Mit relativ geringen Schwankungen konnte der zentraleuropäische Markt als eher stabiles Marktsegment angesehen werden.

Demgegenüber ist der Markt in Westeuropa durch hohe Einkommensstrukturen mit qualitativen Wachstumsraten geprägt. Die Käuferschichten sind hier vordergründig durch eine hohe Bedürfnisdiversifikation gekennzeichnet und bildeten somit die anspruchsvollste Abnehmerstruktur. Durch die Automobilproduzenten wurden diese Bedürfnisse durch höhere Typvielfalt befriedigt. Daraus abgeleitet ergaben sich hohe Komplexitätskosten. Neuere Strategien definieren in Anlehnung dessen vordergründig den Ausbau des organisationalen Innovationsgrades und die Erhöhung der vom Markt verlangten Flexibilität. Die Produktentwicklung vollzieht dabei immer wieder neue Qualitätssprünge.

Zusammen mit Westeuropa ist auf dem nordamerikanischen Markt eine hohe qualitative Markenpräsenz zu verzeichnen. Der Anspruch an den Vertrieb unterscheidet sich jedoch grundlegend auf beiden Märkten. Die Abnehmerpyramide zeigt insbesondere in den USA eine Verbreitung, die zur Uniformität in den Fahrzeugbestellungen führt. Noch führen diese zu vergleichsweise einheitlichen Fahrzeugbestellungen in allen Geschäftssegmenten. Das Preisbewusstsein des amerikanischen Händlers verlangt auf diese Weise die Ausnutzung von Mengenrabatten, die direkt an die Abnehmer weitergereicht werden.

Der japanische Markt wird im Hinblick auf das mittlere bis geringe qualitative und auf das mittlere Wachstum im Volumensegment ähnlich dem nordamerikanischen Markt eingeordnet. Die BRIC-Staaten (Brasilien, Russland, Indien und China – hier vornehmlich Russland, Indien und China) bieten durch den Beginn der Massenmotorisierung und der hohen Bevölkerungszahl die Chance, selbst bei Markteintritt oder auch bei abnehmenden relativen Marktanteilen absolute Absatzsteigerungen erreichen zu können. Trotz der bislang noch schwierigen Einkommensverhältnisse der Bevölkerungsmehrheit werden die BRIC-Staaten als „Schlaraffenland" für Volumenproduzenten angesehen. Besonders ist hier Indien zu nennen. Als einer der zukünftig größten Absatzmärkte der Welt wird das Land nach Prognosen binnen weniger Jahrzehnte China als bevölkerungsreichstes Land der Welt überholen (vgl. Simon, 2007).

Allgemein schält sich verstärkt ökonomisch die Vorreiterrolle Indiens und Chinas als Wachstumsstärkste Volkswirtschaften heraus. Im Vergleich zum Absatzmarkt in Deutschland ist seit dem Jahr 2000 in China ein stetiges Nachfragewachstum zu verzeichnen, dass auch während der letzten Finanz- und Wirtschaftskrise nicht abbrach. Der PKW-Absatz in China wird im Jahr 2014 das 5-fache des deutschen Marktes betragen. Um dieser Entwicklung Rechnung zu tragen, ist VW bereits heute mit fast 40 Fahrzeugmodellen in China vertreten, wovon rund ein Zehntel chinesische Eigenentwicklungen darstellen.

Eine ähnliche Marktentwicklung ist in Indien zu verzeichnen. Auch hier sind die Auswirkungen des PKW-Absatzes vor allem in den Großstädten deutlich sichtbar. Dabei ist ein Trend von nationaltypischen Motorrädern hin zu Kleinstwagen zu verzeichnen. Die meisten Sonderfabrikate werden auf Basis von Standardprodukten marktindividuell angepasst, um so den Käuferanforderungen mit Hinblick auf Preis und Qualität zu genügen. Es zeigt sich hier, dass sich Indien auch nach der Krise auf einem stabilen Wachstumspfad befindet.

Eine Einteilung der Märkte nach qualitativem und quantitativem Wachstum veranschaulicht die folgende Abbildung.

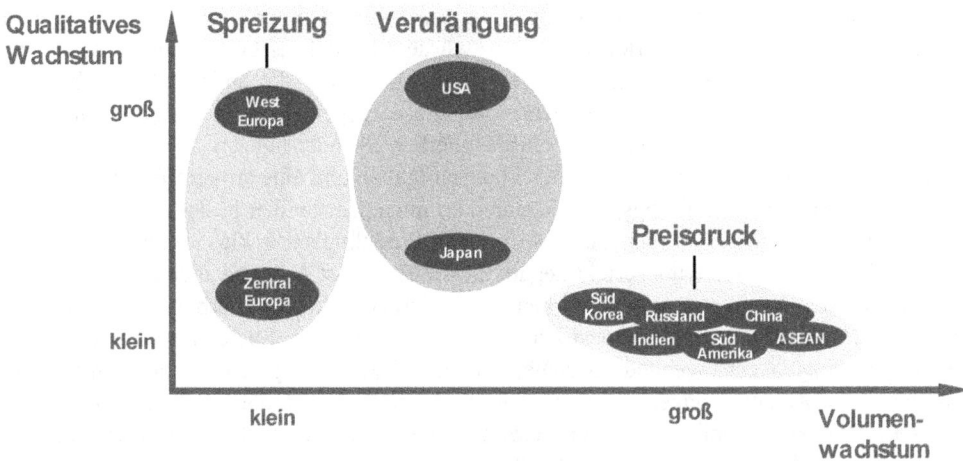

Abb. 2.1: Einordnung der Märkte. Quelle: angelehnt an RACE 2015 - Refueling Automotive Companies' Economics (McKinsey & Company, 2006)

2.2 Produktions- und Absatzverschiebung in den Hauptmärkten

Im Rahmen der globalen Marktstruktur zeichnen sich vier Schwerpunktmärkte ab: die innovationsfordernden Märkte Westeuropa und USA auf der einen und die Volumenmärkte Indien und China auf der anderen Seite. Die Bearbeitung dieser Schwerpunktmärkte erfordert eine differenzierte Produkt-Markt Strategie und damit die Entwicklung von Modellen, die den spezifischen Bedürfnisse der Kunden in der jeweiligen Region angepasst sind.

Westeuropa gilt in diesem Zusammenhang als gesättigter Markt. Die daraus entstehenden hohen Ansprüche der Kunden führten zu einer Vervielfältigung des Produktportfolios. Allein aus der Golfplattform heraus, die im Jahr 1974 nur den originären Plattformvertreter Golf enthielt, entstanden bis zum Jahr 2008 sieben weitere Volkswagen-Derivate. So wurden im Rahmen dieser Produktdifferenzierungsstrategie

- der VW Eos als Erlebnisfahrzeug in Form eines Coupé/Cabrio,
- der VW Tiguan als kompakter Offroad-Bruder des VW Touareg,
- der VW Touran und VW Golf Plus als Minivan-Varianten,
- der VW Beetle als Revival in der Kompaktklasse,
- der VW Jetta als weiteres Modell im Mittelklassesegment und
- der VW Golf Variant, ebenfalls zur Erweiterung der Kompaktklasse

entwickelt und in den Markt gebracht.

Die ausgeprägte Diversifizierung im Produktprogramm ist allein durch das Individualisierungsbestreben der Käuferschaft determiniert. Deshalb ist eine weitere Segmentierung der Angebotspalette zu erwarten. Diese Entwicklung könnte zukünftig in zwei Effekte münden. Kurzfristig gesehen droht die Gefahr, dass es vermehrt zu einer Produkt„kannibalisierung" innerhalb der Angebotsstruktur der Automobilproduzenten kommen könnte. Eine steigende Anzahl an Modellen (bzw. Plattformderivaten) würde zwar auf der einen Seite zu einer verbesserten Befriedigung der Marktnachfrage führen, stünde auf der anderen Seite aber stagnierenden oder sogar deflationären Marktvolumina entgegen. In Folge dessen würde der relative „Marktanteil trotz Einführung neuer Modelle nicht oder nur leicht ansteigen" (Wallentowitz et al., 2009). Aufwendige Entwicklungsaufgaben und eine ausgereifte Marktvorbereitung während der Einführungsphase könnten so unter Umständen in der späteren Marktphase nicht mehr gedeckt werden, so dass über den Produktlebenszyklus kumulierte Gewinne bei hohem Kannibalisierungseffekt negativ ausfielen. Es ist Aufgabe aller Unternehmensbereiche, diesem Trend entgegen zu wirken. Dem Marketing kommt hierbei die Aufgabe zu, eine klare Produkttrennung zumindest käuferseitig zu festigen und bereits im Vorfeld Fahrzeugentwicklungen entsprechend zu steuern. In der Entwicklung sollten zudem mit Hilfe umfangreicher Kostenmanagementinstrumente und -methoden besonders die Fix- bzw. Gemeinkostenblöcke minimiert und der gesamte Bereich ganzheitlich umgestaltet werden. Beschaffung und Produktion sollten flexibler und in diesem Sinne auch kosteneffizienter ausgestaltet sein, um dem drohenden negativen wirtschaftlichen Produktzyklus entgegen zu wirken.

Langfristig müssen sich Automobilproduzenten auf die Ausweitung des Prinzips „Losgröße 1" auf den Vertrieb einstellen. Dies bedeutet: Zukünftig wird sich am Markt nur durchsetzen können, wer ein äußerst umfangreiches Angebotsspektrum hat und dies auf Modulebene anbietet. Dieses kann vom Kunden individuell selbstständig aufgewertet und damit individualisiert werden. An dieser Stelle werden insbesondere zwei bisher eher marginal beurteilte Fragestellungen zu Schlüsselfaktoren:

1. Wie kann Richtung Kunde eine sinnvolle und effiziente Kommunikation des umfangreichen Angebotsspektrums erfolgen, ohne diesen mit der Fülle an Wahlmöglichkeiten zu überfordern?
2. Was ist produktionsseitig notwendig, um bei „Losgröße 1" unter Beibehaltung der Serienproduktion die Wirtschaftlichkeit dennoch zu sichern?

Als weiterer Kernmarkt ähnelt der US-amerikanische Markt zumindest qualitativ dem westeuropäischen. Bei einem globalen Fahrzeugabsatz von 49 Millionen Fahrzeugen im Jahr 2000 und einem rund 20-prozentigen Anstieg auf 59 Millionen Fahrzeugen im Jahr 2010 wurden allein in den USA ca. ein Viertel des Weltabsatzes (ca. 15 Millionen Fahrzeuge) in den Markt gegeben. Dies bedeutet, dass jeder Amerikaner dekadisch ein neues Auto kauft. In den USA besitzt durchschnittlich ein Haushalt bereits jetzt mehr Fahrzeuge als Fahrer.

Die Hauptmärkte China und Indien unterscheiden sich signifikant von den bisher vorgestellten beiden Märkten. Der indische Automobilmarkt profitiert wesentlich vom käuferseitigen Trend von „zwei Rädern" auf „vier Räder". Das Käuferverhalten wird jedoch hier noch auf lange Sicht durch eine hohe Preissensibilität geprägt sein. Hier müssen sich Automobilbauer vorrangig im Bereich der (Super-)Kompaktwagenklasse etablieren.

China scheint schon heute ein Wachstumsmarkt mit Trendwirkung zu sein. Nur Automobilproduzenten, die sich erfolgreich auf diesem Markt festsetzen, können global überleben. Dies erscheint angesichts einer Wachstumsrate von bis zu 20 Prozent zwar auf den ersten Blick nicht anspruchsvoll, wird aber durch die lokale Konkurrenz stark erschwert. China hat sich bis ins Jahr 2010 zum zweitgrößten Absatzmarkt der Welt entwickelt und ist somit vor Deutschland platziert. Während die Marktstruktur anderer Märkte durch wenige Marken bestimmt ist, ist der chinesische Markt durch relativ viele gleich verteilte, niedrige Marktanteile geprägt. Repräsentiert der relative Marktanteil der Automobilproduzenten den relativen Stimmenanteil bei einer Wahl, würden über ein Drittel der Stimmen an Automobilproduzenten mit jeweils weniger als fünf Prozent Marktanteil gehen. Keine Marke hat hier demnach eine entscheidende Vormacht. Die enormen, anhaltenden Wachstumsraten des chinesischen Marktvolumens würden aber trotz Rückgang des relativen zu einer Zunahme des absoluten Marktanteils führen.

Der Erfolg der lokalen Hersteller aus den Emerging-Markets beflügelt diese vor Ort zum Eintritt in die „alten" Märkte wie Europa und Nordamerika. Inwiefern Anbieter wie z. B. Brilliance oder Tata auf diesen etablierten Märkten Fuß fassen können, ist derzeit nicht absehbar. Wichtig ist es jedoch, keinen dieser Fahrzeugproduzenten als Konkurrenten zu unterschätzen. Der Verdrängungswettbewerb in den USA und Europa wird also weitergehen.

3 Kunden

Die Veränderungen der Kundenwünsche und -strukturen in den osteuropäischen Märkten sind vor allem in der gesellschaftlichen Entwicklung begründet. Die Abb. 3.1 stellt die Veränderung der Gesellschaft anhand von Gesellschaftsgruppen von 1990 bis 2010 dar.

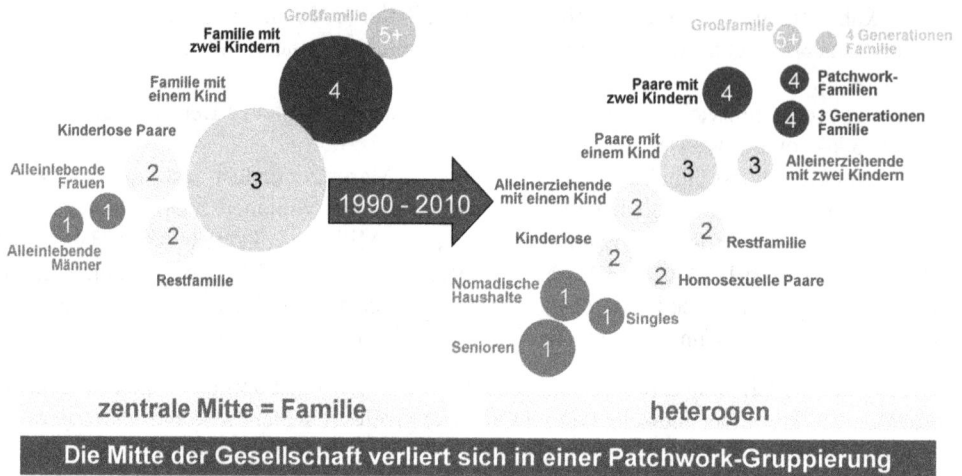

Abb. 3.1: *Veränderung der Gesellschaft 1990 – 2010. Quelle: Horx & Friedemann (2002)*

Deutlich zu erkennen ist die starke Segmentierung der Gruppen 3 und 4 in viele kleinere Einheiten. Diese haben unterschiedliche Ansprüche an das Produkt. Die so entstehende Forderung nach unterschiedlichen, den Kundenanforderungen genügenden Produkten erhöht erheblich die Variantenvielfalt der Produkte. Dies geht einher mit einem ständig steigenden Anspruch der Kunden zu individuellen Lösungen. Dies ist insbesondere in den westeuropäischen Märkten festzustellen. Die Neudefinition der Lebensabschnitte führt zu einer weiteren Veränderung der Kundenansprüche. Abhängig vom jeweiligen Lebensabschnitt und der angepassten Definition der Inhalte verändern sich also die Kundenanforderungen.

Neben diesen Kriterien wird die Kundenstruktur vor allem durch den demografischen Wandel in den Industrienationen beeinflusst. Im Zuge der steigenden Lebenserwartungen und des quantitativen Wachstums der Altersgruppe der über 65-jährigen wird bereits von der „Silbernen Revolution" gesprochen. Kennzeichen ist nicht nur die quantitative Zunahme dieser Altersgruppe an der Gesamtbevölkerung, sondern das neue Lebensgefühl und eine neue Lebensqualität dieser Gesellschaftsgruppe. Die älteren Menschen sind aufgrund der höheren Lebenserwartung, der fortschreitenden Entwicklung der Medizin, der veränderten Ernährung u. a. m. jünger, aktiver und gesünder. Dies wirkt sich auf das Kaufverhalten und die Erwartungen an Produkte aus, was von vielen Unternehmen erst zögerlich erkannt und umgesetzt wird. Dies beeinflusst in erheblichem Maße die Merkmalsverteilung der Kaufentscheidung. Neben dem Verbrauch und damit der ökologischen Orientierung ist vor allem die Alltagstauglichkeit bedeutsam für Kaufentscheidungen. Bequemes Ein- und Aussteigen, einfache Bedienung, übersichtliche und verständliche Navigation sind Beispiele für Kaufkriterien einer älteren Käufergruppe.

Ein spezieller Trend in der Automobilindustrie soll an dieser Stelle thematisiert werden. Die Anzahl der privaten PKW-Halter, die ihr Fahrzeug bar bezahlen, sinkt stetig. Dagegen nehmen Finanzierungs- und Leasinggeschäfte deutlich zu. Die „cost of usership" werden geringer als die „cost of ownership". Die Ergebnisbeiträge zum Unternehmensgewinn der OEM's sind jedoch bei den privaten Fahrzeugverkäufen am höchsten. Hier müssen neue, wirtschaftlichere Geschäftsmodelle entwickelt werden.

Zusammenfassend sind vier wesentliche Tendenzen der Kundenveränderungen festzustellen:

- Der Individualisierungsdrang und die unterschiedlichen Anforderungen differenzierterer Käufergruppen erhöhen die Anzahl von Derivaten und Varianten der Produkte.
- Es gibt weniger private Fahrzeughalter. Finanzierungen und Leasing-Geschäfte nehmen zu.
- Die älteren Kunden werden zunehmend zu einer zentralen Käufergruppe mit speziellen Anforderungen.
- Der Fahrzeugwunsch ist nicht mehr das Wichtigste in den Werteorientierungen. Urlaub, Medien, etc. sind bereits gleichwertige Wünsche der Kunden.

4   Produkte

Die Produktentwicklung wird neben den gewohnten Innovationszyklen zur Verbesserung der Fahrzeugsicherheit, -qualität und des Fahrzeugkomforts um den Faktor Emissionsreduktion erweitert. Dieser wird verstärkt durch die Legislative. So sehen die EU-Ziele zur CO_2-Regulierung vor, dass die durchschnittlichen CO_2-Emissionen der Pkw-Neuwagenflotte der im Markt vertretenen Hersteller bei 120 g/km liegen sollen. Dieses Gesamtziel der EU soll ab 2012 schrittweise bis 2015 erreicht sein. Die Überschreitung dieser Vorgabe ist mit Strafzahlungen verbunden. Parallel haben verschiedene EU-Mitgliedsstaaten eine CO_2-abhängige Besteuerung in Kraft gesetzt. Am Beispiel von Frankreich lässt sich ein nahezu linearer Besteuerungssatz zeigen. Werden Fahrzeuge mit einem CO_2-Ausstoß von unter 100 g je 1.000 kg mit einem Bonus von 1.000 Euro belohnt, erfolgt eine Malus bereits ab 160 g je 1.000 kg und steigert sich bis auf 2.600 Euro.

Insgesamt haben bis zum Jahr 2009 23 europäische Länder eine CO_2-abhängige Besteuerung eingeführt. Davon ausgehend waren Absatzsteigerungen bei Modellen mit niedrigen CO_2-Emissionen zu verzeichnen. Eine gegenläufige Entwicklung zeigte sich für Modelle mit mittlerem CO_2-Ausstoß. Die vordergründig in den hochklassigen Produktsegmenten liegenden Absatzzahlen nahmen nahezu in dem Umfang ab, in dem die CO_2-Vorbilder zunahmen. Die Produktsubstitution zeigt hier einen Trend zum bewussten „Down-Sizing" von Fahrzeugen.

Entwicklungsstrategien, die ein solches Verhalten fördern, liegen in der Steigerung der Effizienz fossiler und in der Etablierung erneuerbarer Kraftstoffe. Auch wenn die Alternative fossiler Kraftstoffe mit geringerem CO_2-Ausstoß zwar kein Quantensprung im Sinne einer Emissionsnegierung bedeutet, liefern Combined Combustion Systeme (CCS) aus kombiniertem Diesel- und Benzinantrieb, Ergas- und Elektrofahrzeuge dennoch einen temporären Ausstieg aus einer möglichen ökologischen Krise. Ein mittleres Entwicklungspotential wird bei Erdgasfahrzeugen gesehen. Diese können in der reinen Variante mit reinem Ergas betrieben werden oder alternativ als SynFuel. Der Vorteil des Erdgasantriebs ist jedoch die bereits heutige (wirtschaftliche) Einsatzfähigkeit. Als erneuerbare Kraftstoffquelle dürfte allerdings in dem reinen SunFuel und damit der Nutzung der Sonnenlichtenergie das weitaus höchste Entwicklungspotential liegen. Zudem laufen derzeit zahlreiche Forschungsbestrebungen, um weitere erneuerbare Energiequellen für die Automobilindustrie zu erschließen.

Gegenwärtig auf dem Vormarsch befinden sich Antriebe, die auf dem Prinzip der E-Traktion basieren. Die im „Trolley" 1882 durch Werner von Siemens erstmalig angewandte Antriebsart findet zunehmende Nachfrage auf nahezu allen Märkten. Im Vergleich zum konventionellen Antrieb mit fossilen Energieträgern lassen sich verschiedene Zwischenformen zum Elektrofahrzeug durchlaufen. Diese weisen steigende Energiespeicheranforderungen für Start-Stopp-Automatik und Energierückgewinnung (Micro Hybrid) mit zusätzlichem Boost (Mild Hybrid) und zusätzlichem E-Drive (Full bzw. Plug-In Hybrid) auf. Heutige Elektrofahrzeuge benötigen daher Kapazitäten bis zu 25 kWh bei einer Leistung von bis zu 80 kW. Die ökonomische Zukunftsfähigkeit der E-Traktion ist dabei maßgeblich von der Leistungsfähigkeit der Batterie abhängig. Die Kompetenz der Batterieherstellung wird hierbei zu einer Kernkompetenz. Verschiedene Szenarien prognostizieren anhand der Entwicklung der letzten Jahre rapide sinkende Preise in Euro je Kilowattstunde und setzen bis zum Jahr 2020 auf einen Technologiesprung. Heute kann noch von keinem idealen Fahrzeugkonzept gesprochen werden. Schlüsselfaktor bleibt dabei allerdings auch in absehbarer Zukunft das Energiespeicherkonzept und vor allem die Batterie selbst. Doch nicht zuletzt durch das staatliche Engagement im Bereich der E-Traktion wird diese Entwicklung evolutionär anhalten.

Insgesamt lässt sich prognostizieren, dass die globale Klimadebatte das Kaufverhalten und damit das Produktprogramm der Automobilproduzenten stark verändern wird. Dieser Trend wird zusätzlich durch die transkontinentalen und nationalen Gesetzgeber verstärkt. Das veränderte Käuferverhalten lässt sich weiterhin an der zunehmend kritischen Haltung gegenüber großvolumigen Motorisierungen erkennen. Für einen Automobilproduzenten liegt die Herausforderung in der ökologiegerechten Gestaltung seiner Produkte und in dem Handling der Segmentgrößenverlagerung durch das „Down-Sizing".

5 Fertigung

Die Fertigung steht in enger Zusammenarbeit mit der Fahrzeugkonstruktion. Durch das Ansteigen des Komplexitätsgrades innerhalb der Fertigung, bedingt durch die über die Jahre ansteigenden Fahrzeugvarianten, mussten alternative Entwicklungskonzepte diskutiert und umgesetzt werden. Diese beinhalteten für die Automobilindustrie eine flächendeckende Produktstandardisierung. So wurde das sogenannte Plattformkonzept, welches eine interne Produktsegmentierung darstellt, entwickelt. Dieses Konzept erlaubte es, die vom Kunden als verschieden wahrgenommenen Fahrzeugmodelle auf einer einheitlichen Plattform, d. h. mit einem uniformen Fahrzeuggerüst, zu konstruieren und letztendlich zu fertigen. Am Beispiel von Volkswagen wurden aus dem Ein-Produkt-Unternehmen 1945 (VW Käfer) ein plattformmultiples Produktionsnetz. Bereits ab 1975 konnten so markenübergreifend Synergie- und Skaleneffekte erzielt werden. Als Beispiel soll die Volkswagen A-Klasse dienen, welche bis heute als Plattform für den VW Golf, den VW Golf Variant, den VW Jetta, den VW Touran, den Audi A3, den Skoda Octavia und den Séat Toledo dient.

Mit der einhergehenden Produktdifferenzierung mussten aber zunehmend Modelle entwickelt werden, die als plattformübergreifend einzustufen sind. Die Verschmelzung der A0- und der A-Klasse beim Skoda Roomster oder auch VW Scirocco ist ein typischen Beispiel dafür. In Folge dessen wurden wissenschaftlich fundierte Ansätze entwickelt, die die Weiterentwicklung der Plattform-Strategie zu einer Modulstrategie beinhalten (Ebel et al. 2004). Letztere ist im Vergleich zur Plattform-Strategie durch eine noch höhere Produktstandardisierung gekennzeichnet. Zudem wird das moderne Fahrzeug nicht mehr nur durch ein einheitliches Gerüst, sondern durch einheitliche Baugruppen gekennzeichnet. Durch diese modell- und markenübergreifende Komponentenuniformität werden unter Beibehaltung einer vom Kunden wahrgenommenen hohen Varianz Skaleneffekte weiter verstärkt. Um dem Trend der Erhöhung der Komplexitätskosten entgegen zu wirken, führte Volkswagen die so genannten Modulbaukästen ein.

Neben der produktbezogenen Fertigungsreorganisation liegen Veränderungsprozesse auch in der Fertigung selbst verankert. Insbesondere neue Produktionsprozesse im Rahmen des sich beschleunigenden technologischen Fortschritts führen hier nachhaltig zu umfassenden Veränderungen. Gerade die Automobilindustrie steht bei neuen Verfahrensentwicklungen häufig an erster Stelle und fördert nicht selten die Praxisrelevanz einer neuen Technologie. Die Schnittstellen zur Produktentwicklung sind jedoch auch an dieser Stelle zu verzeichnen.

Im Gegensatz zu Großserienprodukten wie dem Golf liegen die Produkt- bzw. Konstruktionsstrategien im Bereich der Kleinserienfahrzeuge (z. B. Rennwagen) in alternativen Konzepten. Kleinstserien werden dazu wirtschaftlich auf Basis von Rahmenstrukturen gefertigt. Dieses Konzept ist eine Alternative zur Plattform-Strategie. Dabei zeigt sich bereits im Vorfeld der Analysen, dass eine Rahmenstruktur auf Grund des extrem hohen Individualisierungsgrades in Verbindung mit einer sehr geringen Absatzmenge nur eine Lösung für hochpreisige Fahrzeuge darstellt. Das Rahmenstrukturkonzept zeigt im Produktaufbau einen stabilen Fahrzeugrahmen aus einer Rohrkonstruktion, die der Karosserieform des Fahrzeuges nachempfunden ist (siehe Abb. 5.1). Auf diesen recht einfachen Fahrzeugrahmen werden Beplankungsteile aufgebracht, welche die eigentliche Kontur des Fahrzeuges bilden.

Der Vorteil dieses Fertigungsvorgehens liegt in dem relativ einfachen späteren Austausch von Beplankungsteilen. Rennfahrzeuge können so bei intakter Rahmenstruktur schnell und einfach neu „bestückt" werden.

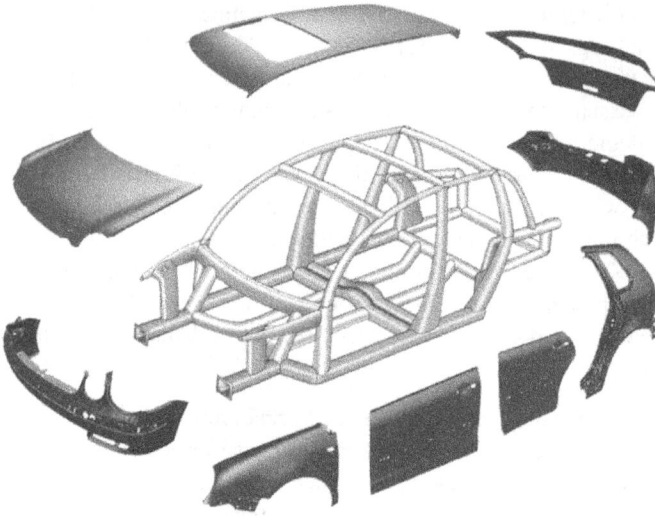

Abb. 5.1: Rahmenstrukturkonzept

Eine Konzeptlücke erschließt sich für Automobilproduzenten im Mittelserienbereich zwischen Klein- (maximal fünf Fahrzeuge pro Tag) und Großserie (ab 100 Fahrzeuge pro Tag). Dabei fallen die Skaleneffekte, die einen Einsatz der Modulstrategie rechtfertigen, noch zu gering aus. Auf der anderen Seite zeigt sich schnell die mangelnde Wirtschaftlichkeit des Rahmenstrukturkonzeptes mit steigenden Absatzzahlen, da Skaleneffekte durch hohe technische und technologische Anforderungen auch hier ebenfalls zu klein sind. Gerade dieser Produktionsbereich der Mittelserie erscheint zur Markterschließung von Elektro- oder auch Fun-Cars jedoch äußerst lukrativ.

Zunehmend modulare Bauweisen verringern dabei Komplexität durch Begrenzung innerer Varianz, wodurch Fahrzeugentwicklungen sehr viel schneller und günstiger werden und sich damit vor allem Investitionen eher amortisieren. Zudem werden sich Fertigungskonzepte ausbilden, die einen hohen Grad an Flexibilität bei konstanten Stückkosten sicherstellen. Es werden also zunehmend Mix-Fertigungen mit unterschiedlichen Fahrzeugvarianten die Ein-Modell-Linie ablösen. Werkstoffseitig werden sich alternative Werkstoffe durchsetzen. Als Vorreiter wirbt Audi seit Jahren mit einer 100-prozentigen Aluminiumkarosse in einem seiner Modelle. Ferner wird die Bedeutung von Magnesium, aber auch von Kunststoffen als Werkstoff zunehmen. Letztendlich bieten alle drei Alternativen die Chance einer drastischen Gewichtsreduktion, was mit dem Ziel der Reduktion des CO_2-Ausstoßes korrespondiert. Aus den neuen Werkstoffen ergeben sich für die Fertigung neue Anforderungen, die sich auch im Bereich der Fügetechnik als Schlüsselfaktor manifestieren werden.

6   Lieferanten

Die dargestellten Entwicklungen erfordern ebenfalls bei der Strategie im Umgang mit den Lieferanten neue Wege. Die unterschiedlichen Märkte und die steigende Zahl von Derivaten führen dazu, dass eine zunehmend verstärkte Arbeitsteilung mit den Lieferanten erfolgt. So kann beispielsweise festgestellt werden, dass die Entwicklungsleistungen und die Fertigungstiefe der Lieferanten in den letzten Jahren deutlich angestiegen sind, und dieser Trend noch weiter anhalten wird. Im Rahmen der Einführung der modularen Baukästen werden weitgehend alle Volumina weltweit angefragt. Die verstärkte Einbindung der Lieferanten wird dabei entlang der gesamten Wertschöpfungskette erfolgen. Sie erfolgt sowohl in der Entwicklung als auch in der Produktion beim Einbau von Modulen. Die Modul- bzw. Systemlieferanten vergeben ihrerseits weitere Teilaufträge an Unterlieferanten. Am Beispiel von Cockpits bei Automobilherstellern ist dies bereits erkennbar. Die Entwicklung, Fertigung, Qualitätskontrolle und auch die Anlieferung an das Montageband erfolgen bei Lieferanten. Der OEM übernimmt in diesem Prozess nur den Einbau in das Fahrzeug und die Qualitätskontrolle des Gesamtfahrzeugs. In der Konzeption von Elektrofahrzeugen wird dies weiter vorangetrieben. So wird die Wertschöpfung zwischen den OEM's und den Lieferanten voraussichtlich wie folgt verteilt sein.

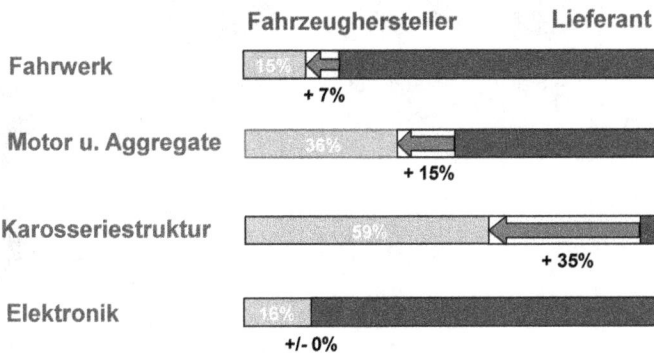

Abb. 6.1:   Wandel der Atbeitsteilung. Quelle: nach „Refueling Automotive Companies' Economics" – RACE 2015
(McKinsey & Company, 2006)

Zusammenfassend können folgende Trends für Lieferanten angeführt werden:

- Die Wertschöpfung auf Seiten der Lieferanten wird sich erhöhen
- Die benannten Module der Modul- und Systemlieferanten werden weltweit in den Modellen des Volkswagen Konzerns verbaut. Entsprechend müssen Lieferanten global aufgestellt sein.

7   Fazit

Der Wettbewerbs- und Kostendruck wird sich deutlich erhöhen. Demzufolge stehen Automobilproduzenten vor der Herausforderung, deutlich leistungsfähiger in allen Bereichen zu werden. An vielen Fronten bestehen große Herausforderungen. Sie betreffen vor allem:

- den Heimatmarkt und zugleich die neuen (vorrangig asiatischen) Kunden,
- die Angebotsspreizung bei steigendem Innovationsgehalt im Antriebskonzept,
- die zukunftsträchtigsten Produktionsmethoden und besten Lieferanten.

Letztendlich muss es dem Automobilproduzenten gelingen, den Kunden davon zu überzeugen, dass sein Produkt best value for money ist, und/oder seine Marke den Kundenlifestyle am besten trifft. Nur dann wird die Kaufentscheidung zu seinem Gunsten erfolgen.

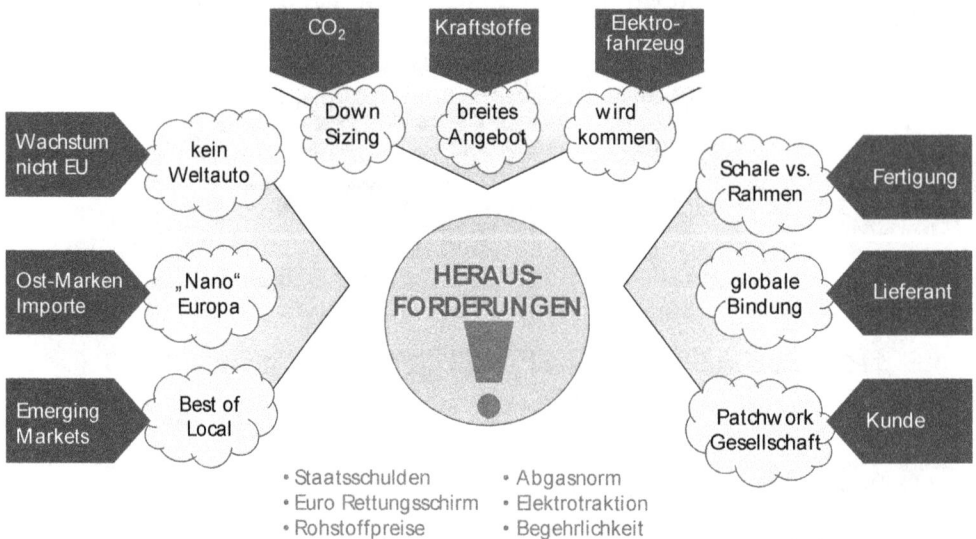

Abb. 7.1: Die neuen Triebkräfte des Wettbewerbs

Literatur

Ebel, B. & Hofer, M. B. (2004). Sl-Sibai, Jumana: Automotive Management – Strategie und Marketing in der Automobilwirtschaft. Berlin: Springer.

Horx, M. & Friedemann, Ch. (2002). Future Living. Lebensstile und Zielgruppen im Wandel. Zukunftsinstitut/Zukunftsverlag: Kelkheim.

Hüttenrauch, M. & Baum, M. (2008). Effiziente Vielfalt. Die dritte Revolution in der Automobilindustrie. Berlin, Heidelberg: Springer.

McKinsey & Company (2006). RACE 2015 - Refueling Automotive Companies' Economics. http://autoassembly.mckinsey.com/html/publication/b_RACE.asp (14.10.2011)

Porter, M. E. (2008). Wettbewerbsstrategie. 11. Auflage. Frankfurt a. M.: Campus.

Pressemitteilung von Toyota zum ersten Quartal (2009). http://www.toyota.de/about/news/details_2009_18.aspx, heruntergeladen am 04.09.2009

Simon, H. (2007). Hidden Champions des 21. Jahrhunderts – Die Erfolgsstrategien unbekannter Weltmarktführer. Frankfurt a. M.: Campus.

Wallentowitz, H., Freialdenhoven, A. & Olschewski, I. (2009). Strategien in der Automobilindustrie – Technologietrends und Marktentwicklungen. Wiesbaden: Vieweg u. Teubner Verlag.

Über den Autor

Prof. Dr.-Ing. Werner Neubauer (geb. 1949)

Honorarprofessor für Produktionsprozessoptimierung
Fachbereich Ingenieur- und Naturwissenschaften
Hochschule Merseburg

Mitglied des Markenvorstands Volkswagen Wolfsburg
Geschäftsbereich Komponente
werner.neubauer@volkswagen.de

Prof. Dr.-Ing. Werner Neubauer studierte an der Universität Kassel Fertigungstechnik. Er war Abteilungsleiter Produktion Ausland für die Region Afrika, übernahm die Leitung der Hauptabteilung Produktion Ausland und entwickelte den globalen Fertigungsverbund. Er leitete die Logistik der Marke Volkswagen Pkw. Als Mitglied der Geschäftsleitung Volkswagen Nutzfahrzeuge war er für die Produktherstellung verantwortlich. Von 2003-2007 war Prof. Dr. Neubauer als Werkleiter des Werkes Wolfsburg tätig. Seit 2007 ist er Mitglied des Markenvorstands Volkswagen. Nach der Promotion 2005 an der TU Chemnitz wurde Dr. Neubauer 2007 zum Honorarprofessor an der Hochschule Merseburg (FH) bestellt.

Arbeitsschwerpunkte
Produktionsprozesse, Steuerungs- und Informationssysteme, Fabrikplanung und Fabriksteuerung, Arbeits- und Prozessorganisation, Anlaufmanagement

Neue Trends in der Betriebsratsarbeit Die Zukunftsstrategie des Gesamt- und Konzernbetriebsrats der Volkswagen AG

Trends in Works Council activities. The future strategy of Volkswagen AG's General and Group Works Council

Bernd Osterloh

Zusammenfassung

Der vorliegende Beitrag gibt einen Einblick in die Zukunftsstrategie des Gesamt- und Konzernbetriebsrats der Volkswagen AG. Ausgehend von einer Analyse der künftigen ökonomischen, ökologischen und sozialen Rahmenbedingungen die mithilfe der Szenariotechnik ermittelt wurden, hat die Arbeitnehmervertretung in einem beteiligungsorientierten Prozess sechs zentrale Handlungsfelder identifiziert und für diese Felder konkrete Ziele und Maßnahmen erarbeitet, die sie in den nächsten Jahren im Rahmen ihrer täglichen Betriebsratsarbeit realisieren will, um auch künftig die Interessen der Belegschaft wirkungsvoll zu vertreten.

Summary

The article provides an insight into the future strategy of the General and Group Works Council at Volkswagen AG. Based on an analysis of future economic, ecological and social framework conditions which were defined using scenario techniques, the employee representatives identified six central fields of action in a participation-oriented process and drafted concrete aims and measures for these fields which it intends to realise over the coming years within the scope of its daily work in order to continue to represent the interests of the workforce effectively.

1   Gestaltung durch Strategie

Die Zukunftsstrategie geht auf eine Diskussion des Konzernbetriebsrats (KBR) im Januar 2008 zurück, in deren Rahmen eine kritische Auseinandersetzung mit der sich zu dem Zeitpunkt noch im Planungsstadium befindlichen „Mach 18-Strategie" des Unternehmens stattfand. Diskutiert wurde im Gremium insbesondere die Frage, ob „Mach 18" in hinreichendem Maße auch die Belange der Belegschaften von Volkswagen berücksichtigt und welche Aspekte aus betriebsrätlicher Sicht von strategischer Bedeutung in den nächsten Jahren sein würden. Ergebnis dieser Diskussion war schließlich der Plan, eine eigene Strategie mit Zielen und Maßnahmen zu entwickeln, die als Leitfaden für die alltägliche Betriebsratsarbeit dienen kann. Ein weiteres Kriterium ist die Unabhängigkeit der Strategie von „Mach 18". Die Zukunftsstrategie ist kein Vehikel von „Mach 18", sondern ein eigenständiges Zukunftsprogramm des Gesamt- und Konzernbetriebsrat mit definierten Zielen und konkreten Maßnahmen. Ein weiteres wichtiges Kriterium ist die Anpassungsfähigkeit der Strategie an neue Entwicklungen und Rahmenbedingungen. Sie ist kein starres Konstrukt. Klar definierte Ziele und Maßnahmen geben zwar die Richtung vor, aber ein kontinuierlicher, institutionell verankerter Diskussionsprozess in den zuständigen Betriebsratsgremien trägt Sorge dafür, dass sie regelmäßig überprüft und gegebenenfalls angepasst werden.

An der Strategie beteiligt sind die sechs deutschen Volkswagen AG-Standorte, die Financial Services AG in Braunschweig und Volkswagen Sachsen. Gemeinsam mit der Konzernzukunftsforschung von Volkswagen ist zunächst mittels der Szenariotechnik ein Zukunftsszenario „Beschäftigung 2020" ermittelt worden, das die wahrscheinlichen zukünftigen sozialen, ökonomischen, ökologischen und technologischen Rahmenbedingungen und Herausforderungen abbildet. Das Vorgehen wird im vorliegenden Beitrag unter dem Punkt „Zukunft als Herausforderung" skizziert.

Im Rahmen von Klausuren, Workshops und Diskussionsveranstaltungen mit internen und externen Experten, Betriebsräten, Vertrauensleuten und interessierten Beschäftigten wurden weiterhin – vor dem Hintergrund der künftigen Entwicklungen – Ziele und Maßnahmen eruiert. Die Ziele und Maßnahmen sind dabei folgenden sechs Handlungsfeldern zugeordnet, die das breite Spektrum des betriebsrätlichen Alltags veranschaulichen:

- das Handlungsfeld „Mitbestimmung" als grundlegende Basis für Betriebsratsarbeit, aber auch als aktives Handlungsfeld, wenn es beispielsweise um den Erhalt des VW-Gesetzes oder um die Ausweitung von Arbeitnehmerrechten geht;
- „Arbeit und Belegschaft" als weiteres Handlungsfeld, in dem besonders das Konzept der „Guten Arbeit" im Mittelpunkt steht;
- das Handlungsfeld „Tarif", in dem es um die konkrete vertragliche Ausgestaltung von Arbeits- und Lebensbedingungen geht;
- das Handlungsfeld „Soziales", in dem die betriebliche Sozialpolitik im Mittelpunkt steht;
- „Beschäftigung und Region" als fünftes Handlungsfeld, das sich besonders durch das Thema Diversifizierung und neue Geschäftsfelder hervorhebt;
- das Handlungsfeld „Gesellschaft", in dem all jene Aktivitäten zusammengefasst sind, die über den „normalen" Betriebsratsalltag hinausgehen und Einfluss auf gesellschaftliche und politische Entwicklungen haben. Die thematische Spannbreite reicht dabei von poli-

tischer Einmischung bzw. Mitsprache zu diversen Themen bis hin zu konkreten Kinder-
hilfsprojekten weltweit an den Volkswagen-Standorten.

Aus diesen sechs Handlungsfeldern werden für diesen Beitrag exemplarisch Beispiele he-
rausgegriffen und vorgestellt, die derzeit zu den Schwerpunktthemen zählen. Alle Ziele und
Maßnahmen – aktuell sind es über 200 – hier darzustellen oder auch nur anzureißen, würde
den Rahmen sprengen.

Zunächst wird eingangs ein kurzer Überblick über die Mitbestimmungskultur bzw. die Mit-
bestimmungsstruktur im Volkswagen Konzern gegeben, ohne die eine Darstellung der Zukunftsstrategie bzw. der aktiven Gestaltungskraft des Betriebsrats von Prozessen und Abläu-
fen schwerer nachvollziehbar wäre.

2 Mitbestimmung als grundlegende Voraussetzung für Gestaltungsfähigkeit

Mitbestimmung ist eine zentrale Grundlage demokratisch organisierter Gesellschaften. Gewerkschaften und Betriebsräte spielen als Akteure der Mitbestimmung eine zentrale Rolle
bei der Ausgestaltung der Lebens- und Arbeitsbedingungen der Arbeitnehmerinnen und
Arbeitnehmer und sind damit auch Garanten des sozialen Friedens in unserer Gesellschaft. In
der Praxis stellt die Mitbestimmung, die ihre rechtliche Verankerung im Betriebsverfassungsgesetz von 1952 und im Mitbestimmungsgesetz von 1976 hat, kein statisches Gebilde
dar. Gesellschaftspolitische, ökonomische und betriebliche Transformationsprozesse beeinflussen auch die Mitbestimmung. Die Praxis der Mitbestimmung und der kooperativen Kon-
fliktbewältigung geht deshalb häufig über den gesetzlichen Rahmen hinaus.

Ein wichtiges Unternehmensziel bei Volkswagen ist die Gleichrangigkeit von Beschäftigungssicherung und Wirtschaftlichkeit, das durch einen nachhaltige Unternehmensführung
und die Mitbestimmungskultur im Konzern umgesetzt wird. Auf der Mitbestimmungsseite
hat sich dabei ein Mehrebenensystem betrieblicher Mitbestimmung etabliert. Es ist historisch
gewachsen und blickt auf eine lange Tradition der Arbeitsbeziehungen zurück. Besondere
überbetriebliche Aufmerksamkeit erreichte das VW-Mitbestimmungsmodell beispielsweise
durch die Errichtung eines Europäischen Konzernbetriebsrats 1990 – vier Jahre bevor die
Euro-Betriebsratsrichtlinie erlassen wurde - oder 1998 durch die Errichtung des Weltkonzernbetriebsrats. Die Entstehung beider Gremien ist auf die fortschreitende Internationalisierung des Konzerns zurückzuführen, die eine intensive Zusammenarbeit und einen fortlaufen-
den Informationsaustausch über die unterschiedlichen Interessen erforderlich machte.
Abb. 2.1 gibt einen Überblick über die verschiedenen Ebenen betrieblicher Mitbestimmung.

Welt-KBR	Welt-Präsidium
Euro-KBR	Euro-Präsidium
Konzernbetriebsrat	Konzernbetriebsausschuss
Gesamtbetriebsrat	Gesamtbetriebsausschuss

BA

Fraktion / BR

Betriebsräte der
Werke in
Deutschland

VKL

Vertrauenskörper

Belegschaft

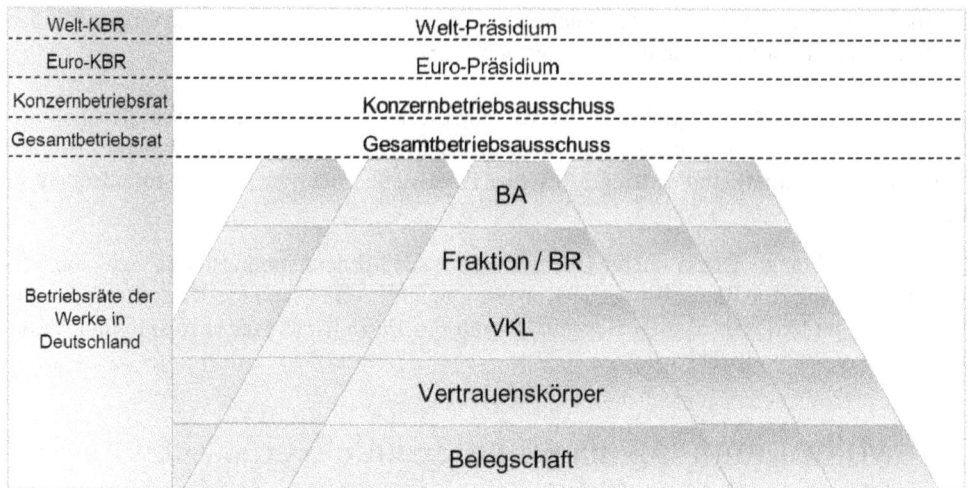

Abb. 2.1: Betriebliches Arbeitsbeziehungssystem im Volkswagen-Konzern.

Mit Blick sowohl auf die betriebliche als auch auf die Unternehmensmitbestimmung ist her-vorzuheben, dass sich die Rahmenbedingungen und Anforderungen an die betriebsrätliche Arbeit in den letzten zwei Jahrzehnten deutlich verändert haben. Dies betrifft nicht nur die Betriebsratsarbeit bei Volkswagen, sondern Betriebsratsarbeit im Allgemeinen. Allein schon die Globalisierung sorgt für neue Konditionen. So konstatieren z. B. Gerlach und Ziegler (2010, S. 68): „Unbestritten ist, dass sich der Druck auf die Mitbestimmung infolge der Glo-balisierung in den letzten Jahrzehnten enorm erhöht hat."

Die internationale Ausdehnung unternehmerischer Aktivitäten erfordert einen wesentlich breiteren Blickwinkel der heutigen Mitbestimmungsakteure, die nicht mehr nur die Entwick-lungen in ihrem eigenen nationalen Rahmen beobachten und mit gestalten müssen. Gefordert ist ein globales Denken und Handeln und damit verbunden die Aneignung der erforderlichen Kompetenzen. Ein Beispiel aus der Betriebsratsarbeit bei Volkswagen verdeutlicht diese neuen Funktionen. Seit 1993 gibt es in der Volkswagen AG so genannte Standortsymposien, die eine erweiterte Beteiligung der Betriebsräte an der strategischen Unternehmensentwick-lung implizieren:

„[In den Standortsymposien] werden in einem standardisierten Verfahren Themen der Unternehmensentwicklung zwischen Betriebsräten und Management beraten. Zur Diskussion stehen Fragen zur Produktions-, Investitions-, Ergebnis- und Beschäftigungsplanung. Diese müssen vor dem Hintergrund des seit Beginn der 1990er Jahre offen ausgerufenen Wettbe-werbs mit ausländischen Standorten und externen Zulieferern stets neu definiert werden. Für die Betriebsräte bedeutet dies Zwang und Chance zugleich. Über die Symposien kann die Arbeitnehmervertretung Mängel der Unternehmensstrategie aufdecken und Veränderungs-druck auf das Management erzeugen. Dies setzt allerdings voraus, dass die Betriebsräte die Unternehmensstrategie insgesamt verarbeiten und sich nicht mehr wie in der Vergangenheit auf ‚soziale Aspekte' beschränken." (Dauskardt und Oberbeck, 2009, S. 242)

Ob es sich bei diesen neuen Funktionen um die Übernahme von „Managementfunktionen", „co-manageriellen Aufgaben" oder „Co-Management"[1] handelt, ist für die betriebsrätliche Praxis dabei eher unerheblich, da es sich hier vor allem um eine kontroverse theoretische Debatte über den passenden Terminus für veränderte Betriebsratsarbeit in den Reihen der soziologischen Zunft handelt, die im betrieblichen Alltag kaum Relevanz hat. Unbestritten ist, wie eingangs erwähnt, dass die Anforderungen an Betriebsräte enorm gestiegen sind und bei Volkswagen in der Vergangenheit neue Mitbestimmungsfelder entstanden sind. Allein eine kompetente Aufsichtsratsarbeit in einem stetig wachsenden Konzern, die u. a. umfassendes Know-how für Entscheidungen über neue Standorte, Investitionsplanungsrunden und Finanzierungsmaßnahmen beinhaltet, geht über die traditionelle „Gute-Hirten-Rolle" von Arbeitnehmervertretern weit hinaus. Bei Volkswagen bevorzugt die heutige Arbeitnehmervertretung, die im Zuge des Betriebsratsskandals 2005 neu gewählt wurde und sich auch inhaltlich neu aufgestellt hat, zur Funktionsbeschreibung den Begriff der „qualifizierten Mitbestimmung" und lehnt die Begrifflichkeit „Co-Management" als wenig zielführend ab, da keine Managementfunktionen übernommen werden, sondern es allein um die qualifizierte Ausübung von Mitbestimmungsrechten und damit um die Interessenvertretung der Belegschaften geht, was naturgemäß nicht immer konfliktfrei abläuft.

Die Ausweitung der Zuständigkeiten aufgrund der externen Rahmenbedingungen hat gleichermaßen zu einer Erweiterung der Kompetenzen geführt, wodurch der Betriebsrat bzw. der Gesamt- und Konzernbetriebsrat bei Volkswagen mehr Einflussmöglichkeiten auf die Unternehmensentwicklung hat bzw. eigene Akzente setzen kann. Durch die Erarbeitung und Umsetzung einer eigenen Zukunftsstrategie mit klar definierten Zielen und Maßnahmen nutzt er konstruktiv diesen Handlungsspielraum zur Verbesserung der Lebens- und Arbeitsbedingungen der Beschäftigten.

3 Zukunft als Herausforderung

Im Zuge der Erarbeitung der Zukunftsstrategie ergaben sich eine Fülle von Fragen, die sich besonders auf die äußeren Rahmenbedingungen für die künftige Betriebsratsarbeit bezogen, da die Strategie den Zeitraum 2009 bis 2020 umfasst. Es ging insbesondere um Fragen nach dem Mobilitätsverhalten der Kunden, Wettbewerberstrategien, Absatzentwicklung, staatlicher Regulierung, Perspektiven der betrieblichen und Unternehmensmitbestimmung etc. Insgesamt wurden 64 Fragen formuliert und der Konzernzukunftsforschung von Volkswagen mit dem Auftrag der Erarbeitung eines Zukunftsszenarios übergeben. Im Rahmen gemeinsamer Arbeitstreffen der Zukunftsforschung und des Gesamt- und Konzernbetriebsrats erfolgte eine Exploration des umfangreichen Themenfeldes und die Identifizierung der Schlüsselfaktoren. Bei Ermittlung der Schlüsselfaktoren standen folgende Fragen im Fokus:

---

[1] Zu den Begrifflichkeiten und Funktionsbeschreibungen siehe bspw. die Beiträge von Müller-Jentsch und Seitz 1998, Minssen und Riese 2005, Rehder 2006, Dombois 2009, Schumann 2009.

- Welche der Einflussfaktoren sind die zentralen Treiber der Entwicklung?
- Wie sicher oder unsicher ist ihre weitere Entwicklung?
- Wie wirken die Faktoren wechselseitig aufeinander?

Abb. 3.1 verdeutlicht die Wechselwirkungen der Schlüsselfaktoren und gibt einen Einblick in die Komplexität der Szenariotechnik. Für alle Schlüsselfaktoren wurden verschiedene, alternative und zukünftige Ausprägungen definiert. Die potentiellen Szenarien wurden dann aus diesen alternativen Ausprägungen eher unsicherer Einflussfaktoren (z. B. Ölpreis) und gegebenen Faktoren, die relativ sichere Entwicklungen beinhalten (z. B. demografische Entwicklung), berechnet.

Die computergestützte Auswertung ergab schließlich über 70 Mio. denkbare Szenarien, wobei lediglich drei Szenarien eine höhere Robustheit hinsichtlich Konsistenz und Wahrscheinlichkeit auswiesen. Abb. 3.2 zeigt hier den so genannten Zukunftstrichter, der die Entstehung und den Verlauf von Szenarien exemplarisch veranschaulicht. Das Referenzszenario schließlich wurde – flankiert durch eine Online-Befragung – von internen und externen Experten aus den drei Szenarien als das wahrscheinlichste identifiziert.

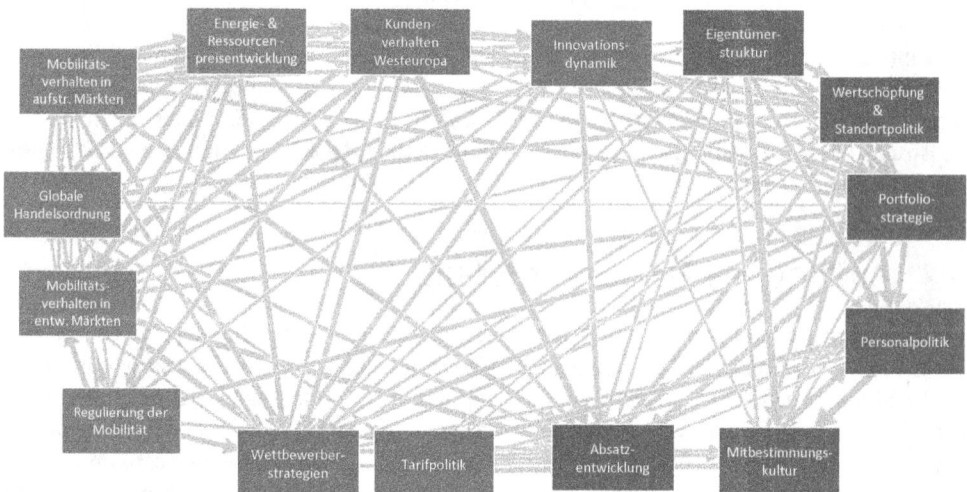

Abb. 3.1: Wechselwirkungsanalyse der Schlüsselfaktoren (Müller-Pietralla 2009, S. 8)

Aus dem Referenzszenario lassen sich folgende Kernaussagen für die nächsten Jahre treffen:

- Der Verdrängungswettbewerb wird weiter zunehmen und zu einer verstärkten Konsolidierung unter den OEM und in der Zulieferindustrie führen.
- Die von Volkswagen gesetzten Absatzziele im Rahmen der Unternehmensstrategie MACH 18 werden erreicht; Voraussetzung ist allerdings die weitere Gewinnung von Marktanteilen, eine Wachstumserholung in Europa sowie steigender Absatz in den BRIC-Staaten.

- Die technische Innovationsdynamik (Informatisierung, Elektrifizierung und Downsizing) wird auf hohem Niveau anhalten.
- Die Erschließung neuer Geschäftsfelder entlang der automobilen Wertschöpfung und darüber hinaus wird zu einem lukrativen Wachstumsmarkt, der neue Beschäftigungsperspektiven eröffnet.

Der Gesamt- und Konzernbetriebsrat hat sich intensiv mit den prognostizierten künftigen Entwicklungen auseinandergesetzt und vor diesem Hintergrund seine Zukunftsstrategie entwickelt. Im folgenden Kapitel 4 werden Beispiele aus den sechs Handlungsfeldern der Strategie, die eingangs dargelegt wurden, vorgestellt.

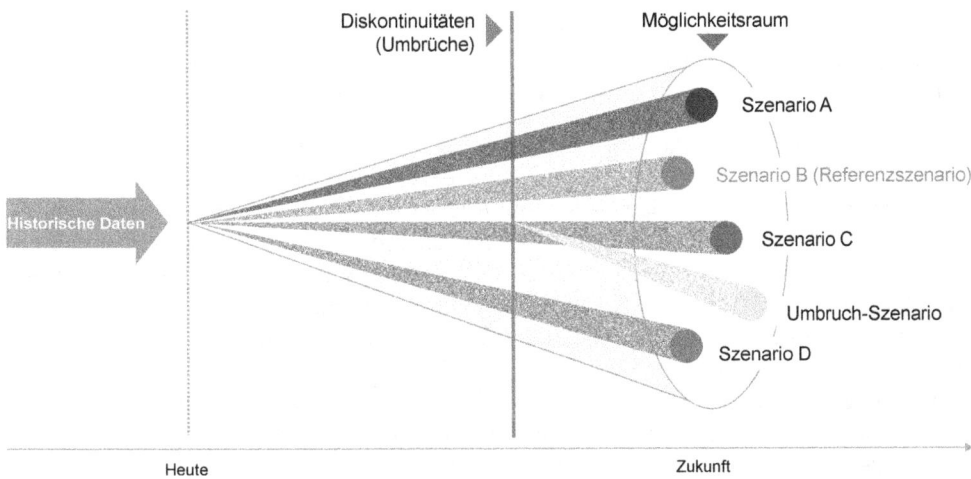

Abb. 3.2: Szenarien – der Zukunftstrichter (Müller-Pietralla 2009, S. 6)

4 Die Charta der Arbeitsbeziehungen – mehr Mitbestimmung an den Volkswagen-Standorten weltweit

Der im Zuge der Globalisierung stetig wachsende Wettbewerbsdruck hat im Volkswagen-Konzern in den letzten zwei Jahrzehnten zu einer zunehmenden Vernetzung der Konzernstandorte und ihrer Geschäfts- und Produktionsstandorte geführt. Die anvisierte Standardisierung bestehender Abläufe im Rahmen des Volkswagen-Weges hat dabei Auswirkungen auf Arbeitsplätze und Arbeitsbedingungen und stellt die soziale Verantwortung des Konzerns vor neue Herausforderungen.

Um eine erfolgreiche Umsetzung des Volkswagen-Weges zu erreichen und die damit verbundenen sozialen Herausforderungen positiv zu bewältigen, hat der Gesamt- und Konzernbetriebsrat einen Ausbau der bestehenden Beteiligungsrechte der Arbeitnehmervertretungen an den weltweiten Standorten eingefordert. Durch den Abschluss der Charta der Arbeitsbeziehungen im Oktober 2009 ist dieser Forderung Rechnung getragen worden.

Unterzeichnet wurde die Charta von den Mitgliedern des Weltkonzernbetriebsrats von Volkswagen, dem Konzernvorstand sowie dem Vorsitzenden des Internationalen Metallgewerkschaftsbundes, Berthold Huber. Das Regelwerk selbst geht ursprünglich auf einen Diskussionsentwurf der Arbeitnehmervertretung zurück, der im oftmals kritischen, aber konstruktiven Diskurs mit dem internationalen Personalwesen überarbeitet und ergänzt wurde. Als Ausgangspunkt bzw. Impulsgeber diente dabei primär das deutsche Betriebsverfassungsgesetz mit seinen umfassenden Informations-, Konsultations- und Mitbestimmungsrechten.

Rechtlich stellt die Charta ein Rahmenabkommen dar, auf dessen Grundlage so genannte „standortspezifische Partizipationsverträge" zwischen der Geschäftsführung und der Arbeitnehmervertretung vor Ort bzw. an den Standorten ausgehandelt werden können.

Das Verfahren zum Abschluss eines solchen Partizipationsvertrages gliedert sich in vier Phasen: Zunächst wird im Rahmen einer Bestandsaufnahme die gegenwärtige Zusammenarbeit ermittelt, um die geltenden Rechte und Pflichte der beiden Betriebsparteien darzustellen. Aufbauend auf dem Status quo erfolgt dann durch die Arbeitnehmervertretung vor Ort die autonome Auswahl der Beteiligungsrechte. In einem Stufenplan wird festgelegt, wann diese Rechte erstmals in der Praxis angewendet werden sollen und welche betrieblichen Arbeits- und Abstimmungsstrukturen dafür erforderlich sind. Ebenso wird abgestimmt, welche Qualifizierungsmaßnahmen für die beteiligten Arbeitnehmervertreter zum Erwerb der erforderlichen Kompetenzen durchgeführt werden müssen. In der vierten Phase erfolgt dann die Information der Belegschaft. Sie ist sowohl über den Inhalt der Charta als auch den lokal abgeschlossenen Partizipationsvertrag zu unterrichten.

Wichtig ist weiterhin das der Charta zugrunde liegende Prinzip der Freiwilligkeit. Keine Arbeitnehmervertretung ist verpflichtet, die Rechte anzunehmen, sondern jede kann frei wählen, ob und wenn ja, welche Rechte sie zu welchem Zeitpunkt hinzugewinnen möchte.

Ein Blick auf die folgende Tabelle zeigt, welche Rechte konkret erworben werden können. Unter acht Kategorien – personelle und soziale Regelungen, Arbeitsorganisation, Vergütungssysteme, Information und Kommunikation, Aus- und Weiterbildung, Arbeitssicherheit und Gesundheitsschutz, Controlling sowie soziale und ökologische Nachhaltigkeit – sind diverse Regelungsangelegenheiten subsumiert. Der Grad der Beteiligung – Unterrichtung, Konsultation und Mitbestimmung – bezüglich jeder einzelnen Regelungsangelegenheit lässt sich den weiteren Spalten entnehmen.

Die Beteiligungsrechte sind ebenfalls klar definiert:

„(1) Der Anspruch auf Unterrichtung beinhaltet die rechtzeitige und umfassende Information der betrieblichen Arbeitnehmervertretung, um ihr Gelegenheit zur Kenntnisnahme und Meinungsbildung zu den behandelten Sachverhalten zu geben. ‚Rechtzeitig' bedeutet, über Maßnahmen bereits zu Beginn eines Planungsprozesses zu informieren. ‚Umfassend' bedeutet, das sämtliche relevanten Aspekte und Daten verständlich dargelegt werden. Die Umsetzung einer Maßnahme setzt die vorherige Unterrichtung voraus.

(2) Der Anspruch auf Konsultation beinhaltet einen aktiven Dialog zwischen betrieblicher Arbeitnehmervertretung und Geschäftsleitung. Ziel der Konsultation ist ein Initiativ- und Einspruchsrecht der Arbeitnehmervertretung zu den behandelten Sachverhalten sicherzustellen und gegebenenfalls über die Vermeidung negativer Auswirkungen zu beraten. Die Umsetzung einer Maßnahme setzt die vorherige Konsultation voraus.

(3) Der Anspruch auf Mitbestimmung beinhaltet ein Zustimmungs-, Kontroll- und Initiativrecht der betrieblichen Arbeitnehmervertretung für ein aktives Mitentscheiden und Mitverantworten. Die Umsetzung einer Maßnahme setzt die vorherige Zustimmung voraus." (Charta der Arbeitsbeziehungen 2009, S. 8)

Die Definitionen der einzelnen Beteiligungsrechte sowie die Regelungsangelegenheiten selbst verdeutlichen den starken Einfluss des deutschen Betriebsverfassungsgesetzes auf die inhaltliche Ausgestaltung der Charta, was sie weltweit einzigartig macht. Gegenwärtig existiert kein vergleichbares globales Vertragswerk, das Arbeitnehmervertretungen derart weitgehende Rechte anbietet. Mit dem Abschluss dieser Charta setzt der Volkswagen-Konzern daher einen neuen Maßstab in der Mitbestimmungsfrage. Die Charta ist damit auch eine deutliche Antwort auf die Attacken gegen die Mitbestimmung durch das (neo)liberale Lager, die in jüngster Zeit wieder in Mode gekommen sind. Als einer der erfolgreichsten Automobilhersteller weltweit zeigt der Volkswagen-Konzern, dass eine starke Mitbestimmung und gute Arbeitsbedingungen einerseits sowie Rendite- und Qualitätsansprüche andererseits keine unvereinbaren Komponenten sind, sondern Garanten für Wirtschaftlichkeit und Beschäftigungssicherung.

Tab. 4.1: Beteiligungsrechte im Rahmen der Charta der Arbeitsbeziehungen

Rechte / Regelungs- angelegenheiten	Unterrichtung	Konsultation	Mitbestimmung
1. Personelle und soziale Regelungen			
Personalbeschaffung			X
Personalbetreuung			X
Personalentwicklung			X
Personalfreisetzung			X
2. Arbeitsorganisation			
Personalplanung		X	
Arbeitsorganisation			X

Produktionssysteme, -technologien und -methoden			X
Arbeitszeit			X
3. Vergütungssysteme			
Entgelt-, Leistungsbeurteilungs- und Zielvereinbarungssysteme			X
Sozialleistungen			X
4. Information und Kommunikation			
Information der Mitarbeiter und Führungskräfte	X		
Mitarbeiterbefragung		X	
Arbeitsordnung /Verhaltensleitlinien			X
Datenschutz			X
5. Aus- und Weiterbildung			
Aus- und Weiterbildung, prozessnahes Lernen			X
6. Arbeitssicherheit und Gesundheitsschutz			
Arbeits-, Gesundheits- und Unfallschutz			X
Einsatz älterer und leistungsgeminderter Belegschaftsmitglieder			X
7. Controlling			
Prozesscontrolling		X	
Zusätzliches Modul: Soziale und ökologische Nachhaltigkeit			
Betrieblicher Umweltschutz		X	
Ressourcen- u. Energieeffizienz		X	
CSR-Maßnahmen		X	

5 Teamarbeit als Bestandteil des Konzepts der „Guten Arbeit"

Das schwierige ökonomische Umfeld hat in den vergangenen Jahren auch in der Industrie zu einem verstärkten Personalabbau, der Zunahme von Leiharbeit und oftmals einer Verringerung der Fertigungstiefe beigetragen, die viele Unternehmen vor große beschäftigungspolitische Herausforderungen gestellt hat und im Zuge der Standortkonkurrenz weiterhin stellt. Die Arbeitnehmervertretung von Volkswagen ist hier gemeinsam mit dem Personalvorstand in der Vergangenheit stets einen anderen Weg gegangen. Statt Personalabbau und Verlagerung wurden und werden Tarifverträge und Regelungen zur nachhaltigen Zukunfts- und Beschäftigungsentwicklung abgeschlossen, die ein zentrales Fundament für die Wettbewerbsfähigkeit und damit die langfristige Beschäftigungssicherung bilden.

Aufbauend auf diesem soliden Fundament ist die erfolgreiche Gestaltung der Arbeits- und Lebensbedingungen ein wichtiges Erfolgskriterium der täglichen Betriebsratsarbeit, wobei das Leitbild der „Guten Arbeit" hier im Fokus steht. Dieses Leitbild dient dabei als Synonym für Arbeitsbedingungen, die die Gesundheit nicht beeinträchtigen, die Arbeitsfähigkeit bis zum Rentenalter erhalten und die Lebensqualität fördern sowie Qualifizierung, lebenslanges Lernen und Aufstiegsmöglichkeiten intendieren. „Gute Arbeit" setzt weiterhin Arbeitsbedingungen voraus, die eine Vereinbarkeit von Familie und Beruf deutlich erleichtern und nicht zuletzt ein auskömmliches Einkommen sichern.

Der Betriebsrat hat mit dem Abschluss der Betriebsvereinbarungen zum Volkswagen-Weg einen wichtigen Baustein zur Erreichung dieser Ziele gesetzt. Ausgehend von der Überlegung, dass insbesondere unzureichende und ineffiziente Prozesse und Strukturen unnötige hohe Kosten und Wettbewerbsnachteile verursachen, hat er eine innovative Arbeits- und Prozessorganisation eingefordert, um die Effizienz deutlich zu steigern: Intelligenter statt billiger zu arbeiten lautet dabei die Devise, die auch in der Zukunftsstrategie grundlegend verankert ist. Sie basiert auf der Überlegung, dass nur so ein hohes Einkommensniveau und die oben genannten guten Arbeitsbedingungen gleichzeitig aufrechtzuerhalten sind.

Die aktive Einbindung der Belegschaft in die Ausgestaltung ihrer eigenen Arbeitsabläufe erfolgt u. a. durch die Einführung der Teamarbeit, mit der folgende Ziele erreicht werden sollen (Volkswagen AG 2008, S. 17):

- „Erhaltung und Steigerung der Wirtschaftlichkeit und Wettbewerbsfähigkeit des Unternehmens
- Förderung des kontinuierlichen Verbesserungsprozesses
- Erhöhung der Mitarbeitermotivation und –zufriedenheit
- Steigerung der Eigenverantwortung
- Optimierung der Zusammenarbeit der Teammitglieder untereinander
- Weitere Humanisierung der Arbeitsprozesse
- Höhere Identifikation mit Produkt und Prozess
- Größere Transparenz der Abläufe und Entscheidungen
- Sicherung von Beschäftigung durch höhere Effizienz der Prozesse

- Engagement bei Problemlösungsprozessen und Verbesserung in Qualität und Produktivität sowie Mitarbeit in Workshops
- Weiterentwickeln der Beschäftigungsfähigkeit der Belegschaft."

Vor dem Hintergrund dieser Zielsetzungen wird deutlich, dass die Teamarbeit als besondere Form der Arbeitsorganisation elementar für das gesamte Produktionssystem und die Funktionsfähigkeit des Arbeitens mit Standards ist. Im Volkswagen Konzern gibt es die Teamarbeit bereits seit Jahren an den Standorten, allerdings existierte kein einheitlicher Standard. Durch den Volkswagen-Weg soll eine konzernweite Standardisierung erreicht werden, was konkret bedeutet, dass die Zusammensetzung und die Weiterentwicklung der Aufgaben und Rollen der Teams sowie der Teamsprecher einheitlich geregelt werden. Die Errichtung von „Teaminseln" bzw. den entsprechenden Besprechungsräumen inklusive adäquater Ausstattung gehören dabei ebenfalls zum Regulierungsspektrum.

Voraussetzung für eine erfolgreiche Umsetzung der Teamarbeit ist die Qualifizierung der Teamsprecher, Meister und Unterabteilungsleiter. Hierfür wurden spezielle Qualifizierungsbausteine entwickelt, anhand derer die Akteure sich in mehrtägigen Workshops mit den Grundlagen der Teamarbeit auseinandersetzen. Im Mittelpunkt der Schulungen stehen dabei die Organisation, Moderation und erfolgreiche Durchführung der Teamgespräche, die Aneignung von Konfliktlösungsstrategien und weiterer fachlichen und überfachlichen Kompetenzen.

Die konsequente Umsetzung des Volkswagen-Weges impliziert auch die Identifizierung von Verschwendung und Ineffizienzen. Im Zuge des kontinuierlichen Verbesserungsprozesses und der damit verbundenen Produktivitätssteigerungen können in der Praxis somit Personalüberhänge entstehen. Um dem Unternehmensziel der Wirtschaftlichkeit und Beschäftigungssicherung in vollem Umfang Rechnung zu tragen, werden daher in der Betriebsvereinbarung zum Volkswagen-Weg Entlassungen kategorisch ausgeschlossen. Vielmehr ist zwischen Betriebsrat und Vorstand vereinbart, dass sämtliche Abteilungen neue Aufgabenfelder identifizieren, wodurch Personalüberhänge durch Personalbedarfe kompensiert werden.

Die Rolle der Arbeitnehmervertretung besteht insbesondere in der Überwachung und Kontrolle des gesamten Prozesses und seiner Auswirkungen auf die Belegschaft. Ebenso ist es ihre Aufgabe dafür Sorge zu tragen, dass die vereinbarten Standards umgesetzt und garantiert werden und nicht im Zuge des täglichen Kosten- und Zeitdrucks hinten anstehen.

6   Tarifpolitik als Gestaltungsinstrument von Arbeits- und Lebensbedingungen

Tarifverträge sind unverzichtbar. Gewerkschaften nutzen dieses Instrument zur kollektiven Gestaltung und Absicherung von Arbeits- und Lebensbedingungen. Denn ein gerechtes Entgelt, angemessene Arbeitszeiten, genügend Urlaub oder auch die Übernahme nach der Ausbildung sind keine Selbstverständlichkeiten des Arbeitgebers. Gute Lebens- und Arbeitsbedingungen sind das Ergebnis von Tarifverhandlungen zwischen starken Gewerkschaften und

Arbeitgebern. Und gut ausgehandelte Arbeitsbedingungen gehen weit über gesetzliche Mindeststandards hinaus (Zukunftsstrategie des Gesamt- und Konzernbetriebsrats 2009, S. 16).

Tarifpolitik impliziert damit auch Zukunftsgestaltung. Durch Tarifverträge sorgen Gewerkschaften und Arbeitnehmervertretungen für eine gerechte Verteilung und schaffen damit vor allem Sicherheit für die nächsten Jahre. Bei Volkswagen erfolgte dies Anfang 2010 beispielsweise durch die Verlängerung der Beschäftigungssicherung bis 2014, was gerade angesichts der Finanzmarkt- und Weltwirtschaftskrise ein wichtiges Signal für die Belegschaft ist und zur Stabilität und Zuversicht im Unternehmen beiträgt.

Die Arbeitnehmervertretung von Volkswagen setzt sich weiterhin für die Beibehaltung des bestehenden Entgeltsystems ein. Ergebnisbeteiligungen bzw. Boni sind dabei keine Bestandteile des Entgelts, sondern stellen eine Einmalzahlung dar. Aktuell steht für den Betriebsrat dabei die Frage nach der Versorgungsfähigkeit bzw. Rentenwirksamkeit dieser Boni ganz oben auf der tarifpolitischen Agenda der nächsten Jahre - gerade vor dem Hintergrund abnehmender staatlicher Altersversorgung und der dadurch wachsenden Bedeutung betrieblicher Vorsorgeleistungen. Ungeachtet dieser Entwicklungen wird sich der Gesamt- und Konzernbetriebsrat von Volkswagen gemeinsam mit der IG Metall und den weiteren DGB-Gewerkschaften weiterhin dem Sozialabbau in Deutschland entgegenstellen.

Tarifpolitik umfasst allerdings noch mehr als die Regelung von Entgelten und betrieblicher Altersvorsorge. Dies verdeutlichen die vielen betrieblichen Themen, die in den nächsten Jahren bei Volkswagen gestaltet und geregelt werden müssen. Dazu gehört z. B. ein früherer Ausstieg aus dem Arbeitsleben für die Jahrgänge ab 1961, eine Beibehaltung der derzeit gültigen wöchentlichen Arbeitszeit und der Ausbau familiengerechter Arbeitszeiten.

Auch bei der Ausbildung setzt die Arbeitnehmervertretung deutliche Zeichen: Sie stellt sich erfolgreich gegen den zu beobachtenden Trend zu mehr „wertschöpfender" Mitarbeit bei gleichzeitig weniger Schul- und Ausbildung. Der Erhalt des dualen Ausbildungssystems und eine Qualifizierung auf hohem Niveau ist für sie ein wichtiger Garant für den zukünftigen Unternehmenserfolg, denn es gilt: Wer ausbildet gewinnt, wer gut ausbildet gewinnt mehr. Das beinhaltet auch, die Anzahl der Ausbildungsplätze auf hohem Niveau zu halten und gute Übernahmeregelungen auszuhandeln. Auch wenn bei Volkswagen eine gute Ausbildungspolitik zum Alltagsgeschäft gehört, wird die demografische Entwicklung in den nächsten Jahren das Unternehmen vor große Herausforderungen stellen. Ein wichtiger aktueller Arbeitsschwerpunkt für den Gesamt- und Konzernbetriebsrat ist daher die konsequente und inhaltliche Weiterentwicklung des Tarifvertrages zur Demografie, um das Unternehmen zukunftsfähig zu erhalten.

Neben diesen Arbeitsschwerpunkten steht darüber hinaus das Thema Leiharbeit auf der tarifpolitischen Agenda der nächsten Zeit. Leiharbeit ist kein idealer Zustand für die betroffenen Arbeitnehmer und Arbeitnehmerinnen. Solange sie gesetzlich erlaubt ist, muss sie mit klaren und fairen Regelungen versehen werden. Der Gesamt- und Konzernbetriebsrat von Volkswagen hat sich frühzeitig mit dem Thema auseinandergesetzt und Arbeitsbedingungen, Arbeitszeiten, Entgelte und die Übernahme geregelt. Nichtsdestotrotz ist es seine Aufgabe, bestehende Vereinbarungen ständig zu verbessern und für die Betroffenen Perspektiven zu entwickeln. Dies wird eine wichtige Aufgabe, aber auch Herausforderung der nächsten Jahre darstellen.

7   Vereinbarkeit von Beruf und Familie

„Unternehmen sind bei der Vereinbarkeit von Beruf und Familie gefordert. Sie können viel tun, um ihre Mitarbeiterinnen und Mitarbeiter zu unterstützen, familiären und beruflichen Anforderungen und Herausforderungen gleichermaßen gerecht zu werden" (Volkswagen Aktiengesellschaft 2009, S. 3), so lautet die Aussage der Unternehmensseite des Konzerns zu diesem wichtigen Thema, das inhaltlich eng verknüpft mit den Maßnahmen zur Förderung der Frauen ist. Bereits 1989 hat Volkswagen als erstes Unternehmen eine Richtlinie zur Förderung von Frauen herausgebracht.

Es waren aber besonders engagierte Frauen aus den Reihen des Betriebsrats, die die Frauenförderung vor rund 20 Jahren mit auf den Weg brachten. Bereits zu dem Zeitpunkt stand die Vereinbarkeit von Beruf und Familie dabei mit im Zentrum der Überlegungen, da die Gewährleistung einer guten Kinderbetreuung in einem Drei-Schicht-System eine besondere Herausforderung darstellt: „Deshalb war es eine der ersten Aufgaben, beispielsweise die Öffnungszeiten der Kindertagesstätten in Wolfsburg in Zusammenarbeit mit Stadt, Kirchen und anderen Trägern zu flexibilisieren. Heute atmen die Einrichtungen ebenso wie die Fabrik. Sie zählen sicherlich zu den flexibelsten in Deutschland, in dem sie sich den Schichtmodellen bei Volkswagen angepasst haben." (Osterloh 2009, S. 5)

Mittlerweile ist im Unternehmen schon viel erreicht worden, allerdings gibt es noch zahlreiche Probleme, die es zu lösen gilt, um den Anspruch als attraktivster – und damit auch familienfreundlichster – Arbeitgeber zu erfüllen.

Um das Thema zu forcieren hat der Gesamt- und Konzernbetriebsrat im Rahmen des Handlungsfelds „Soziales" der Zukunftsstrategie die Vereinbarkeit von Familie und Beruf ganz oben auf die tagespolitische Agenda gesetzt, damit gut ausgebildete Väter und Mütter ihr Potenzial voll ausschöpfen können. Die entsprechenden betriebsrätlichen Gremien sind aktuell dabei, eine Bestands- und Bedarfsanalyse zu erstellen und Handlungsalternativen zu erarbeiten. Nichtsdestotrotz ist unbestritten, dass dieses Thema in einem Drei-Schicht-Betrieb nicht von heute auf morgen erfolgreich und komplikationslos zu bewältigen ist, sondern eines längeren Zeitraums zur Umsetzung bedarf.

8   Diversifizierung als Gestaltungsaufgabe

Im Zuge der Finanzmarkt- und Weltwirtschaftskrise ist auch die deutsche Automobilindustrie trotz staatlicher Intervention in Form der Umweltprämie unter Druck geraten. Zum schwierigen ökonomischen Umfeld gesellen sich weiterhin tiefgreifende technologische Herausforderungen wie bspw. die Elektrotraktion, die in den nächsten Jahren den Automobilisten ein hohes Maß an Innovationen und damit verbunden entsprechende Investitionsbedarfe abfordern wird. Gleichzeitig „zeichnet sich weltweit ein Trend zu einer neuen Kombination von Sachgütern und Dienstleistungen ab, die sogenannte ‚Hybride Wertschöpfung'"

(Reichwald 2010, S. 62). Reichwald sieht hierin jedoch insbesondere für die deutsche Wirtschaft eine Wettbewerbschance.

Der Gesamt- und Konzernbetriebsrat von Volkswagen hat sich mit den zukünftigen Herausforderungen, die auf die Automobilhersteller zukommen werden, in vielen Informationsgesprächen, Diskussionsrunden, Debatten und Workshops eingehend auseinandergesetzt. Die Erstellung des Szenarios 2020, wie eingangs beschrieben, bildet dabei ebenfalls ein wichtiges Element bei der Suche nach der Antwort auf die Frage, welche Ziele mit welchen Maßnahmen zu definieren seien angesichts der prognostizierten Entwicklung in der Automobilindustrie mit ihren Auswirkungen auf die Beschäftigungssituation im Unternehmen. Die Liste der künftigen sozialen, ökologischen und ökonomischen Rahmenbedingungen, mit denen die deutschen Automobilhersteller in den nächsten Jahren verstärkt konfrontiert sein werden, ist dabei lang:

- Alterung der Gesellschaft in der Triade, junge Kunden in den Wachstumsmärkten,
- Forderung nach neuester Technik auf lokalem Preisniveau,
- „Anspruchsinflation" bezüglich Produkte (individuell, innovativ, ohne Aufpreis),
- Entwicklungsdruck für neue Modelle in allen Märkten,
- Erfordernis regionaler Fertigungs- und Zulieferkapazitäten,
- abnehmende Ressourcen, steigende Rohstoffpreise,
- Fachkräftemangel in Deutschland und anderen europäischen Ländern,
- zunehmende Wechselkursrisiken,
- Überkapazitäten in der Weltautomobilindustrie,
- CO_2-Regulierung in Europa und international,
- Wachsendes Umweltbewusstsein,
- Wirtschaftsboom in den BRIC-Staaten,
- Kaufkraftzuwachs der Bevölkerungsmitte in den urbanen Regionen der Emerging markets („vom Moped zum Low-budget-Auto"),
- stagnierendes Wachstum und Kaufkraftverlust in der Triade (EU, USA, Japan), abnehmender Anteil der gesellschaftlichen Mitte und
- ein zunehmender Verdrängungswettbewerb mit asiatischen Herstellern in den bereits gesättigten Märkten.

Zu diesen vielfältigen Rahmenbedingungen kommen – mit Blick auf das Beschäftigungsniveau – noch erschwerend die aktuellen Entwicklungen in den Automobilunternehmen selbst hinzu. Um sich im internationalen Kostenwettbewerb gut zu positionieren und die Produktivität zu steigern, müssen die deutschen, aber auch europäischen Hersteller ihre Prozesse überprüfen, Ineffizienzen abbauen und ihre Produktionsabläufe schlanker aufstellen. Steigende Produktivität bei gleichzeitig gesättigten Märkten impliziert dabei Personalüberhänge, die es sinnvoll aufzufangen gilt.

Ein wichtiger Themenschwerpunkt im Rahmen der Zukunftsstrategie des Gesamt- und Konzernbetriebsrats ist daher im Handlungsfeld „Beschäftigung und Region" die Diversifizierung bzw. die Erschließung neuer Geschäftsfelder entlang der automobilen Wertschöpfungskette und darüber hinaus. Die Arbeitnehmervertretung strebt hier innovative Lösungen zur weiteren Entwicklung von Produkten an, die zur Verbesserung der wirtschaftlichen Situation beitragen und gleichzeitig Beschäftigung erhalten und gegebenenfalls ausbauen.

Insbesondere im Bereich Umwelt und Energie, der immer stärker in den Fokus der Öffentlichkeit und damit der Konsumenten rückt, sieht sie Innovations- und Wachstumspotenziale für Volkswagen. Sinnvoll erscheint daher eine Verknüpfung der Felder „Umwelt und Energie" sowie „Neue Produkte und neue Geschäftsfelder" zu einem gemeinsamen Arbeitsfeld im Konzern.

Die folgende Abb. 8.1 veranschaulicht die Bandbreiten der Kompetenzen des Konzerns in den Feldern Produkte, Dienstleistungen, Umwelt und Diversifizierungen. Strategisches Ziel der Arbeitnehmervertretung ist der Ausbau der Kern- und „Kann"-Kompetenzen im Rahmen der technischen Innovationsfähigkeit, um neue Beschäftigungsmöglichkeiten zu generieren. Dabei geht es jedoch nicht per se um die Schaffung von Beschäftigungsprogrammen, sondern um den Erhalt und – wenn möglich – die Erhöhung des gegenwärtigen Beschäftigungsniveaus durch die Exploration neuer, wirtschaftlich sinnvoller Geschäftsfelder. Die neuen Produkte sollten weiterhin hohen ökologischen Standards genügen, da vor allem umweltfreundliche, innovative Produkte Beschäftigung nachhaltig sichern können.

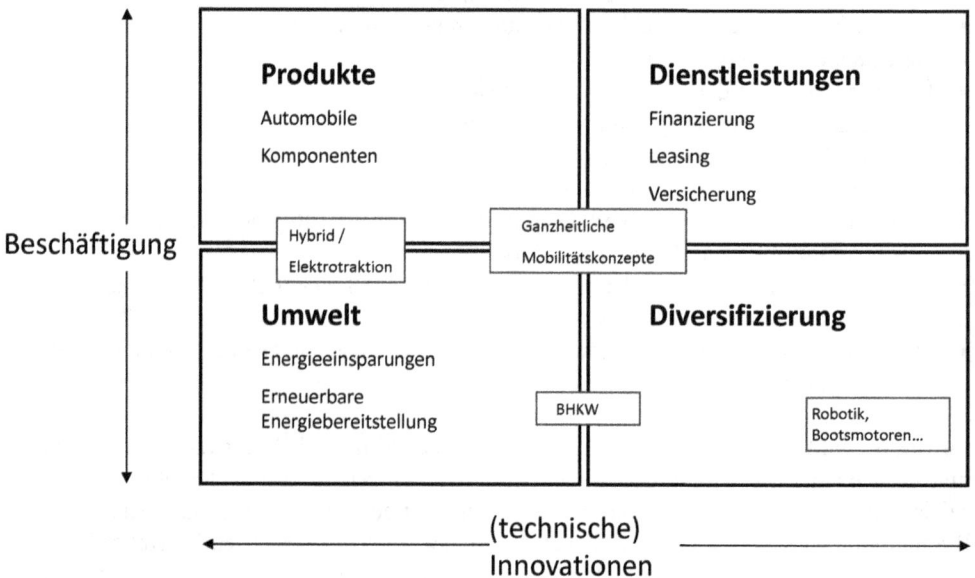

Abb. 8.1: Bandbreiten der Kompetenzen von Volkswagen

Der Gesamt- und Konzernbereich sieht in diversen Feldern Wachstumschancen wie z. B. in

- der Energiespeicherung,
- Wind- und Wasserkraftanlagen,
- umfangreichen Dienstleistungen (bspw. Beratung zum Thema Energieeffizienz),
- der Robotik,
- ganzheitlichen Mobilitätsdienstleistungen.

Wichtig ist jedoch nicht nur die Festlegung von Suchfeldern und die Verankerung eines Scouting-Prozesses zum Aufspüren neuer Ideen in diesen Feldern, sondern vor allem die Errichtung einer entsprechenden Organisationsstruktur im Konzern und die Erarbeitung eines Prozessablaufs, der in groben Zügen in der folgenden Abbildung skizziert ist.

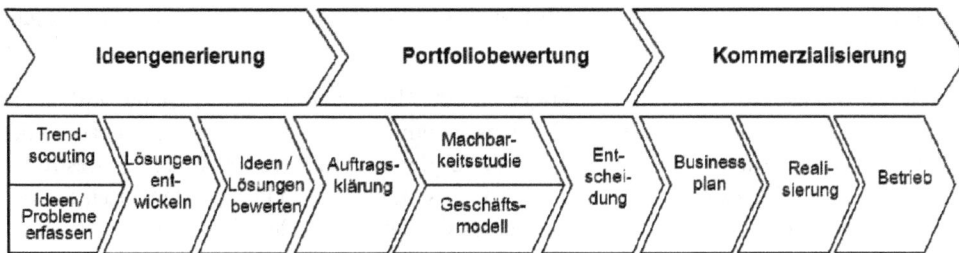

Abb. 8.2: Dreistufiger Prozessablauf

Mit dem Abschluss des Beschäftigungssicherungstarifvertrags Anfang 2010 ist ein wichtiger Meilenstein bei der Erschließung neuer Geschäftsfelder gesetzt worden. Der Vertrag sieht u. a. die Errichtung eines neuen Innovationsfonds vor, aus dem ab 2011 jährlich 20 Mio. Euro für Diversifizierung zur Verfügung stehen. Damit ist der Gesamt- und Konzernbetriebsrat seinem Ziel ein großes Stück näher gekommen. Nachdem die Finanzierungsfrage geklärt ist, zahlreiche Ideen zusammengefasst und in Grundzügen eine Organisationsstruktur sowie ein Prozessablauf erarbeitet worden sind, besteht die Aufgabe des Betriebsrats nun darin, mit dem Unternehmen konkrete Regelungen über das weitere Vorgehen abzustimmen.

9   Zukunft braucht eine gerechtere Gesellschaft

Das Handlungsfeld „Gesellschaft" der Zukunftsstrategie umfasst inhaltlich breit gefächerte gesellschaftspolitische Ziele und Maßnahmen, die sich aus der tagtäglichen Arbeit der Arbeitnehmervertretung im In- und Ausland ergeben. Gemeint ist dabei jene ehrenamtliche Arbeit, die über die „klassische" Betriebsratsarbeit weit hinausgeht.

Aus dem Portfolio der vielfältigen Aktivitäten, die zentrale soziale, ökologische und wirtschaftspolitische Themen auf die betriebsrätliche Tagesordnung bringen, sei im Folgenden das aktuelle Kinderhilfsprojekt „A chance to play" in Südafrika hervorgehoben, das hier exemplarisch für die weltweiten Projekte des Konzernbetriebsrats stehen soll.

Zum Hintergrund: Auf Initiative des Konzernbetriebsrats des Volkswagen-Konzerns spenden seit bereits zehn Jahren Beschäftigte zugunsten benachteiligter Kindern im Rahmen des Projektes „Eine Stunde für die Zukunft. Als kompetenter Partner zur Umsetzung von Projekten wurde dabei damals das Kinderhilfswerk „terre des hommes" gewonnen.

Zum zehnjährigen Jubiläum der erfolgreichen Kooperation ist unter dem Motto „A chance to play" ein Sonderprogramm in Südafrika anlässlich der Fußballweltmeisterschaft ins Leben gerufen worden. Ziel ist es, Kindern und Jugendlichen, die in einem schwierigen sozialen und wirtschaftlichen Umfeld aufwachsen, Bildungschancen und damit berufliche Perspektiven zu eröffnen. Der Alltag der Betroffenen ist in der Regel gekennzeichnet von Arbeitslosigkeit der Eltern, Aids-Erkrankungen in der Familie und mangelnder Bildung. Mädchen sind darüber hinaus oft Opfer sexueller Gewalt. Um diesen Teufelskreis aufzubrechen, stehen Möglichkeiten zu Spiel und Sport verbunden mit Lern- und Ausbildungsangeboten auf der Agenda ganz oben. „Unter dem Dach von ‚A chance to play' werden Projekte gefördert, die das Ziel haben, Kinder stark und lebenstüchtig zu machen." (Volkswagen Aktiengesellschaft 2009, S. 42)

Durch die Wachstumsstrategie des Konzern und der damit verbundenen Erschließung neuer Märkte und der Errichtung neuer Produktionsstandorte nimmt auch der Aktionsradius der Kinderprojekte im Rahmen von „Einer Stunde für die Zukunft" weiter zu, da das Bestreben des Konzernbetriebsrats darauf ausgerichtet ist, an sämtlichen Produktionsstandorten Projekte ins Leben zu rufen, um der gesellschaftlichen Verantwortung des Konzerns vor Ort Rechnung zu tragen. Der Erfolg der bisherigen Projekte bestärkt dabei die Arbeitnehmervertretung, ihr Engagement weltweit weiter auszubauen.

Literatur

Dauskardt, M. und Oberbeck, H. (2009). Das Ende des „guten Hirten"? Anforderungen an Betriebsräte in der global agierenden Automobilindustrie – am Beispiel des Volkswagen-Konzerns. In Hummel, H. und Loges, B. (Hrsg.), Gestaltungen der Globalisierung. Festschrift für Ulrich Menzel. Opladen, 239-260.

Die Charta der Arbeitsbeziehungen im Volkswagen-Konzern, Zwickau, 2009.

Dombois, R. (2009). Die VW-Affäre, Lehrstück zu den Risiken des deutschen Co-Managements? Industrielle Beziehungen, 3/2009, 207-231.

Gerlach, F./ Ziegler, A. (2010). Das deutsche Modell auf dem Prüfstand – Innovationen in der Krise. In WSI-Mitteilungen, 2/2010, 63-69.

Minssen, H. und Riese, C. (2005). Der Co-Manager und seine Arbeitsweise. Die interne Arbeitsorganisation von Betriebsräten im Öffentlichen Personennahverkehr. Industrielle Beziehungen, 4/2005, 367-392.

Müller-Jentsch, W. und Seitz, B. (1998). Betriebsräte gewinnen Konturen. Ergebnisse einer Betriebsrätebefragung im Maschinenbau. Industrielle Beziehungen, 4/1998, 361-387.

Müller-Pietralla, W.(2009). Konzern und Beschäftigung 2020. Referenzszenario Intelligente Mobilität, Volkswagen-Konzernzukunftsforschung, Folienvortrag, Wolfsburg.

Osterloh, B. (2009). Familien fördern, Zukunft gestalten. In: Volkswagen Aktiengesellschaft (Hrsg.), Zusammen wachsen, Familie, Beruf, Volkswagen. Wie Frauen und Männer bei Volkswagen Beruf und Familie miteinander verbinden. Wolfsburg.

Rehder, B. (2006). Legitimationsdefizite des Co-Managements. Zeitschrift für Soziologie 3/2006, 227-242.

Reichwald, R.(2010). Innovation und Mitbestimmung – Chancen für den Hightech-Standort Deutschland. WSI Mitteilungen, 2/2010, 62.

Schumann, W. (2009). Betriebliche Mitbestimmung bei Peter von Oertzen, immer noch aktuell. In Politik für die Sozialdemokratie, Berlin, 2009, 58-72.

Volkswagen Aktiengesellschaft: Der Volkswagen-Weg, Wolfsburg, 2008.

Volkswagen Aktiengesellschaft: Driving ideas, Nachhaltigkeitsbericht 2009/2010, Wolfsburg, 2009.

Volkswagen Aktiengesellschaft: Zusammen wachsen, Familie, Beruf, Volkswagen, Wie Frauen und Männer bei Volkswagen Beruf und Familie miteinander verbinden, Wolfsburg, 2009.

Über den Autor

Bernd Osterloh (geb. 1956)

ist Vorsitzender des Gesamt- und Konzernbetriebsrates der Volkswagen AG, Mitglied im Aufsichtsrat und im Präsidium der Volkswagen AG und der Porsche Automobil Holding SE. Er wurde 1990 in den Betriebsrat gewählt; 2004 wurde er stellvertretender Betriebsratsvorsitzender. Danach wurde er zum Betriebsratsvorsitzenden des Wolfsburger Werkes, zum Gesamtbetriebsratsvorsitzenden aller VW-Werke und schließlich zum Konzernbetriebsratsvorsitzenden gewählt.

bernd.osterloh@volkswagen.de

Arbeitsschwerpunkte
Politische Schwerpunktsetzung und Ausrichtung, Grundsatzfragen, Strategieentwicklung, Koordination der Standorte national und international, Aufsichtsratsarbeit

Die flexible Fabrik unter dem Fokus der Steuer- und Fördertechnik

Praxisorientierte Lösungsansätze im Kontext der Betriebswirtschaft, Fabrikplanung, Produktionssteuerung und Betriebsmitteltechnik

The flexible factory with the focus on control and conveyor technology.
Practically-oriented solutions in a cross-section of economics, factory planning, production management and production equipment technology

Siegfried Fiebig

Zusammenfassung

Die Automobilindustrie steht vor grundlegenden Herausforderungen. Durch kürzere Produktlebenszyklen, schnellere Produktoffensiven, einem sich stark verändernden Kundenverhalten sowie weiteren Faktoren der Gesetzgebung werden die Unternehmensprozesse komplexer und zunehmend ineffizienter. Ein Lösungsansatz zum Umgang mit diesen Entwicklungen ist die Flexibilisierung des Unternehmens und vor allem der Fertigungsstätten. Ein Konzept zum Reengineering eines Produktionsprozesses, insbesondere bei bestehenden Fabrikstrukturen ist daher notwendig. Erste Ansätze werden in dem folgenden Beitrag dargelegt, wobei der Fokus der hochflexiblen Prozesse dabei in der Betrachtung der Intralogistik und der Produktionssteuerung liegt.

Summary

Corporate processes are becoming more complex and increasingly inefficient as a result of shorter product cycles, quicker product offensives, customer responses which have altered considerably, as well as factors concerning legislation. One solution for dealing with these developments is the increased flexibility of the company and, above all, the production locations. A concept for the reengineering of a production process, for existing factory structures in particular, is therefore necessary. An initial approach is presented in the following, the focus being on the highly-flexible processes in the consideration of intralogistics and production management.

1   Notwendigkeit der Flexibilitätsbetrachtung

Die zu erwartenden grundlegenden Änderungen in der Automobilindustrie, ausgelöst durch rasche technologische und gesellschaftliche Entwicklungen, fordern ein Höchstmaß an Flexibilität bzw. Wandlungsfähigkeit von Unternehmen. Als Bestandteil des Unternehmensprozesses muss vor allem der Produktionsprozess als zentrales Kettenglied des Kundenauftragsprozesses diesen Anforderungen gerecht werden.

Der Wechsel zwischen stabilen und flexiblen Wirtschaftsumfeldsituationen verläuft in zyklischen Phasen (vgl. Voigt und Schorr, 2007). In Perioden mit starkem Wachstum werden im Wesentlichen stabile und in Zeiten hoher Wirtschaftsturbulenzen vermehrt flexible Ansätze verfolgt. Die Glättung dieser Turbulenzkurven erfolgt über die Installation von Flexibilitätspotentialen in den Fertigungsstätten. Über diese Schwankungsglättungen hinaus sind wandlungsfähige Fabrikstrukturen zu entwerfen und umzusetzen. Die Abb. 1.1 stellt diesen Zusammenhang dar.

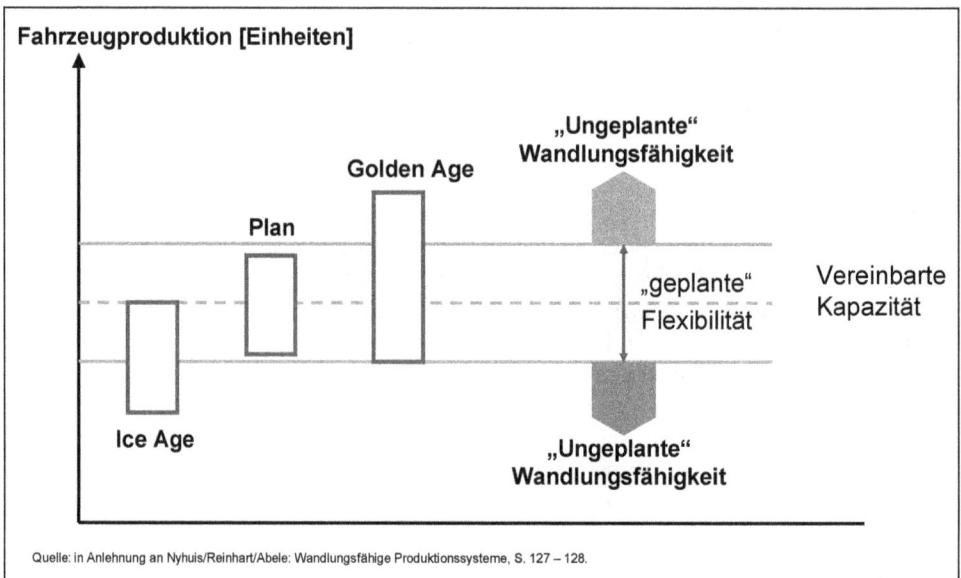

Quelle: in Anlehnung an Nyhuis/Reinhart/Abele: Wandlungsfähige Produktionssysteme, S. 127 – 128.

Abb. 1.1:   Flexibilität als Ausgleich von Marktschwankungen

Die Schwankungen in den Produktionsvolumina ergeben sich vorrangig durch die Veränderungen in den relevanten Kaufkriterien, vor allem aber in den Kundenwünschen und -strukturen. Diese führen zu enormen Anforderungen an einen flexiblen Produktionsprozess. Der Wandel vom Verkäufermarkt hin zu einem Käufermarkt mit individuellen Kundenbedürfnissen fordert die Entwicklung einer flexiblen markt- und kundenorientierten Produktion.

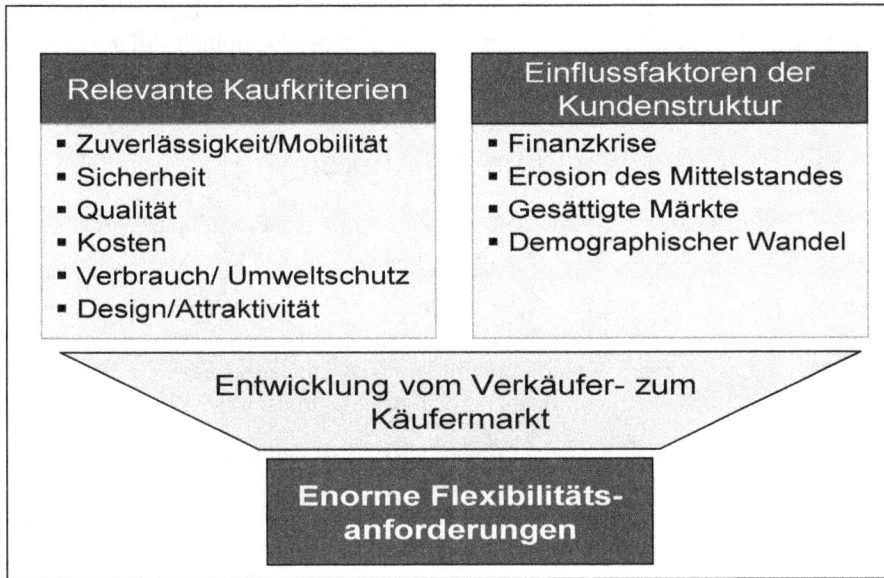

Relevante Kaufkriterien	Einflussfaktoren der Kundenstruktur
• Zuverlässigkeit/Mobilität	• Finanzkrise
• Sicherheit	• Erosion des Mittelstandes
• Qualität	• Gesättigte Märkte
• Kosten	• Demographischer Wandel
• Verbrauch/ Umweltschutz	
• Design/Attraktivität	

Entwicklung vom Verkäufer- zum Käufermarkt

Enorme Flexibilitäts-anforderungen

Abb. 1.2:   Ursachen der Flexibilitätsanforderungen

Diese Flexibilitätsanforderungen müssen durch Fabrikstrukturen und -prozesse beantwortet werden, die in ihrem Zusammenspiel ein definiertes Flexibilitätspotential abbilden.

Die „flexible Fabrik" stellt ein in den letzten Jahren häufig benanntes Ideal dar, das jedoch zum tieferen Verständnis und der erfolgreichen Umsetzung in der benötigten Tiefe der Komplexität betrachtet werden muss. Erheblicher Treiber dieses Ansatzes sind vor allem Entwicklungen wie beispielsweise die Individualisierung der Kundenwünsche und die daraus resultierende Erhöhung der Variantenvielfalt, wie auch im Beitrag von Werner Neubauer (siehe vorn) dargelegt wurde. Daraus ableitend liegt der Schlüssel des Erfolgs in der Kundenorientierung und der Umsetzung der damit verbundenen wandlungsfähigen und flexiblen Fertigungsstrukturen mit hoch agilen, flexiblen und leistungsfähigen Produktionsprozessen. Die deutlich ansteigende Variantenvielfalt und die daraus resultierende Planungsunsicherheit ist zu beherrschen, da die zunehmende Individualisierung von Produkten und Leistungen auch Chancen bieten, erfolgreicher am Markt tätig zu sein als die Wettbewerber. Dies erfordert jedoch eine hohe Flexibilität in der Leistungserstellung und somit die Fähigkeit, Ressourcen, Prozesse und Strukturen schnell an das sich ändernde Leistungsangebot anzupassen.

Im Rahmen der verschiedenen Wettbewerbsstrategien beschreibt das Ziel der Flexibilitäts-
führerschaft vor allem im Bereich der Produktionsprozesse den Marktakteur mit der höchsten
Anpassungsfähigkeit der Prozesse und Produkte an neue Rahmenbedingungen. Ein Konzept
zum Reengineering eines Produktionsprozesses, insbesondere bei bestehenden Fabrikstrukturen, unter dieser Zielstellung erscheint daher notwendig, ist jedoch bisher nicht umfassend
erarbeitet worden.

Der Komplexität einer Gesamtbetrachtung geschuldet, werden im vorliegenden Beitrag vor
allem die Auswirkungen auf die Intralogistik und die Produktionssteuerung betrachtet. Zunächst muss es grundsätzliches Anliegen sein, den Begriff der Flexibilität differenziert zu
betrachten und eine Abgrenzung zu vergleichbaren Konzepten darzulegen.

2   Flexibilität und Wandlungsfähigkeit

Aus den vielen Diskussionen in Wissenschaft und Praxis um den Flexibilitätsbegriff wurde
die folgende Definition im hier betrachteten Zusammenhang abgeleitet:

Ein Fertigungsprozess ist dann flexibel, wenn er schnell auf Änderungsanforderungen bzw.
veränderten Rahmenbedingungen aus seiner Umwelt reagiert und sich diesen neuen Anforderungen flexibel anpassen kann. Änderungsanforderungen können externe Einflüsse (z.B.
Kundenwünsche), aber auch interne Einflüsse (z. B. Betriebsstörungen) sein.

In der diversen Literatur zur Fabrikplanung findet der Begriff der Wandlungsfähigkeit Anwendung, wenn Ansätze und Möglichkeiten erläutert werden, um dynamischen Umweltbe-
dingungen gerecht zu werden, denen Organisationen im Sinne von produzierenden Unternehmen ausgesetzt sind. Da Flexibilität auch eine Fähigkeit ist, dynamischen Umweltbedin-
gungen gerecht zu werden, erscheint eine Abgrenzung zum Begriff der wandlungsfähigen
Organisation/Fabrik als sinnvoll.

Häufig wird Flexibilität als eine Teilmenge der Wandlungsfähigkeit interpretiert. So kann sie
als eine grundlegende Eigenschaft des Unternehmens/Prozesses angesehen werden, die durch
Bereitstellen von Ressourcen, wie z.B. Mehrfachqualifikation der Mitarbeiter oder Überkapazitäten, implementiert werden kann. Dagegen werden bei Wandlungsfähigkeit die vorhandenen Spielräume der Flexibilität verlassen, wenn nachhaltige Veränderungen des etablierten
Systems erzielt werden sollen.

Die Einordnung und Abgrenzung des Flexibilitätsbegriffs wird in Anlehnung an Wiendahl
(2002, S. 126) in der folgenden Abbildung verdeutlicht.

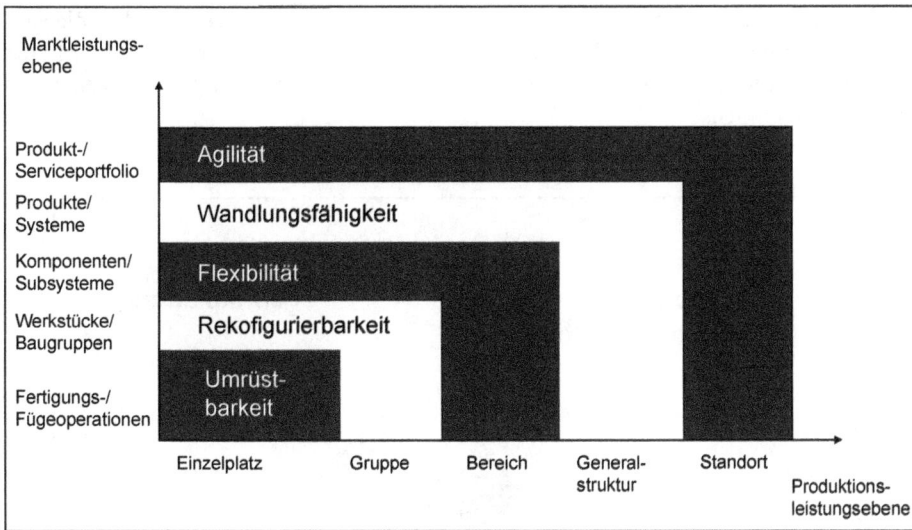

Abb. 2.1: Flexibilitätsbegriffe

Für den hier betrachteten Sachverhalt ist demnach vor allem die Eigenschaft der Flexibilität relevant. Um der Praxisorientierung des vorliegenden Buches gerecht zu werden, ist es zweckmäßig, die Einteilung der Flexibilität in verschiedene Arten bzw. Klassen vorzunehmen und eine kurze Erläuterung vorzunehmen. Folgende Flexibilitätsarten wurden identifiziert:

- Variantenflexibilität (Möglichkeit der Erweiterung der Produktionsaufgabe um weitere Varianten/Derivate)
- Stückzahlflexibilität (Möglichkeit des Senkens und Steigerns der Ausbringungsmenge)
- Modellflexibilität (Integration neuer Modelle bei laufender Produktion mit geringsten Aufwendungen)
- Anlaufflexibilität (beschleunigter Anlauf der Produktion bis zur Kammlinie)
- Technologieflexibilität (Möglichkeit der schnellen und aufwandsarmen Integration neuer Technologien, z.B. neue Umformverfahren)
- Reaktionsflexibilität (Möglichkeit der Reaktion auf geänderte Kundenwünsche während des Produktionsprozesses)
- Personalflexibilität (flexible Steuerung des Personals in Abhängigkeit zum Personalbedarf).

3 Lösungsansätze

Bei Betrachtung diese Formen und Arten der Flexibilität ist schnell erkennbar, dass die Gestaltung eines flexiblen Produktionsprozesses einer interdisziplinären Betrachtung bedarf. So sind Ansätze aus den Gebieten der Betriebsmitteltechnik, der Fabrikplanung, des Produktionsmanagements, der Logistik und der Betriebswirtschaft unter der vereinenden Zielstellung des flexiblen und wirtschaftlichen Produktionsprozesses zu diskutieren. Die „5 M" der Unternehmensgestaltung fokussieren dabei die einzelnen Handlungsfelder in den genannten Wissenschaftsdisziplinen.

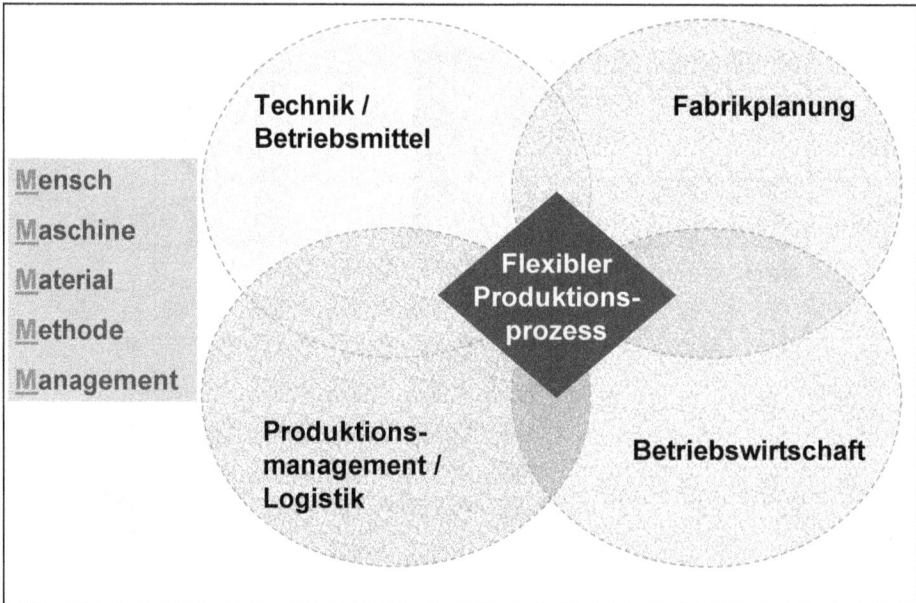

Abb. 3.1:   Interdisziplinarität des flexiblen Produktionsprozesses

Im Folgenden werden die Flexibilitätsanforderungen bezogen auf die vier Themenfelder diskutiert und beispielhafte Lösungen vorgestellt.

3.1   Wirtschaftlichkeit flexibler Fertigungen

Die grundsätzliche Fragestellung eines marktwirtschaftlichen Unternehmens ist das Kosten-Nutzen-Verhältnis unter der Zielstellung der Gewinnerwirtschaftung. Auch die Schaffung des Flexibilitätspotentials in einer Fertigungsstätte gehört zu dieser Fragestellung.

Flexibilität stellt keinen Selbstzweck dar, sondern dient der Erfüllung übergeordneter Zielsetzungen wie Qualität, Liefertreue, Kundenbindung und der Kostenreduktion. Flexibilität ist demnach auch nach wirtschaftlichen Kriterien der Reichweite und dem Beitrag zur Erreichung der übergeordneten unternehmerischen Ziele zu bewerten.

Dabei gilt es, Aufwand und Nutzen abzugleichen. So sind flexible Produktionsanlagen in der Regel teurer als nicht flexible Anlagen, dafür sinkt jedoch bei flexiblen Produktionssystemen die insgesamt benötigte Kapazität, was zu wesentlichen Kosteneinsparungen führen kann (vgl. Wemhöner, 2005). Zudem entfallen auf flexible Produktionssysteme im Vergleich zu nicht flexiblen Produktionssystemen durch eine höhere Auslastung niedrigere Kosten (siehe folgende Abbildung).

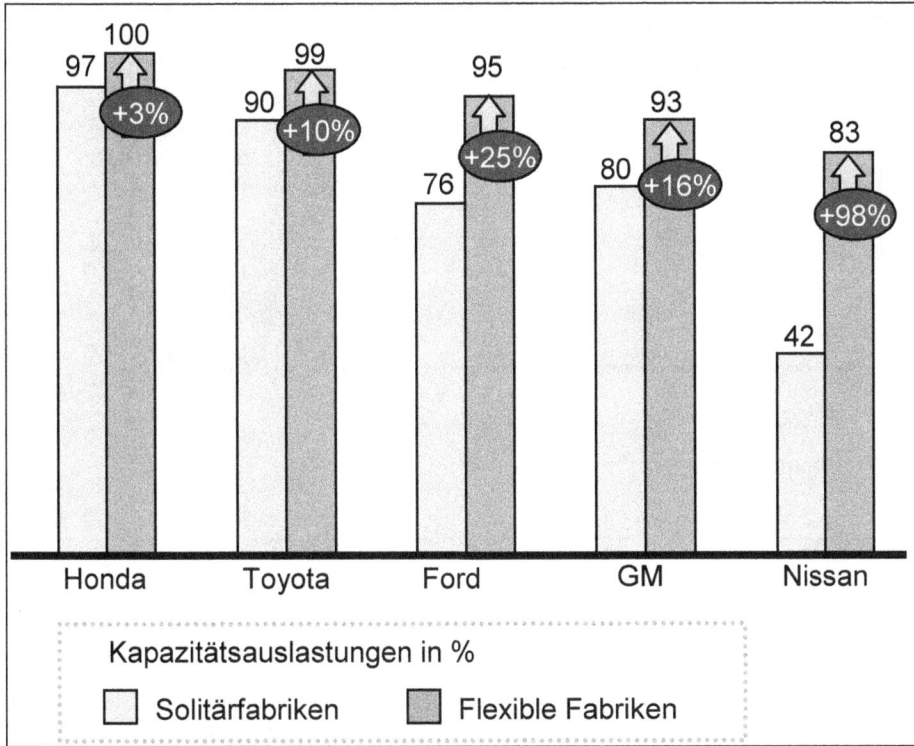

Abb. 3.2: Auslastungsvergleich flexibler und nicht flexibler Fabriken (USA) (in Anlehnung an Bruynesteyn, 2003, S. 5)

Flexible Produktionsanlagen und -prozesse schaffen durch die Möglichkeit der Nutzung für verschiedene Projekte bzw. Produkte zusätzlichen Nutzen. Trotz dieser positiven Bewertung sind der wirtschaftlichen Effizienz von Flexibilität Grenzen gesetzt. Die unter wirtschaftlichen Aspekten bewertete Flexibilität muss im optimalen Verhältnis von Aufwand und Nutzen stehen. Die folgende Abb. 3.3 stellt eine prinzipielle Beantwortung der betriebswirtschaftlichen Frage nach einem Optimum von Flexibilität im Vergleich zu den entstehenden Kosten dar.

Im Folgenden sollen zwei Felder des flexiblen Produktionsprozesses, die Fabrikplanung und das Produktionsmanagement/die Logistik betrachtet werden.

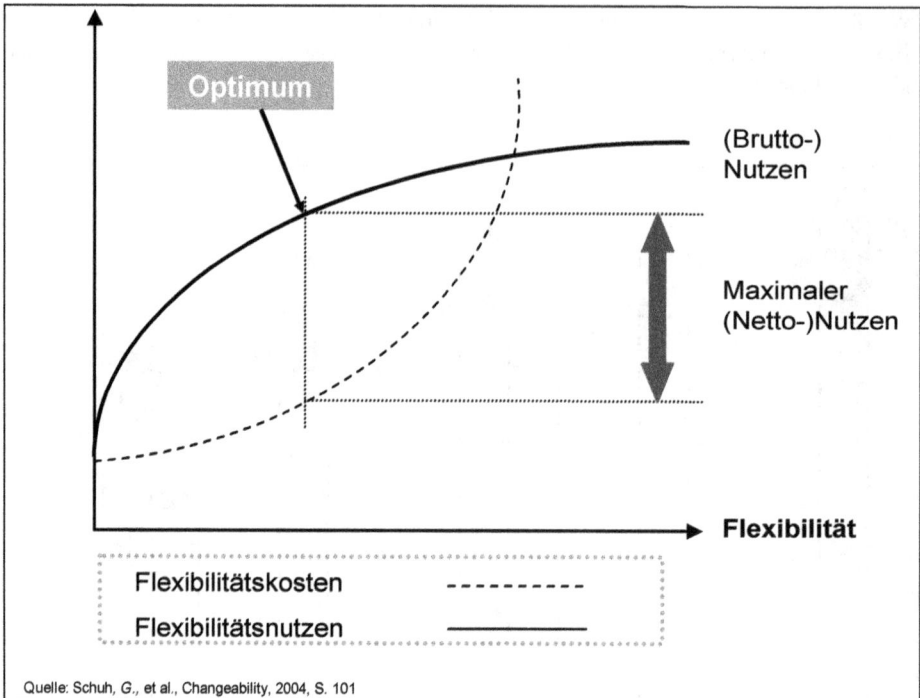

Abb. 3.3: Wirtschaftliches Optimum der Flexibilität

3.2   Flexibilität im Rahmen des Fabrikplanungsprozesses

Die Entwicklung eines Planungskonzepts für flexible Fabriken wird anhand einer allgemeinen Vorgehensweise wie folgt aufgezeigt:

Zunächst wird das Anforderungsprofil an die zu implementierende Flexibilität bzw. Flexibilitätssteigerung erarbeitet. Im Anschluss daran wird das erforderliche Flexibilitätsmaß innerhalb der jeweiligen Flexibilitätsarten bestimmt. In einem dritten Schritt wird aus den erarbei-
teten Planungskonzepten das geeignete ausgewählt, bzw. es werden Optimierungen einzelner
Lösungsvarianten durchgeführt. Abschließend erfolgt die Umsetzung bzw. Anwendung der
Lösungsvariante.

Die skizzierte Schrittfolge muss auf den Betrachtungsgegenstand appliziert und im Rahmen
der Gegebenheiten spezifiziert werden (siehe auch Abb. 3.4).

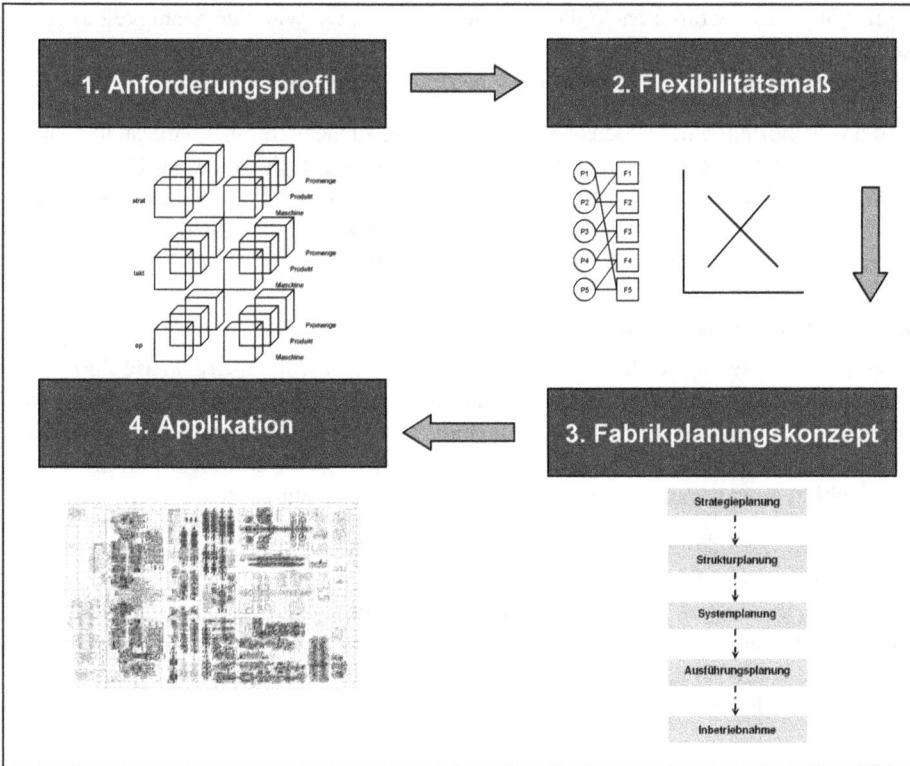

Abb. 3.4: Allgemeines Vorgehen zur Planung flexibler Produktionsprozesse

Bestimmung des Flexibilitäts-Anforderungsprofils

Die Bestimmung des Anforderungsprofils wird durch Einsatz verschiedenster Szenariotechniken ermöglicht. Dabei sind z.B. die folgenden Fragen zu klären:

- Welche Szenarien der kurz-, mittel- und langfristigen Marktbedienung sind ableitbar?
- Welche Flexibilität besitzt das bisherige Produktionssystem? (bei Reorganisationsprojekten)
- Welche Flexibilitätsarten müssen determiniert und im Produktionsprozess erweitert werden?
- Welche besonderen Randbedingungen wirken auf die Flexibilität?

Die Beantwortung der Fragen kann über verschiedenste Möglichkeiten, wie z.B. den Szenariotechniken, bzw. der Marktforschung erreicht werden.

Bestimmung des erforderlichen Flexibilitätsmaßes

Die bisher vorgestellten fabrikplanerischen Ansätze umfassen mögliche Vorgehensweisen zur Integration von Flexibilität bzw. Wandlungsfähigkeit auf einer eher strategischen Ebene.

Das Erreichen eines bestimmten Maßes an Flexibilität bzw. Wandlungsfähigkeit wird als Basisannahme in fast alle Betrachtungen aufgenommen. Das genaue Ausmaß bzw. ein spezifiziertes Potential bleibt jedoch zumeist in der betrieblichen Praxis ungeklärt.

Der Grad an Flexibilität eines Produktionsprozesses soll zunächst ordinal dargestellt werden. Daraus schlussfolgernd ist die Bestimmung eines Maßes oder auch Grades an Flexibilität zu erarbeiten. Im Folgenden wird ein Ansatz zur Ermittlung dieses Flexibilitätsgrades vorgestellt, der beispielhaft das Maß an Produkten je Fabrik bzw. Produktionslinie erarbeitet, um im Gesamtsystem (Standort bzw. Unternehmen) nahezu flexibel zu sein.

Top down-Ansatz zur Bestimmung eines angepassten Flexibilitätsmaßes

Grundlage der Analyse von Jordan & Graves (1991) ist die flexibilitätsorientierte Zuordnung einer Anzahl an Produkten zu Produktionsstätten innerhalb eines Unternehmens. Dabei wird erarbeitet, welches Maß an Produkt-Mix-Flexibilität notwendig ist, um einen optimierten Systemzustand zu erreichen. Der zu optimierende Parameter stellt in diesem Fall die Verteilung der Nachfragemenge auf das Kapazitätsangebot einzelner Standorte dar.

Jordan & Graves (ebenda) analysierten verschiedene Automobilhersteller und unterstellten Schwankungen der Nachfrageprognosen von bis zu 40 Prozent. Ausgehend von zwei Extremsituationen, der totalen Produkt-Mix-Flexibilität oder keiner Produkt-Mix-Flexibilität, wurde eine Charakteristik des dazwischen liegenden Bereichs erarbeitet. Die folgende Abbildung stellt die totale Produkt-Mix-Flexibilität (rechts), die nicht vorhandene Produkt-Mix-Flexibilität (links) und eine Zwischenform (zentral) dar.

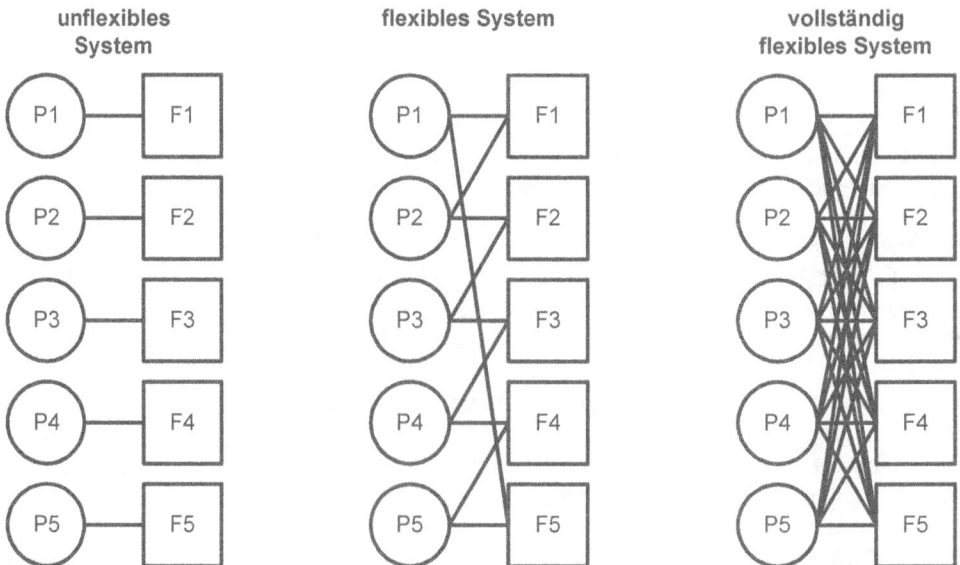

Abb. 3.5: Unflexibles, teil- und vollflexibles System

Jordan & Graves (ebenda) analysierten die Folgen einer Nachfrageveränderung bei determinierten Kapazitäten für die benannten drei Typen folgendermaßen:

Das unflexible System wird durch unerwartete Nachfragesteigerungen mit einer Auslastung konfrontiert, die über die Kapazitätsgrenze hinausgeht. Dies bedeutet im Umkehrschluss, dass eine bestimmte Anzahl an Produkten nicht hergestellt und dem Markt zugeführt werden kann. Unter der Annahme, dass die Verschiebung in zeitlich versetzte Perioden nicht möglich ist, entstehen dem Unternehmen ein entgangener Gewinn und die Möglichkeit von Kundenverlusten. Unerwartete Nachfragereduzierungen führen im Gegensatz zu einer Nichtauslastung des Systems. Dieses Szenario führt folglich zu Überkapazitäten. Das nicht benötigte, dennoch gebundene Kapital verursacht Kosten und damit einhergehend einen Kostennachteil im Vergleich zum Wettbewerb.

Das vollständig flexible System besitzt daher den Vorteil, dass positive Nachfrageschwankungen bis in Höhe der maximalen Systemkapazität durch Umverteilung innerhalb des Gesamtunternehmens / Standortes abgefangen werden können. Auf diese Weise erhöht sich die Kapazitätsauslastung des Gesamtsystems und die angefragte Produktmenge kann bedient werden. Werden entsprechende Kosten der Flexibilität in die entsprechende Relation zum Erfolg bzw. Vorteil gesetzt, so ist das Optimum in der mittleren Variante, dem flexiblen System, zu vermuten.

An einem weiteren Beispiel mit zehn Produkten und zehn Produktionssystemen, zeigen Jordan & Graves (ebenda), dass ausgehend von einem unflexiblen System bereits das Hinzufügen von zehn Verknüpfungen zwischen Produkten und Fabriken zu einem Systemzustand führt, der zu 95 Prozent dem eines vollständig flexiblen Systems gleicht.

Dabei wird eine Zuteilung von zwei Produkten je Fabrik unterstellt, wobei darauf verwiesen wird, dass diese Zuordnung situationsspezifisch vorgenommen werden muss. Die Anzahl und Ausgestaltung der Zuteilung von Produkten je Fabrik bzw. Linie hängt folglich von der Anzahl der Produkte bzw. Modelle und der Anzahl der Fabriken mit ihren jeweiligen Kapazitäten, den erwarteten Nachfragemengen und den Toleranzbereichen für Nachfrageschwankungen ab. Aus Sicht der Wirtschaftlichkeit der Einrichtung zusätzlicher Produkt-Mix-Flexibilität können unterschiedliche Produkt-Fabrik-Zuweisungen derart dargestellt werden, dass auch bei unterschiedlichen Konfigurationen ein nahezu gleicher Grad an Flexibilität erreicht wird. Unter wirtschaftlichem Aspekt sollte folglich differenziert betrachtet werden, welches Maß an Flexibilität notwendig und vor allem rentabel ist.

Der Ansatz von Jordan & Graves impliziert, dass ein relativ hoher Flexibilitätsgrad mit möglichst geringem Aufwand umgesetzt werden kann. Um dies zu realisieren, müssen innerhalb des betrachteten Gesamtsystems (Standort, Gesamtunternehmen etc.) Zuordnungen von Produkten auf Teilsysteme (Fabriken, bzw. Linien) in einer definierten Art, beispielsweise unter Nutzung genetischer Algorithmen, derart umgesetzt werden, dass möglichst lange Ketten gebildet werden.

Die Betrachtungen beziehen sich bisher ausschließlich auf die Produkt-Mix-Flexibilität. Es ist ungeklärt, ob das Vorgehen auch auf andere Flexibilitätsarten angewandt werden kann. Ein direkter Einsatznachweis kann für die Volumenflexibilität erbracht werden, da die Produktmixflexibilität direkten Einfluss auf die Flexibilität bezüglich des Volumens hat. In den Betrachtungen wird die Bestimmung des erforderlichen Gesamtkapazitätsniveaus nicht hinterlegt. Es ist zu konstatieren, dass auch ein hoch flexibles System nicht notwendigerweise zu einer 100-prozentigen Kapazitätsauslastung führt.

Auf der Basis des vorher entwickelten Ansatzes ist eine Spezifikation auf der Ebene der Teilsysteme möglich. Daraus ableitend kann eine Planung der Elemente des Teilsystems erfolgen und eine Lösungsvariante ausgewählt werden.

Auswahl eines Fabrikplanungskonzeptes

Nachdem das Anforderungsprofil und das Maß an benötigter bzw. geforderter Flexibilität vorliegen, müssen diese Daten in den Fabrikplanungsprozess integriert werden. Dies erfolgt in den klassischen Phasen der Fabrikplanung wie folgt:

In der Phase der Ziel/Vorplanung wird zunächst die Zielstellung einer Flexibilisierung des Produktionsprozesses bezogen auf die geforderten Arten der Flexibilität verankert. Im Rahmen der Vorplanung werden die benötigten Projektunterlagen zusammengestellt. Im Sinne der Flexibilisierung werden in dieser Phase die vorher benannten Schritte der Ermittlung des Flexibilitätsanforderungsprofils und des Flexibilitätsmaßes durchgeführt, dokumentiert und in die Zielverfolgung aufgenommen.

In der Phase der Grobplanung wird das Soll-Konzept (Ideallayout) entwickelt. Dieser iterative Prozess muss durch Erarbeitung und Anwendung geeigneter flexibilitätsfördernder Planungsvarianten in den einzelnen Iterationsschleifen ergänzt werden. Folglich werden jede entworfene Planungsvariante anhand des Anforderungsprofils der Flexibilität analysiert und Schwachpunkte bestimmt. Diese wiederum werden mit dem Anforderungsprofil und dem Flexibilitätsmaß abgeglichen, um eventuell notwendige Optimierungen einleiten zu können.

Das Ideallayout wird im Rahmen der Applikation des Fabrikplanungskonzeptes auf die vorhandenen Bedingungen analog der Planungsschritte in das Reallayout überführt. Die Integration in das Reallayout muss ebenfalls durch die stete, iterative Annäherung an das Optimum, auch das Flexibilitätsoptimum, geprägt sein. Dabei wird das Bewertungsschema analog dem Vorgehen bei der Bestimmung des Ideallayouts bei der Bewertung der Lösungsvarianten für die Überführung in das Reallayout angewendet.

Im Rahmen der Feinplanung müssen die in der Grobplanung entworfenen Bestandteile der Flexibilitätssteigerung in der Feinplanung weiter detailliert und bis auf Arbeitsplatz- bzw. Maschinenebene herunter gebrochen werden.

Eine Überprüfung bzw. ein Controlling der Flexibilitätsfunktionalität ist durch verschiedene Möglichkeiten einer digitalen Simulation der Fabriksteuerung, der Materialflüsse und des gesamten Produktionsprozesses während des gesamten Planungsprozesses durchführbar. Diese Unterstützung der klassischen Planung ist aus Sicht des Autors für die Betrachtung der Flexibilität und der Wirkweisen bei Veränderungsanforderungen in Produktionsprozessen unerlässlich. Die Integration von jeweiligen Flexibilitätskriterien in die Simulationsberechnungen ist jedoch deutlich ausbaufähig.

3.3 Flexibilität im Rahmen der Produktionssteuerung

Die Betrachtung der Flexibilität der Produktionssteuerung muss grundsätzlich auf mehreren Ebenen erfolgen. Auf der Ebene eines Produktionsnetzwerkes wurde bereits auf die Zusammenhänge zwischen voll-, teil- und inflexiblen Produktionswerken nach Jordan und Graves (1991) hingewiesen. Die Möglichkeiten eines vollflexiblen Produktionsnetzwerkes sind in der Praxis der Automobilindustrie häufig durch die Themenstellung der Produktionsdrehscheiben belegt. Am Beispiel der Volkswagen-Werke Wolfsburg, Emden und Zwickau ist in der folgenden Abbildung die Produktionsdrehscheibe für die Produkte Golf und Passat dargestellt.

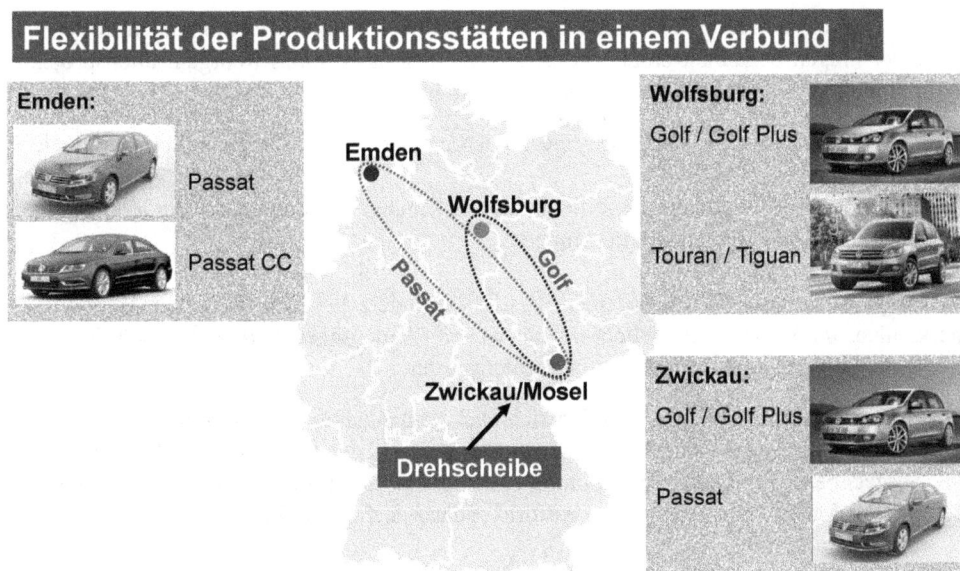

Abb. 3.6: Produktionsdrehscheibe VW Golf und VW Passat

So sind in den deutschen Fahrzeugbaustandorten der Marke Volkswagen über das Werk in Zwickau Anpassungs- bzw. Atmungsaktivitäten bei eventuellen Marktschwankungen gegeben.

Wird die Flexibilitätsdiskussion auf die Produktion innerhalb eines Werkes übertragen, so verändert sich die zu Grunde liegende Frage wie folgt:

Wie viel Flexibilität wird innerhalb eines Produktionswerks benötigt, um den Anforderungen aus Produktmix- und Variantenflexibilität genügen zu können?

Um dieser Frage im Ansatz beantworten zu können, werden Annahmen getroffen, die definierte Flexibilitätsgrade abbilden sollen. Dies ist notwendig, da der komplexe Prozess der

Produktionsplanung und -steuerung an dieser Stelle nicht in seiner gesamten Ausprägung diskutiert werden kann. Anhand der festgelegten Rahmenbedingungen sollen darauf basierend entsprechende Einflüsse auf die PPS aufgezeigt werden. Um den Grad der Abstraktion zur Komplexitätsreduktion angemessen zu wählen und damit die Übersichtlichkeit zu erhalten, werden die zu betrachtenden Flexibilitätsarten auf die folgenden drei wesentlichen Vertreter eingegrenzt:

- Modellflexibilität (Produktion verschiedener Modelle)
- Variantenflexibilität (Produktion verschiedener Ausstattungsvarianten)
- Auftragsänderungsflexibilität.

Flexibilitätsgrad bezogen auf Auftragsänderungsflexibilität

Für die Auftragsänderungsflexibilität sollen die folgenden Rahmenbedingungen in Form zu klärender Fragen benannt werden, die bereits vor dem Start eines Reorganisationsprojektes in die Projektzielstellung aufgenommen werden müssen.

- Bis zu welchem Zeitpunkt soll eine Änderung der Produktkonfiguration durchgeführt werden können?
- In welchem Umfang beeinflusst die durch den Kunden vorgenommene Änderung weitere Änderungen von Bauteilen und -gruppen?

Da einige Änderungen des Kundenauftrags, insbesondere bei elektronischen Ausstattungsmerkmalen, im Sinne einer Kettenreaktion weitere Änderungen hervorrufen würden, muss die Reaktion bis zu einem Endpunkt betrachtet werden.

Die Produktionsbedarfsplanung gliedert sich nach dem Aachener PPS-Modell in die Teilprozesse Materialdisposition und Produktionsplanung. Basis der Produktionsbedarfsplanung ist das vorgegebene Produktionsprogramm. Anhand dieses Produktionsprogramms wird im Rahmen der Materialdisposition der Bruttosekundärbedarf ermittelt.

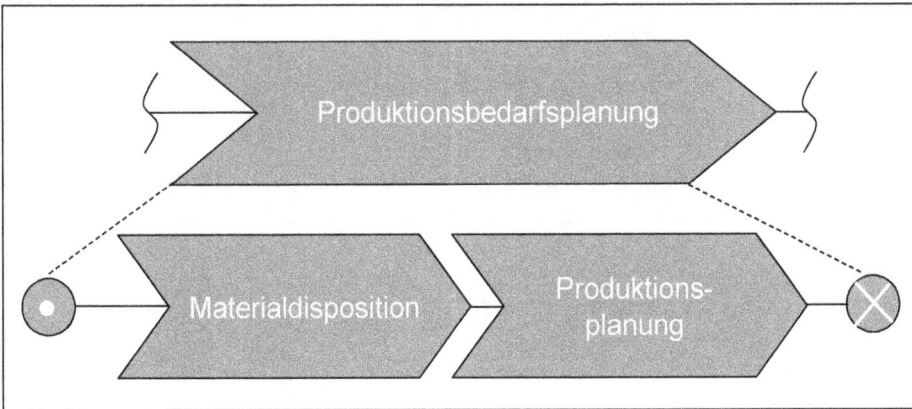

Abb. 3.7: Funktionen der Produktionsbedarfsplanung

Das Prozesselement Materialdisposition wird im Folgenden einer tiefer gehenden Diskussion unterworfen, da vor allem in dieser Planungsstufe Möglichkeiten gesehen werden, die zu einer Flexibilisierung im Sinne der Auftragsänderungsmöglichkeiten beitragen.

Materialdisposition:

Die Flexibilität der Materialdisposition, die für kurzfristige Änderungswünsche des Kunden entscheidend ist, basiert vor allem auf der Qualität der Bedarfsprognosen. Eintretende Kundenwünsche sind bezogen auf die Konfiguration des Produktes stochastisch geprägt. Aus diesem Grund sollten Verfahren gewählt werden, die aus Sicht des Unternehmens zu einer maximalen Zielerreichung beitragen.

Neben der regulären Bedarfsplanung, die für die zu produzierenden Produkte laut Produktionsprogramm durchzuführen ist, muss ein zusätzlicher Prozess geschaffen werden, um den Bedarf an möglicherweise eintretenden Änderungswünschen zu erfassen und statistisch gesichert vorherzusagen. In der Abb. 3.8 wird das Prozesskettenelement der Materialdisposition mit seinen Teilelementen und einer zusätzlichen Bedarfsermittlung dargestellt.

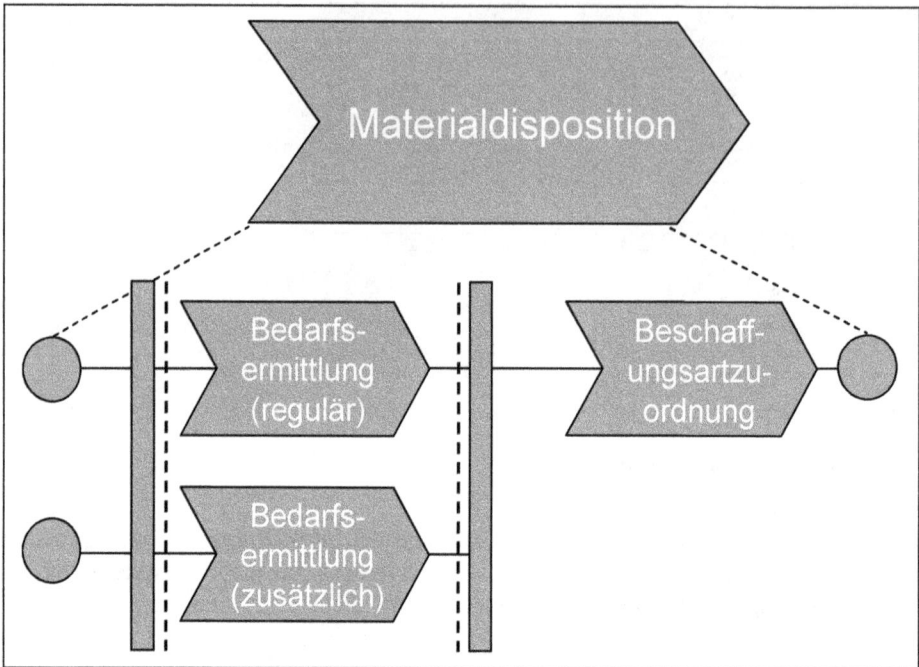

Abb. 3.8: Erweitertes Prozesselement Materialdisposition

Die Bruttosekundärbedarfsermittlung wird grundsätzlich über deterministische, stochastische und heuristische Verfahren durchgeführt. Charakteristisch für die deterministischen Verfahren ist neben mathematischen Verfahren die Unterscheidung in analytische und synthetische Verfahren. Die stochastischen Verfahren werden unter Einbezug statistischer Prognoseverfahren realisiert, mit deren Hilfe jeweilige Bedarfe vorherbestimmt werden können. Als Datenbasis dienen Erfahrungswerte aus der Vergangenheit. Weitere Rahmenbedingungen sind u.a. die Wiederbeschaffungszeit, der Sicherheitsbestand und der Beschaffungsrhythmus.

Im Sinne der Auftragsänderungsflexibilität müssen den vorhergehenden Ausführungen folgend die bisherigen Methoden der Bedarfsermittlung durch flexible Ergänzungen bzw. Erweiterungen optimiert werden. Dabei ist neben den herkömmlichen Bedarfsermittlungen auch eine „Sofort-Bedarfsbestellung" zu diskutieren. In diesem Zusammenhang muss geprüft werden, welche zu bestellenden Bauteile je nach gewünschtem Reaktionshorizont zu zeitkritischen Bauteilen deklariert werden. Im Rahmen einer Sofort-Bestellung müssen die jeweils zeitkritischen Teile eventuell in bauortnahen Zwischenlagern vorgehalten werden.

Die Modellflexibilität ist im Rahmen der Produktionsplanung und -steuerung nicht im kritischen Fokus der Betrachtungen. Neben den notwendigen Gegebenheiten der PPS-Software (z. B. weitere Möglichkeiten der Sortenerhöhung) sind hier vor allem die arbeitsorganisatorische Steuerung und die logistischen Anstellkonzepte zu diskutieren. Zentrale Problempunkte sind die Taktungen bzw. der Mitarbeitereinsatz bei wechselnden Modellen und damit einhergehend wechselnden Aufgabenumfängen und -inhalten und die Materialanstellung bei Modellvarianz unter der Rahmenbedingung knapper Flächen und effizienter Anstellkonzepte.

Die Variantenflexibilität ist in großem Umfang deckungsgleich den Betrachtungen zur Modellflexibilität, da in abstrakter Betrachtungsweise jede Variante als ein separates Modell dargelegt werden kann. Bei einem Modell wird jedoch allgemein davon ausgegangen, dass ein großer Anteil der Bauteile verschieden zu anderen Modellen ist. Die Variantenflexibilität kann sich bereits auf nur ein Bauteil bzw. wenige Bauteile beziehen. Hier ist der gesonderte Punkt der Reaktionszeit für einzelne Materialien zu betrachten. Des Weiteren muss die PPS-Software bei mehreren Varianten in der Lage sein, über flexibel steuerbare Sortenbeschreibungen alle Aufgaben der Produktionssteuerung wahrzunehmen.

Die bisherigen Ausführungen zur Betriebswirtschaft, Produktionssteuerung und Fabrikplanung werden nun durch Betrachtungen zur Technik ergänzt. Diese erfolgen anhand der Fördertechnik.

3.4 Betriebsmittel – Fördertechnik

In folgenden Ausführungen sollen im Wesentlichen Aussagen zur Technik, d. h. zur Gestaltung der Fördermaschinen, getroffen werden.

Oben wurden wesentliche Flexibilitätsarten benannt. Für die Betrachtung der Flexibilität im Rahmen der Fördertechnik ist eine Subgruppe dieser Flexibilitätsarten zu betrachten. Es sind folgende:

- Variantenflexibilität
- Stückzahlflexibilität
- Modellflexibilität
- Reaktionsflexibilität.

Aus diesen Flexibilitätsarten können detailliert Anforderungen an flexible Fördersysteme abgeleitet werden.

Aus der Variantenflexibilität und der Modellflexibilität, also aus Flexibilitätsarten, die auf die Beschaffenheit des Transportgutes abzielen, sind folgende Anforderungen ableitbar:

Flexibilität in Transportgewicht/Traglast

Die Flexibilität im Hinblick auf die zu bewältigende Traglast ist wesentlicher Einflussfaktor bei der Integration neuer Modelle bzw. weiterer Derivate. Im Automobilbau kann dies an einem sehr plastischen Beispiel verdeutlicht werden. Der VW Golf wird in den unterschiedlichsten Derivaten bzw. Varianten produziert. Eine Variante des Golf VI ist der Golf R. Diese ist mit einem 2,0 Liter TFSI Motor und einem Allradantrieb ausgestattet. Werden nun daraus ableitend die Gewichtsunterschiede zwischen dem herkömmlichen Seriengolf mit kleinerem Motor und ohne Allradantrieb und der Variante Golf VI R betrachtet, so ergibt sich ein Unterschied von mehr als 100 kg. Dieser Unterschied kann bereits Auswirkungen auf die Möglichkeit der Herstellung in einzelnen Produktionsstätten haben. Demgemäß muss die Fördertechnik in definierten Grenzmaßen flexibel für unterschiedliche Gewichtsanforderungen gestaltet werden. Die Gewichtsunterschiede einzelner Produktgruppen, wie bei-spielsweise SUV vs. Kleinwagen, sind Bestandteil des Flexibilitätsanforderungsprofils.

Flexibilität in den Abmaßen (Höhen und Breiten) des Transportgutes

Die Flexibilität in den Abmaßen des Transportgutes ist ein weiterer Aspekt im Rahmen der Varianten- und vor allem der Modellflexibilität. Die Fördertechnik muss in der Lage sein, weitere Modelle bzw. Modellreihen ohne größeren Investitionsaufwand zu transportieren. Hier sei beispielhaft die Getränkeindustrie betrachtet. Als weiteres Modell sei eine neue neue Verpackungsgröße postuliert. Bisherige Fördertechnikvarianten sind für genormte Flaschen-größen ausgelegt. Bei veränderten Maßen ist häufig eine gänzlich neue Förderstrecke zu installieren.

In der Automobilindustrie ist der Anspruch der Flexibilität gekoppelt mit dem Anspruch, vom Kleinwagen bis zum SUV alle Fahrzeuge auf den Fördertechniken des Produktionspro-zesses zu bewegen. Im besonderen Maße ist dabei die Gestaltung der Stützfläche zu betrach-ten. Im Rahmen der Automobilindustrie ist die Analyse der sogenannten Aufnahmepunkte für Karossen in die Diskussion einzubringen.

Flexibilität der Aufnahmepunkte/der Stützfläche

Die Stützfläche kann im Rahmen von verschiedenen Modellen und Varianten variieren. Dem Bedarf folgend, verschiedene Modelle und Varianten über das gleiche Fördersystem zu transportieren, folgt die Forderung nach flexiblen Reaktionsmöglichkeiten bzw. Auslegun-gen der Fördertechnik in Bezug auf die Stützfläche. So sind die Aufnahmepunkte im Auto-mobilbau häufig nicht identisch zwischen verschiedenen Modellreihen. Flexible Lösungen der Fördertechnik, z. B. mechanische Aufsätze für die Aufnahmen oder mechatronisch steuerbare Aufnahmen, sind entsprechend vorzusehen. Unter Betrachtung des Entwicklungs-stadiums diverser Ansätze der Vereinheitlichung/ Modulbauweise in den Automobilunter-nehmen wird in den kurz- und mittelfristigen Planungen keine einheitliche Bemessung der Aufnahmepunkte erwartet.

Ausschluss von Dachgehängen

Ein besonderer Punkt in der Auslegung der Fördertechnik im Automobilbau sollte der Aus-schluss von Dachgehängen sein. In den vorhergehenden Betrachtungen ist die Individualisie-rung der Kundenwünsche deutlich hervorgehoben worden. Ein aktueller Trend ist das Seg-ment der Cabrio-Derivate. Der Einsatz von Dachgehängen ist ein Ausschlusskriterium für die Produktion von Cabriolets in diesem Fertigungsprozess. Dieser Verlust an Flexibilität ist entsprechend zu berücksichtigen und sollte in die Planungen aufgenommen werden.

Aus der Stückzahlflexibilität erwächst vor allem ein Kriterium der flexiblen Fördertechnik.

Flexibilität in den Transportgeschwindigkeiten

Die Fördertechnik ist vor allem im Rahmen der variierbaren Transportgeschwindigkeit, also dem variierbaren Stückgut- bzw. Massenstrom flexibel im Sinne einer Reaktionsmöglichkeit auf veränderte Stückzahlen. Dies ist sowohl in einer Steigerung als auch in einer Senkung der Stückzahlen zu betrachten.

Die Reaktionsflexibilität bezieht sich auf die Möglichkeit der Reaktion auf geänderte Kundenwünsche während des Produktionsprozesses. Für diese Form der Flexibilität sind vor allem folgende Anforderungen an die Fördertechnik zu realisieren.

Flexibilität des Transportweges

Die Flexibilität des Transportweges ist in vielschichtiger Ausprägung zu betrachten. In einer Werkstattfertigung ist die Flexibilität des Transportweges aus der auftragsbezogenen Anforderung des einzelnen Kunden detailliert ableitbar. In einer Fließfertigung, wie sie im Automobilbau zumeist vorherrschend ist, ist die Flexibilität des Transportweges hingegen - technologisch bedingt - gering. Dennoch ist es die Zielstellung, Möglichkeiten des „Vorbei- bzw. Ausschleusens" einzelner Produkte im herkömmlichen Produktionsprozess zu implementieren. Auf diese Weise könnten Kundenaufträge beschleunigt oder beispielsweise Änderungen in den Farbblockbildungen vor der Lackiererei, vorgenommen werden. Diese Anforderung beinhaltet eine weitere Zielsetzung flexibler Fördertechniken.

Flexibilität durch Entnahmemöglichkeiten des Transportgutes

Die Entnahme bzw. „Ausschleusung" des Transportgutes aus dem Förderstrom ist eine in der Praxis häufig angewendete Lösung von Problemen der Flexibilisierung auf Basis geänderter Kundenwünsche. In der Praxis wird das Ausschleusen häufig vernachlässigt, und es ist auch nicht von der Fördertechnik selbst vorgesehen, was die Möglichkeiten der technischen Realisierung des Ausschleusens reduziert. In der Praxis sind häufig Beschädigungen des Transportgutes, der Fördertechnik oder auch des Menschen zu konstatieren. An definierten Punkten sollte die Fördertechnik über Aus- und auch Einschleusestationen den Förderprozess flexibilisieren.

Gleichermaßen ist eine Bewertung der Flexibilität hinsichtlich der Bauweise der Fördertechnik zu unterscheiden. An dieser Stelle ist vor allem die Differenzierung hinsichtlich hängender bzw. flurfreier Fördertechnik und den flurgebundenen Fördermitteln zu diskutieren. Im Grundsatz sind die flurgebundenen Fördersysteme auf die Nutzung einer Bodenfläche angewiesen. Flurfreie Fördersysteme sind hingegen in der Regel schienengebunden (z.B. EHB, Kreisförderer, etc.). Die Bindung an eine Schienenstrecke ist jedoch eine Einschränkung im Hinblick auf die freie Verfahrbarkeit des Fördermittels. Demnach haben flurfreie Fördermittel im Wesentlichen einen Flexibilitäts-freiheitsgrad weniger. Dennoch gibt es auch unter den flurgebundenen Fördersystemen Fördermittel, die in ihrer Verfahrbarkeit an eine Strecke gebunden sind (z. B. Schubskidfördersysteme). Das wesentliche zu betrachtende Merkmal ist folglich die Gebundenheit des Fördermittels an eine festgelegte Strecke. Im Rahmen dieser Betrachtung werden z. B. Stapler unter dem Aspekt der Flexibilität zu einem hochflexiblen Fördersystem. Die Gegenüberstellung weiterer Kriterien, wie z. B. laufende Kosten (vor allem Personalkosten) bzw. Transportguteigenschaften, relativiert diese Aussage im Hinblick auf den praktisch sinnvollen Einsatz. In einer Bewertung stellt das Kriterium der Streckengebundenheit ein zentrales Einschränkungskriterium für die Fördertechnik dar.

Die Anforderungen an flexible Fördertechniksysteme sind unter jeweiligen Kostengesichts-
punkten zu betrachten. Dabei ist es entscheidend, auf Basis von Prognosen Potentiale bzw.
Bandbreiten (für z. B. die Transportgeschwindigkeiten) in die Planungen als Flexibilitätspotential zu integrieren. Die Steuerung des Einsatzes der jeweiligen Flexibilitätspotentiale
obliegt der Produktionssteuerung.

Im Folgenden soll ein Bewertungskonzept für einen Produktionsprozess bzw. für Elemente
des Produktionsprozesses mit dem Fokus der Steuer- und Fördertechnik dargestellt werden.
Dazu werden die Anforderungen an die einzelnen Flexibilitätsarten in ein exemplarisches
Schema überführt. Dieses Schema erhebt dabei keinen Anspruch auf Vollständigkeit, son-
dern stellt beispielhaft eine Methodik der Bewertung dar. Eine Anpassung der Inhalte des
Schemas an die jeweilige Planungssituation ist unerlässlich.

Art der Flexibilität	Aussage	Gewichtung	Variante 1	Variante 2	Variante n
Maschinenflexibilität	Die Maschine ist universell einsetzbar für weitere Modelle / Varianten	0,200			
	Die Maschine ist schnell und aufwandsarm umzurüsten (z.B. Werkzeugwechsel)	0,010			
	Die Fördertechnik in der Maschine ist für weitere Modelle / Varianten nutzbar	0,050			
	Die Aufspannvorrichtungen sind flexibel für weitere Modelle / Varianten	0,025			
	Die Steuertechnik der Maschine ist flexibel für weitere Modelle / Varianten	0,050			
	Die Schnittstellen der Maschinensteuerung zur PPS sind flexibel	0,015			
	Die Maschine ist für veränderte Produkteigenschaften (Masse, Abmessungen, Rohstoff, ...) einsetzbar	0,050			
	...				
	Zwischensumme	0,200			
Materialflussflexibilität	Alle Elemente der Materialflusstechnik sind flexibel für weitere Modelle / Varianten	0,200			
	Die Aufnahmepunkte sind variabel	0,025			
	Die Fördertechnik ist für veränderte Produkteigenschaften (Masse, Abmessung, Stützflächen, ...) einsetzbar	0,100			
	Die Aufnahmen der Fördertechnik sind für Cabrios geeignet (keine Dachgehänge)	0,025			
	Die Materialflusstechnik ist flexibel steuerbar	0,025			
	Die Materialflusstechnik bietet Möglichkeiten des Ausschleusens, Vorziehens und Sperrens einzelner Produkte	0,025			
	...				
	Zwischensumme	0,200			
Reihenfolgeflexibilität	Steuer- und Fördertechnik ermöglichen die kurzfristige Änderung der Produktionsreihenfolge	0,050			
	...				
	Zwischensumme	0,050			
Arbeitskraftflexibilität	Die qualitative und quantitative Flexibilität der Arbeitskraft ist vorhanden	0,050			
	Das Qualifikationsniveau ist für mehrere Modelle / Varianten vorhanden	0,020			
	Das Qualifikationsniveau ist für die Steuerung mehrerer Modelle / Varianten vorhanden	0,010			
	Flexible Reaktionsmöglichkeiten der Ressource Arbeitskraft sind bei Stückzahlsteigerung bzw. -senkung vorhanden	0,020			
	...				
	Zwischensumme	0,050			
Routenflexibilität	alternative Prozessrouten sind vorhanden	0,050			
	...				
	Zwischensumme	0,050			
Volumenflexibilität	Das Produktionsvolumen kann flexibel gesteigert und gesenkt werden	0,200			
	Die Fördergeschwindigkeit ist flexibel steiger- und senkbar.	0,100			
	Die Materialbereitstellung ist flexibel je Volumen	0,100			
	...				
	Zwischensumme	0,200			
Erweiterungsflexibilität	Erweiterungen und Senkungen der Kapazität sind mit geringstem Aufwand umsetzbar	0,050			
	Die Steuertechnik kann den erweiterten Produktionsprozess abbilden	0,025			
	Die Fördertechnik ist mit geringstem Aufwand erweiterbar	0,025			
	...				
	Zwischensumme	0,050			
Integrationsflexibilität	Neue Fertigungsaufgaben können aufwandsarm in den Prozess integriert werden	0,050			
	Die Steuertechnik ist flexibel in der Erweiterung durch neue Fertigungsaufgaben	0,020			
	Die Fördertechnik ist flexibel bei der Integration neuer Fertigungsaufgaben	0,030			
	...				
	Zwischensumme	0,050			
Layoutflexibilität	Das Layout der Halle bietet flexible Potentiale zur Anpassung an neue Anforderungen	0,150			
	Flächen für erweiterte Materialbereitstellungen sind vorhanden und flexibel nutzbar	0,150			
	Zwischensumme	0,150			
	Gesamtsumme	1,000			
	0 = Schlecht geeignet 1 = geeignet 2 = gut geeignet				

Abb. 3.9: Bewertungsschema der Flexibilität von Steuer- und Fördertechnik

Die Bewertungsmethodik wurde mit dem Fokus der Steuer- und Fördertechnik für die variantenreiche Großserienfertigung in der Automobilindustrie exemplarisch entwickelt. Von einzelnen Elementen (bspw. eine Fördermittelstrecke) bzw. Teilabschnitten kann bis hin zum gesamten Produktionsprozess eine Bewertung erfolgen. Dieses allgemeine Bewertungskonzept eröffnet die Möglichkeit der Anwendung und Spezifizierung je nach Betrachtungsobjekt und Planungslösung.

Anhand der betrachteten Flexibilitätsarten wurde jeweils eine Kernaussage abgeleitet, die durch weitere (eingerückte) Aussagen untersetzt wurde. Die detaillierteren Unteraussagen ergeben zusammenfassend das Ergebnis der erstgenannten Kernaussage je Flexibilitätsart. Dies hat den Vorteil, dass dem erfahrenen Planungsingenieur weniger Aufwand entsteht, weil er in der Lage ist, bereits über die Kernaussage eine fundierte Bewertung zu vollziehen. Im Gegensatz dazu besteht auch die Möglichkeit, die Detailliertheit zu steigern, falls Unterlagen im Detail erarbeitet wurden, um die Entscheidung für oder gegen eine Lösungsvariante weitgehend zu untermauern. Die Gewichtung der einzelnen Aussagen wurde anhand des vorliegenden Betrachtungsfeldes vorgenommen. Ihre Anpassung an unternehmens- und projektspezifische Gegebenheiten ist einfach umsetzbar.

In Bezug auf die variantenreiche Großserienfertigung wurden vor allem die folgenden Flexibilitätsarten stark gewichtet:

- Maschinenflexibilität,
- Materialflussflexibilität,
- Volumenflexibilität und
- Layoutflexibilität.

Diese Gewichtung ist in der langjährigen Erfahrung des Autors in der Automobilindustrie begründet. Die angeführten Flexibilitätsarten schaffen eine Basis, die für die Flexibilität des Produktionsprozesses unerlässlich ist. Im Sinne eines ganzheitlichen Vorgehens sind jedoch alle benannten Flexibilitätsarten zu berücksichtigen.

4   Fazit

Problemstellungen der betrieblichen Praxis sind zumeist durch hochkomplexe Prozesse und eine Vielfalt an Anforderungen gekennzeichnet. Die ist im besonderen Maße für Probleme der Flexibilisierung von Fertigungsstätten zu konstatieren. Ihre Lösungen werden in zunehmendem Maße durch interdisziplinäre Betrachtungsansätze erarbeitet. Im vorliegenden Beitrag waren dies Ansätze aus der Betriebswirtschaft, der Fabrikplanung, der Produktionssteuerung und der Betriebsmitteltechnik.

Die Automobilindustrie und die Automobilmärkte sind in einem starken Wandel begriffen. Die deutsche Automobilindustrie kann diesen Anforderungen bei wachsendem Kostendruck mit hochflexiblen und wandlungsfähigen Produktionsprozessen gerecht werden. Flexibilität allgemein bzw. hochflexible Produktionsprozesse gewinnen in globalen Produktionsnetzwerken, wie z. B. in der Automobilindustrie, zunehmend an Bedeutung. Der vorliegende Beitrag kann keinesfalls auf gesamte Komplexität des Problems eingehen. Es wurden aber ausgewählte Lösungsansätze dargestellt, die für die Praxis der Automobilindustrie gegenwärtig mehr denn je relevant sind.

Literatur

Bruynesteyn, M. (2003). Flex Appeal, Prudential Equity Group, LLC.

Jordan, W. C. & Graves, S. C. (1991). An analytic Approach for demonstrating the Benefits of limited Flexibility, Research Publication GMR-7341, General Motors Research Laboratories.

Voigt, K.-I. & Schorr, S. (2007). Die Evolution des Flexibilitätsbegriffs hin zur Vision der Supra-Adaptivität. In Günthner, W. A. (Hrsg.), Neue Wege in der Automobillogistik – Die Vision der Supra-Adaptivität. Berlin: Springer.

Wemhöner, N. (2006). Flexibilitätsoptimierung zur Auslastungssteigerung im Automobilbau. In W. Eversheim, F. Klocke, T. Pfeifer, G. Schuh, M. Weck, C. Brecher & R. Schmitt (Hrsg.), Berichte aus der Produktionstechnik, Band 12. Aachen: Shaker.

Wiendahl, H.-P. (2002). Wandlungsfähigkeit. Schlüsselbegriff der zukunftsfähigen Fabrik. wt Werkstatttechnik online. Jahrgang 92, 2002, Nr. 4, 122-127.

Über den Autor

Prof. Dr.-Ing. Siegfried Fiebig (geb. 1955)

Volkswagen AG, Standortleitung Wolfsburg
Honorarprofessor an der Ostfalia-Hochschule für angewandte Wissenschaften
siegfried.fiebig@volkswagen.de

Im VW-Werk Emden war er als Leiter der Werklogistik (1994-1996), Fertigungsleiter (1996-1997) und als Werkleiter (1997-1998, 2004-2007) tätig. Im VW-Werk Brüssel war er Technischer Direktor (1998-2000) sowie Leiter Technik und Sprecher der Geschäftsführung (2000-2003). Seit 2007 ist er Standortleiter Wolfsburg. Siegfried Fiebig studierte an der Fachhochschule Bielefeld und promovierte 2009 an der TU Chemnitz.

Arbeitsschwerpunkte
Unternehmensführung, Produktionsmanagement, Logistik, Planungs- und Projektmanagement, Controlling, Personalwirtschaft, Qualitätsmanagement, Anlaufmanagement, Instandhaltungsmanagement, Fabrikbetrieb und -planung

Stand und Trends in der Leichtmetall-Gießereitechnik unter Aspekten der Automobilindustrie

Status and trends in alloy foundry technology in the aspects of the automotive industry

Hans-Helmut Becker und Andreas Gebauer-Teichmann

Zusammenfassung

In diesem Beitrag wird auf Trends der Leichtmetallgießereitechnik eingegangen, die aus Sicht eines Automobilherstellers bzw. Herstellers von Komponenten für ein Fahrzeug besonders relevant sind. Die aktuelle CO_2-Diskussion forciert den Trend zum Leichtbau. Das Augenmerk wird darauf gelenkt, dass Leichtbau bereits bei der Werkstoffentwicklung beginnt. Aus der Übersicht von Gießverfahren werden exemplarisch neuere Entwicklungen für Leichtmetallguss beschrieben und ebenfalls eine entsprechende Bauteilauswahl aufgezeigt. Die heutigen Gießverfahren müssen den hohen Bauteilanforderungen und den Belangen einer umweltgerechten, nachhaltigen Fertigung genügen. Volkswagen beschreitet diese Wege und sieht sich als Automobilhersteller in der Verantwortung.

Summary

This contribution shall assess trends in alloy foundry technology which are, from the point of view of an automobile manufacturer or components manufacturer, particularly relevant for a vehicle. The current CO_2 discussion is being pushed forward by the trend towards lightweight construction. The focus is on the fact that lightweight construction starts at the stage of materials development. In an overview of casting processes, an example of the latest developments for alloy casting shall be described and a corresponding selection of components also demonstrated. Current casting procedures must fulfil the tough requirements placed by components and the demands of environmentally-compatible and sustainable production. Volkswagen is pursuing these developments and sees itself as an automobile manufacturer with responsibility.

1   Einleitung

Der Gießtechnik haftet vielfältig noch der Ruf des altertümlichen, heißen und schmutzigen Fertigungsverfahrens an. Wahr ist, dass schon seit ca. 7.000 Jahren das Gießen zum Anfertigen von Schmuck aus Gold eingesetzt wird (VDG, 2005). Heute finden sich Gussprodukte in jedem Lebens- und Technikbereich. Es handelt sich um eine Querschnittstechnologie, teilweise auch um eine Schlüsseltechnologie, mit der die Herstellung bestimmter Produkte überhaupt erst möglich wurde. Das Gießen von Metallen ist der kürzeste Weg vom Rohstoff zum Produkt (VDG, 2010).

Abb. 1.1:   Querschnittstechnologie Gießen, gegossene Bauteile sind überall im Einsatz (VDG, 2005)

Das Gießen hat sich zu einem anspruchsvollen Produktionsverfahren entwickelt. Dies gelingt nur unter Verwendung eines high-tech-Maschinenequipments, das höchste Anforderungen an Material, Regelung und natürlich auch den Bediener stellt. Neue Gießverfahren wurden und werden entsprechend der Produkt- und Umweltanforderungen konzipiert.

Des Weiteren resultieren aus der Werkstoffforschung, der Metallurgie immense Entwicklungspotentiale für die zu gießenden Werkstoffe und die damit erreichbaren Materialkennwerte/-eigenschaften der Produkte sowohl für Eisenwerkstoffe als auch für Nichteisenwerkstoffe.

Das Herstellen von Produkten aus der flüssigen Phase, der Schmelze, sogenanntes Urformen, gestattet weite Konstruktionsmöglichkeiten, die durch gezielte Verrippung, Integration etc. völlig neue Produkteigenschaften bewirken. Dieses bedeutet gleichzeitig eine Heraus- bzw. Anforderung an den Konstrukteur, den Fertigungsplaner, das Spektrum der Gießtechnik für die optimale Bauteilherstellung zu beherrschen.

Das Gießen als Urformverfahren zählt zu den near-net-shape-Fertigungstechnologien, endkonturnahe Fertigung, d. h. in Richtung nachhaltige Prozesse, weil nachgelagerte Zerspanungsarbeitsfolgen möglichst vermieden und somit Kreislaufmaterial reduziert wird.

Die Nachhaltigkeit der Fertigung ist für uns als Automobilhersteller obligatorisch, ebenso wie die Herstellung von Fahrzeugen, die dem Umweltgedanken auch in der Nutzungsphase Rechnung tragen. Verschiedenste Maßnahmen am Fahrzeug tragen dazu bei, die Kohlenstoffdioxidemission während der Nutzung zu reduzieren. Das Fahrzeuggewicht spielt dabei eine deutliche Rolle. Aus der Perspektive des Automobilherstellers wird daher im Folgenden auf den Status und die Trends der Leichtmetallgießereitechnik eingegangen.

2   Motivation zum Leichtbau

Die Motivation zum Leichtbau hat ebenfalls eine lange Historie und basiert auf

1. Steigerung der Nutzlast, vornehmlich in der Luft- und Raumfahrt,
2. Reduzierung des Kraftstoffverbrauchs wegen Verknappung/Verteuerung fossiler Brennstoffe, vornehmlich seit der ersten Ölkrisen der 70er Jahre,
3. Reduzierung der CO_2-Emission im Rahmen der Klimaerwärmung (ökologisch) und direkt abhängig vom Kraftstoffverbrauch als hoch aktuelles Thema.

Die globalen Trends der Ressourcenverknappung und Energieversorgung aus instabilen Ländern sowie die Klimaerwärmung zwingen zum Handeln.

Abb. 2.1 zeigt den relativ zyklischen Verlauf des Kohlenstoffdioxids über Jahrtausende hinweg. Mit dem Beginn der industriellen Revolution setzt ein signifikanter Anstieg des CO_2-Gehalts in der Atmosphäre ein.

Kohlenstoffdioxid wird zu den Treibhausgasen ebenso wie Wasserdampf, Methan, Distickstoffoxid und Halogenwasserstoffe gezählt. Die Zunahme der Treibhausgase wird mit einem Anstieg der durchschnittlichen Jahrestemperaturen korreliert. Der menschengemachte Treibhauseffekt wird auf das Verbrennen fossiler Brennstoffe, die Entwaldung sowie Land- und Viehwirtschaft zurückgeführt. Die genannten Treibhausgase haben unterschiedliche Treibhauspotentiale (GWP – global warming potential oder auch CO_2-Äquivalent) und unterschiedliche Lebensdauern in der Atmosphäre.

Die Verbrennung fossiler Kraftstoffe (Kohlenwasserstoffketten) steht in direktem Zusammenhang mit der Emission an Kohlenstoffdioxid. Bei der Verbrennung von einem Liter Ottokraftstoff entstehen etwa 2.400 g CO_2, bei einem Liter Dieselkraftstoff sind es etwa 2.700 g CO_2.

Veränderungen des Kohlendioxidgehalts

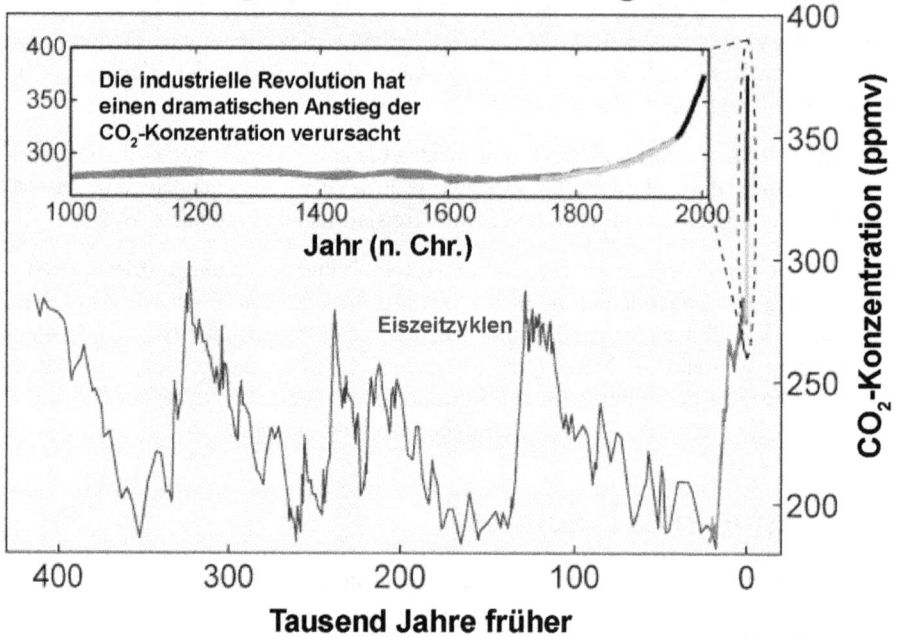

Abb. 2.1:   Veränderung des Kohlenstoffdioxidgehalts in der Atmosphäre. (nach Wikipedia, 2006)

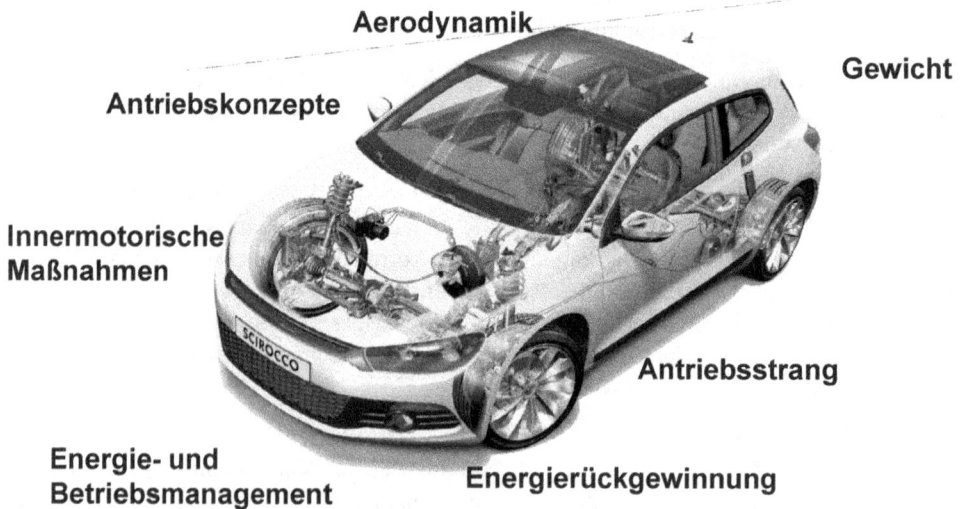

Abb. 2.2:   Technische Stellschrauben zur Reduzierung der CO_2-Emission (Winterkorn, 2008)

Die Eingriffsmöglichkeiten zur Reduzierung der CO_2-Emission beim Fahrzeug sind in Abb. 2.2 dargestellt. Der Einfluss des Gewichts wird am Beispiel eines Golfs 1,4 l/90 KW aufgezeigt. 36 % des Verbrauchs sind ganz oder teilweise masseabhängig (siehe Abb. 2.3). Eine direkte Massenabhängigkeit besteht für 29 %, während Getriebewirkungsgrade und Reibung nur zu 50 % Einfluss haben.

Verbrauchsaufteilung
Golf 1.4l/90 kW M6 in % des NEFZ-kombinierten-Verbrauchs

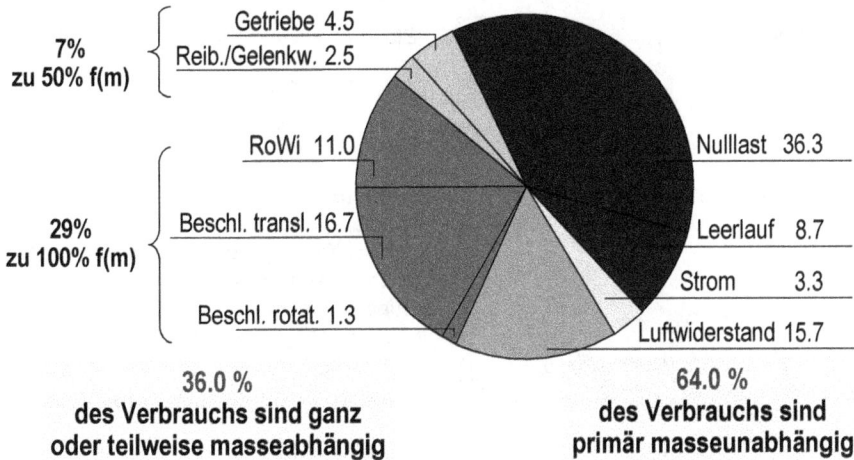

7%
zu 50% f(m)

Getriebe 4.5
Reib./Gelenkw. 2.5

RoWi 11.0

29%
zu 100% f(m)

Beschl. transl. 16.7

Beschl. rotat. 1.3

Nulllast 36.3

Leerlauf 8.7

Strom 3.3

Luftwiderstand 15.7

36.0 %
des Verbrauchs sind ganz oder teilweise masseabhängig

64.0 %
des Verbrauchs sind primär masseunabhängig

Abb. 2.3: Masse und die übrigen Verbraucher (Winterkorn, Ludanek & Rohde-Brandenburger, 2008)

Daher kommt dem automobilen Leichtbau eine wichtige Rolle zur CO_2-Emissionsreduzierung zu. Neben Kunststoffen wird Leichtbau in der Fahrzeugserienproduktion vornehmlich durch die Leichtmetalle Aluminium und Magnesium umgesetzt.

Tab. 2.1: Überblick Werkstoffdichten

Stahl	7,8 kg/dm3
Aluminium	2,7 kg/dm3
Magnesium	1,7 kg/dm3

Die Gewichtspotentiale allein hergeleitet aus den unterschiedlichen Dichten lassen sich aufgrund einhergehender Festigkeitsunterschiede derart nicht gänzlich umsetzen. Beispielsweise sind theoretisch beim Übergang von Aluminium auf Magnesium ca. 37 % möglich, erreicht werden jedoch meist 20-25% Gewichtsreduktion.

Der Gewichtsanteil der Metalle Aluminium und Magnesium im Automobilbau hat über die letzten Jahre deutlich zugenommen. 1978 betrug der Aluminiumanteil im PKW europäischer

Hersteller 32 kg und stieg auf 160 kg im Jahr 2008 (Heidrich, 2007). Gleichzeitig hat sich das Bauteilportfolio - ausgehend von Leichtmetallfelgen - erweitert um Ausstattung, PowerTrain-Elemente und Karosseriestrukturteile. Insbesondere für die Strukturbauteile sind die Impulse durch die AudiSpaceFrame-Technologie zu benennen.

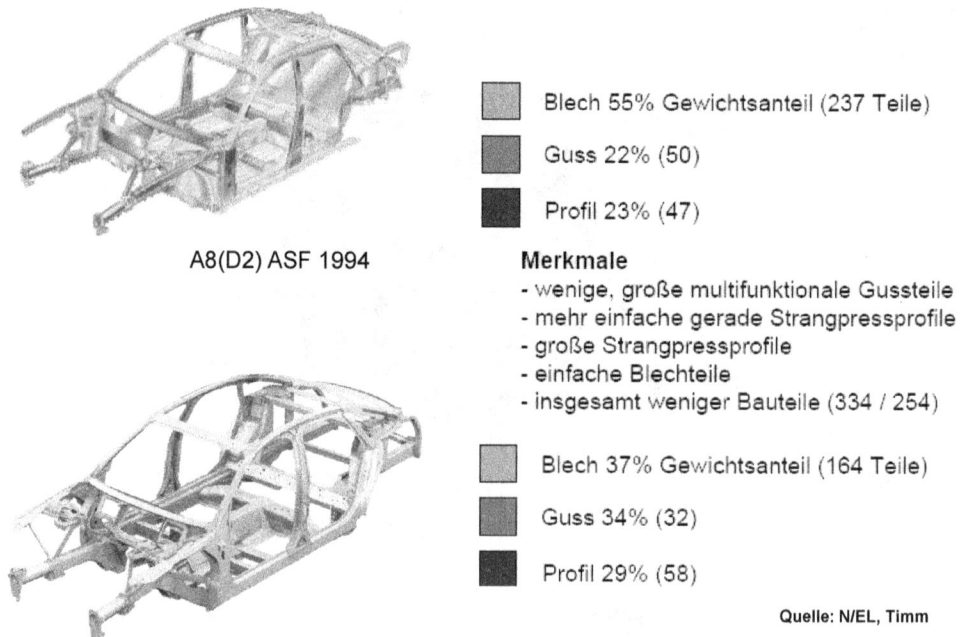

A8(D2) ASF 1994

Blech 55% Gewichtsanteil (237 Teile)

Guss 22% (50)

Profil 23% (47)

Merkmale
- wenige, große multifunktionale Gussteile
- mehr einfache gerade Strangpressprofile
- große Strangpressprofile
- einfache Blechteile
- insgesamt weniger Bauteile (334 / 254)

Blech 37% Gewichtsanteil (164 Teile)

Guss 34% (32)

Profil 29% (58)

Quelle: N/EL, Timm

Abb. 2.4: ASF-Technologie am Beispiel Audi A8 (Modell D2 und D3). (N/EL, Timm; Goede & Gänsicke, 2006)

Anhand der Abb. 2.4 wird deutlich, dass der Gewichtsanteil der Gusskomponenten zugenommen, die Teileanzahl aber abgenommen hat. Der Trend geht in Richtung hochintegrativer Leichtmetall-Gussstrukturbauteile.

Die Leichtmetallgussteile in PowerTrain und Karosserie lassen sich auf unterschiedlichen Gießverfahren herstellen.

3   Übersicht zu den Gießverfahren

Gießen ist immer der erste Verarbeitungsschritt nach der Gewinnung eines metallischen Werkstoffs (VDG, 2005). Aus der Metallschmelze wird entweder ein Halbzeug gegossen oder das Fertigprodukt. Stark vereinfacht kann man sagen man benötigt beim Fertigprodukt Gießen drei Dinge: Metall, das geschmolzen wird, eine Außenform, in der das flüssige Me-

tall erstarrt und je nach Art und Aufbau des gewünschten Gussteils für die Innenkontur sogenannte Kerne (VDG, 2010).

So einfach ist das Gießen jedoch nicht. Es gibt eine große Zahl von Gießverfahren, deren
Auswahl für das gewünschte Produkt eine große Fachkenntnis und Wissen um die technologischen, ökonomischen und ökologischen Randbedingungen erfordert.

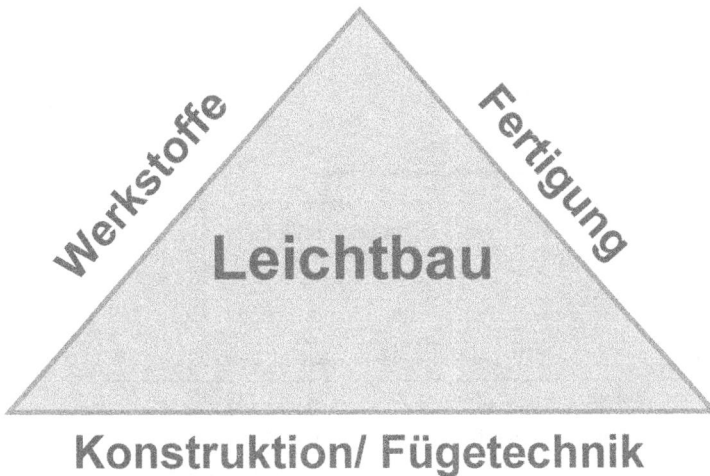

Abb. 3.1: Umsetzung von Leichtbau

Bei der Entwicklung von Leichtbaukomponenten muss sich der Umsetzung iterativ eventuell
über mehrere Schleifen genähert werden:

- Auswahl des Werkstoffs und Kenntnis über dessen Materialkennwerten
- Abstimmung zwischen Werkstoff und möglichem Gießverfahren
- gießverfahrens- und produktgerechte Konstruktion auch im Hinblick auf Fügetechnik

Es wird ersichtlich, dass der erfolgreiche gießtechnische Leichtbau der Fachkompetenz des
Einzelnen und eines Projektteams bedarf.

Gießverfahren lassen sich nach mehreren Kriterien kategorisieren:

a) Art der Formverfahren (Dauermodell, verlorene Form, Dauerform),
b) Art der Formfüllung (statisch, dynamisch)
c) Art des Gießwerkstoffs (Stahl-, Eisenguss, NE-Metalle, Leichtmetalle).

Exemplarisch ist dieses in Abb. 3.2 dargestellt. Drei gießtechnische Obergruppen sind das
Sand-, das Kokillen- und das Druckgießen. Von diesen drei Gießverfahren gibt es etliche
Spezialderivate. Einige bzw. Weiterentwicklungen werden im Folgenden kurz beschrieben.

Die Auswahl des geeigneten Gießverfahrens für ein Produkt unterliegt ökonomischen und technologischen Randbedingungen. Die ökologischen Anforderungen an das Gießverfahren fließen vorrangig in die Wirtschaftlichkeit ein, teilweise auch in die technologisch realisierbaren Produkteigenschaften.

Mit dem Fragenkatalog der Abb. 3.3 wird dem Ingenieur eine erste Entscheidungshilfe zur Auswahl eines Gießverfahrens an die Hand gegeben. Diese Fragen bzw. Antworten muss der Ingenieur mit den Potentialen der in Frage kommenden Gießverfahren abgleichen.

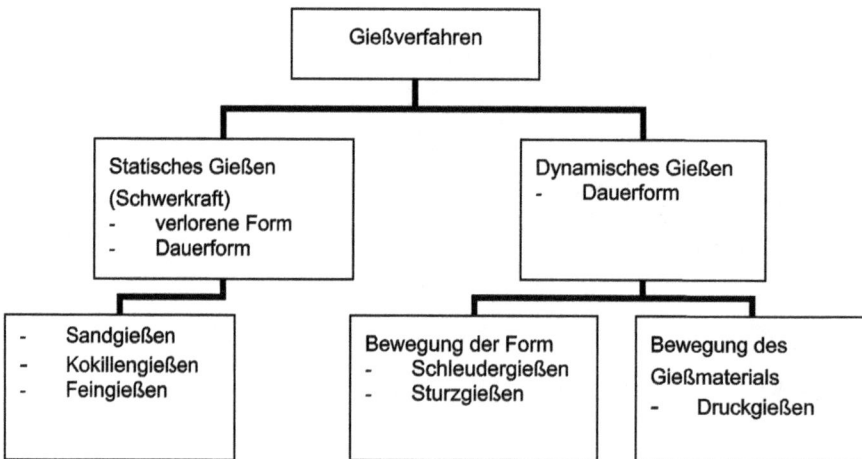

Abb. 3.2:   Einteilung der Gießverfahren nach der Formfüllung (VDG, 2005)

Auswahl eines Gießverfahrens

Die Auswahl des geeigneten Gießverfahrens für ein Produkt unterliegt
<u>ökonomischen</u>   und   <u>technologischen</u> Randbedingungen!

Stückzahl   Werkstoff/Schmelze
⇒ Amortisierung teurer
   Maschinen,   Sind verlorene Kerne erforderlich – Hohlräume?
   Werkzeuge etc.   ⇒ komplizierte Geometrie
                                       ⇒ Konstruktion

                                       Oberflächenanforderungen

                                       mechanisch-technologische Eigenschaften
                                       des Produkts
                                       ⇒ Schweißbarkeit, Dichtheit,
                                          Streckgrenze, Dehnung etc.

Abb. 3.3:   Auswahl eines Gießverfahrens und entsprechende Fragen

4 Produktspektrum des Leichtmetallgusses

In diesem Abschnitt wird eine Auswahl von Leichtmetallgussbauteilen skizziert. Es sind folgende:

(a) Getriebegehäuse aus Aluminium oder Magnesium

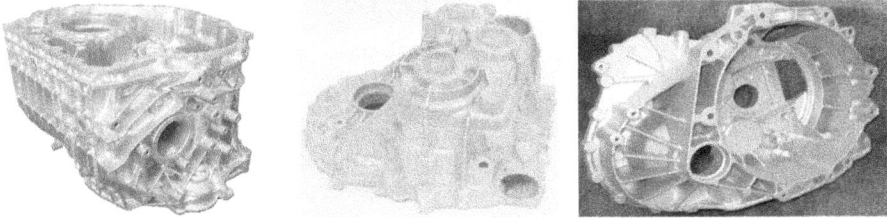

Abb. 4.1: links: VL 300 Getriebegehäuse Al-Druckguss, Teilegewicht 18,1 kg; rechts: MQ 350 Getriebegehäuse, Mg-Druckguss, Teilegewicht 5,0 kg

(b) Motorkomponenten aus Aluminium

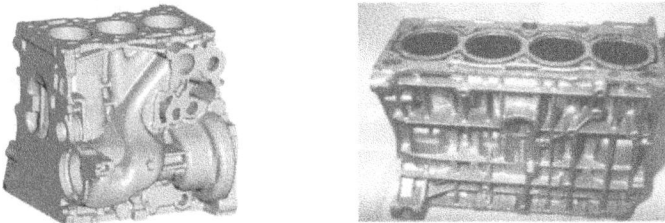

Abb. 4.2: Aluminium-Zylinderkurbelgehäuse. links: closed deck Kokillenguss; rechts: open deck Druckguss

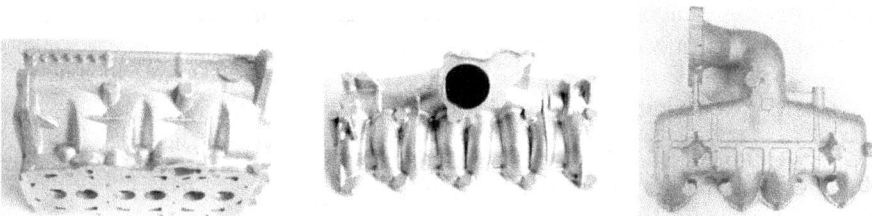

Abb. 4.3: Zylinderkopf (links) und Ansaugkrümmer (rechts), Kokillenguss

(c) Strukturteile aus Aluminium und Magnesium

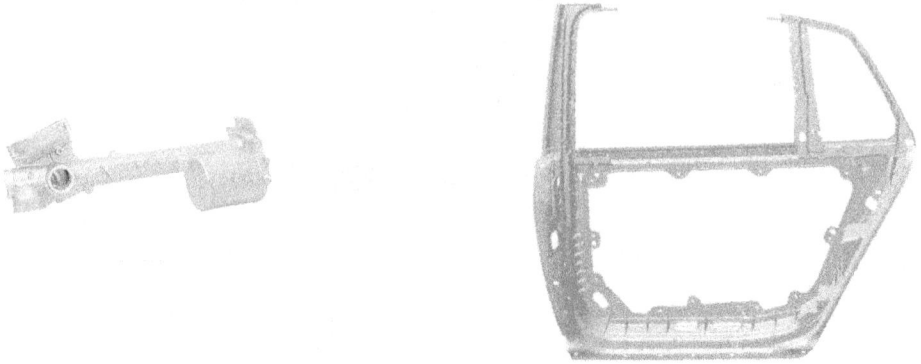

Abb. 4.4:   links: Al-Lenkgehäuse, Druckguss; rechts: Al-Phaeton-Türenteile, Druckguss

Abb. 4.5:   Druckgussteile für Audi A8 (ab 2010). links: Aluminium-Verbindungsteil Schweller,1470 mm, 10 kg;
rechts: Grundträger Mittelkonsole Magnesium, 1260 mm, 2,1 kg

Diese ausgewählten Bauteile stehen als Beispiele für umgesetzten Leichtbau im Automobilbau. Gleichzeitig werden damit Anforderungen im Automobilbau deutlich.

Leichtbau wird im Automobilbau dort vorangetrieben, wo er aus Gründen der Gewichtsver-
teilung und Fahrdynamik (niedriger Schwerpunkt, Heck nicht zu leicht) sinnvoll ist. Leicht-
metallgetriebe- und Zylinderkurbelgehäuse sowie Leichtmetallmotorkomponenten wirken
somit einer Frontlastigkeit entgegen.

Abb. 4.5 zeigt zwei Strukturbauteile hoher Komplexität und Integrativität. Dadurch wird eine
Vielzahl von Einzelteilen und damit verbundene Fügeprozesse vermieden. Durch die gießge-
rechte und beanspruchungsgerechte Konstruktion wird Material nur dorthin gebracht, wo es
auch tatsächlich benötigt wird. Das Potential der Verrippung, wie es nur die Gießverfahren
bieten, ermöglicht hohe Bauteilsteifigkeiten verbunden mit optimiertem Materialeinsatz.

Insbesondere das Verbindungsteil Schweller stellt ein herausragendes Beispiel dafür dar. Solch ein Bauteil war vor Jahren im Druckguss aufgrund der Dünnwandigkeit und langen Fließwege nicht herstellbar. U. a. die Fortschritte der Maschinentechnik haben dieses ermöglicht.

Teileintegration, verrippte und somit steife Leichtmetallstrukturen werden im Karosseriebau zunehmend Verwendung finden. Das Gießen als endkonturnahes Fertigungsverfahren vermeidet Füge- und Nachbearbeitungsprozesse.

5 Entwicklungen der Gusswerkstoffe

Nach der Abb. 3.1 müssen Konstruktion und Fügetechnik mit dem Gießwerkstoff abgestimmt sein. Im Folgenden wird darauf eingegangen.

Gewünschte Eigenschaften der Gusswerkstoffe sind u. a. folgende:

- hohes Fließvermögen
- hohe Formfüllung
- reduzierte Schrumpfung
- reduzierte Gasaufnahme
- hohe Festigkeit
- geringe Wärmerissempfindlichkeit
- schweißbarer Guss.

Hinausgehend über generell geforderte Gießeigenschaften richten sich die speziellen mechanisch-technologischen Anforderungen an die Gussteile im Automobilbau jeweils nach dem Bauteil, beispielsweise ob es sich um ein Zylinderkurbelgehäuse oder Karosseriestrukturbauteil handelt.

Die Festigkeitsanforderungen an Gussteile aus dem Bereich Powertrain steigen deutlich insbesondere auf Grund der bei Volkswagen verfolgten Strategie des Down Sizing. Diese bedeutet beispielsweise: Aus „kleinen" Motoren durch Einfach- oder Mehrfachaufladung und hohe Brennkammerdrücke eine Leistung zu erreichen, wie es bisher nur mit großvolumigen Motoren der Fall war. Mechanische und thermische Belastung nehmen zu. Das Down Sizing stellt somit enorme Anforderungen an die Werkstoffe des Powertrain. Das gilt für Motoren (Zylinderkurbelgehäuse, Zylinderköpfe), Getriebe und weitere Peripherieaggregate.

Die Familie der Aluminium-Silizium-Legierungen deckt mit jeweiligen Legierungselementen ein weites Anforderungsspektrum ab.

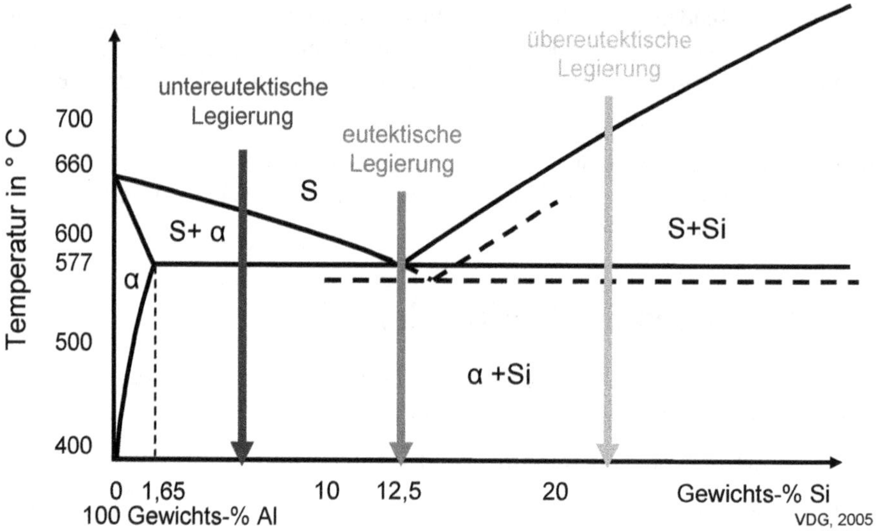

Abb. 5.1: Zweistoffsystem Aluminium-Silizium (VDG, 2005)

Allein durch den Siliziumanteil werden entsprechend des Zweiphasendiagramms die Gießbarkeit, das Gefüge und die Bauteileigenschaften variiert. Eine Zugabe von Magnesium,
Kupfer steigert die Festigkeit jedoch auch die Warmrissneigung. Korrosionsbeständigkeit
und Gießbarkeit werden reduziert. Hinsichtlich der Zylinderlaufbahnverschleißbeständigkeit
und Festigkeit finden bei monolithischen Zylinderkurbelgehäusen übereutektische Legierungen Verwendung. Der hohe Siliziumgehalt bewirkt die Vorausscheidung einer sehr harten
Primärsiliziumphase, welche die Verschleißfestigkeit der Laufbahnen gewährleistet. Einher
geht ein hoher Werkzeugverschleiß. Durch die Zugabe von Legierungselementen und Korn-
feinern sollen Festigkeit und Härte möglichst erhalten oder gesteigert, Gießverhalten, Gefüge
und Werkzeugverschleiß verbessert werden. Des Weiteren ist man bestrebt, eine häufig
nachgeschaltete festigkeitssteigernde Wärmebehandlung zu vermeiden.

Die Kornfeinung, häufig mit Bor und/oder Strontium, findet insbesondere bei der Forderung
nach hohen Dehnwerten Anwendung, wie es bei Aluminiumstrukturteilen der Fall ist. Strukturbauteile sollen im Crash nicht spröde brechen, sondern durch eine definierte Verformung
entsprechend Energie aufnehmen. Grobe und dendritische Gefügestrukturen tendieren in
Richtung Sprödbruch.

Der Kornfeinungseffekt von Bor in einer AlSi11-Legierung wird aus Abb. 5.2 ersichtlich.
Der Abguss der Schmelze erfolgte jeweils in eine zylindrische Metallkokille entsprechend
der Zugprobengeometrie. Ohne Behandlung hat die Legierung eine Zugfestigkeit Rm von
196 MPa und eine Bruchdehnung A5 von 3,2 %. Nach der Behandlung mit 0,2 Gew.-%
AlB4 steigen Rm auf 213 MPa und A5 auf 10,1 % (Romankiewicz & Romankiewicz, 2004).

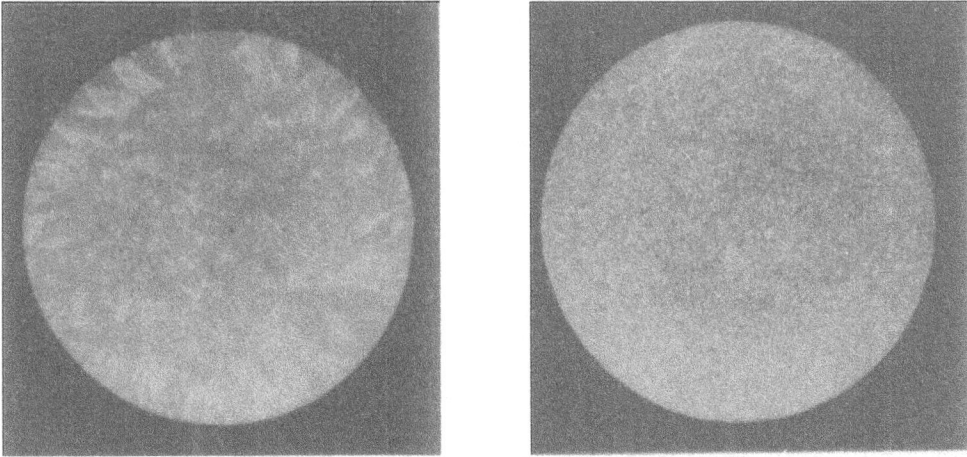

Abb. 5.2: Makrogefüge der Legierung AlSi11 (V 1,5 x). links: ohne Behandlung; recht mit 0,2 Gew.-% AlB4 (Romankiewicz, 2004)

Wie bereits erwähnt, wird für Aluminium-Druckguss-Strukturbauteile eine Dehnung zumeist größer als 10 % und Dehngrenze oberhalb von 120 MPa gefordert. Durch entsprechende Legierungselemente werden die Werte erreicht. Besonders bemerkbar macht sich hier die Anfälligkeit gegen Warmrisse aufgrund der komplexen Geometrie der Teile. Frühere natur-harte Legierungen des Typs AlMg konnten den Anforderungen nicht genügen, so dass für diese komplexen Strukturteile der Legierungstyp AlSi11 zum Einsatz kommt. Hier ist jedoch eine Wärmebehandlung zur definierten Einstellung der geforderten Dehnwerte nötig. Nach-teilig sind damit der zusätzliche Fertigungsschritt, der Zeit-/Energieaufwand sowie gegebe-nenfalls erforderliche Richtarbeiten.

Wegen dieser Nachteile besteht nach wie vor der Wunsch nach einer naturharten Alumi-niumlegierung, die die mechanischen Anforderungen erfüllt und geringe Rissanfälligkeit aufweist. Es wird der Verzicht auf die Wärmebehandlung auch für komplexe, großdimensio-nierte Bauteile angestrebt. Verschiedene Legierungshersteller sind dem Wunsch nachge-kommen. Als Beispiel wird hier die Legierung AlSi9Mn (Castasil-37) erwähnt (Aluminium Rheinfelden GmbH, 2007). Diese Legierung ermöglicht eine gute Gießbarkeit und Formfül-lungsvermögen. Dies ist wichtig beim Gießen großer Teile oder bei der Füllung komplexer Konstruktionen. Die Ausdehnung des Siliziums bei der Erstarrung bewirkt eine geringere Schrumpfung und Warmrissneigung verglichen mit anderen Legierungssystemen. Strontium veredelt das eutektische Silizium, was sehr wichtig ist für die Duktilität (vgl. Aluminium Rheinfelden GmbH, 2007).

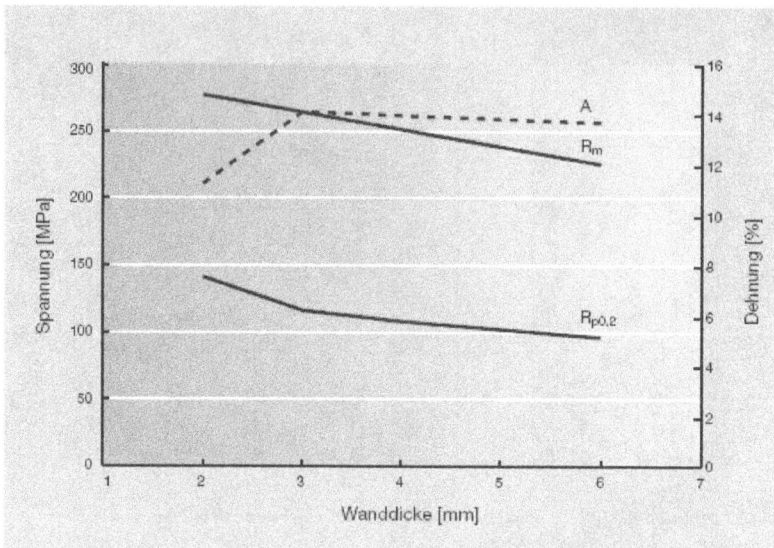

*Abb. 5.3:   Mechanische Eigenschaften von Castasil-37 im Gusszustand in Abhängigkeit von der Wanddick
            (Aluminium Rheinfelden GmbH, 2007)*

Bereits im Gusszustand werden hohe Festigkeitswerte und Dehnungen (Abb. 5.3) erreicht. Diese relativ neue Legierung wird in der Volkswagen Gießerei Kassel erstmalig für das große und komplexe Bauteil „Verbindungsteil Schweller" (siehe Abb. 4.5) eingesetzt und in Serie produziert.

Neben den Aluminiumlegierungen wird gleichfalls die Entwicklung der Magnesiumlegierungen vorangetrieben. Wegen der beschriebenen Höherbelastung der Komponenten des Powertrain steht hier im Fokus eine Legierungsentwicklung in Richtung hoher Festigkeit/Streckgrenze auch bei höheren Temperaturen gegenüber der heute vielfach eingesetzten Magnesiumlegierung AZ 91mit guten Gießeigenschaften und geringer Rissanfälligkeit. Neben anderen haben Dead Sea Magnesium und Volkswagen solche Legierungen wie beispielsweise die MRI 153 M entwickelt (vgl. Aghion et al., 2003). Legierungselemente sind Mangan, Calcium und teilweise seltene Erden. Auch andere Legierungshersteller haben derartige Entwicklungen vorangetrieben

Abb. 5.3 zeigt den deutlichen Festigkeitsgewinn der MRI 153 M gegenüber der AZ 91 bei Temperaturen oberhalb von 100°C. Entwicklungspotential besteht hinsichtlich Gießbarkeit und Rissunempfindlichkeit. Kainer & Dieringa (2009) haben Gegenüberstellungen hinsichtlich Festigkeitseigenschaften und Gießbarkeit in Abhängigkeit verschiedener Legierungsfamilien erarbeitet.

Die Trends der Leichtmetalllegierungsentwicklung gehen in diese Richtungen:

- hohe Festigkeit,
- hohe Dehnung ohne Wärmebehandlung,

- Festigkeit auch bei Temperaturbeanspruchung.

Streckgrenze verschiedener Mg-Legierungen im Vergleich

VW/DSM Pat. Nr. DE 19937184 A1 (MRI153M)

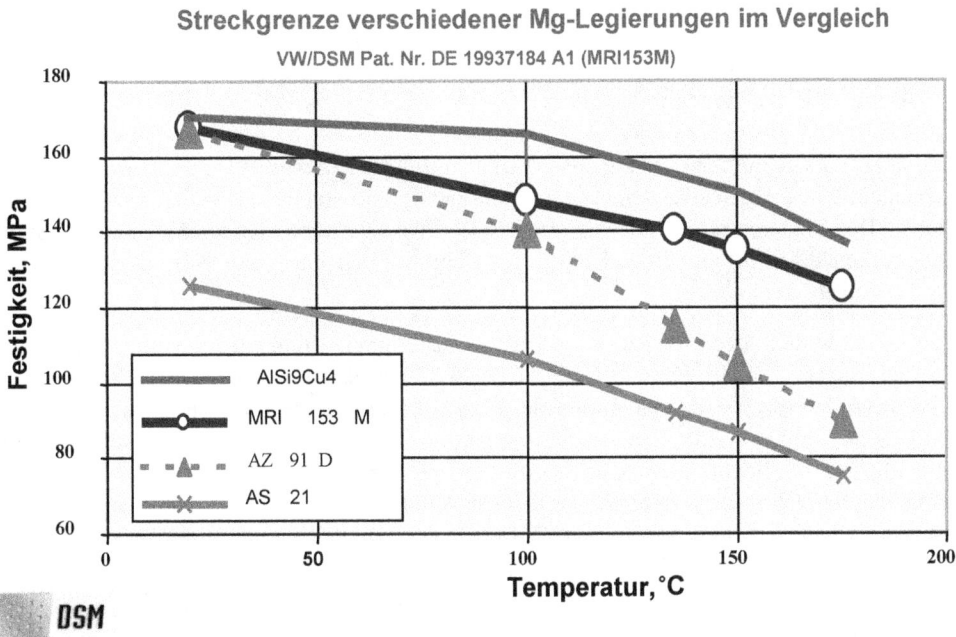

Abb. 5.4: Streckgrenze verschiedener Mg-Legierungen vs. Al-Legierung (Becker & Gebauer-Teichmann, 2009)

6 Trends der Leichtmetallgießtechnik

Im Folgenden werden einige ausgewählte maschinen- und prozesstechnische Entwicklungen im Rahmen der großen Fortschritte der Gießtechnik innerhalb der letzten Jahre beschrieben. Neben Produktivität, Wirtschaftlichkeit und Qualität stellt die umweltgerechte Fertigung eine wesentliche Triebfeder für neue Verfahrensentwicklungen dar.

6.1 Kokillenguss: anorganische Bindersysteme, Kipp-Kokille

Der Kokillenguss arbeitet mit verlorenen Kernen, d. h. es werden Hohlräume, Hinterschneidungen des Produkts durch verlorene Kerne hergestellt. Zumeist sind es Sandkerne, die aus dem fertigen Bauteil durch Rütteln, Spülen etc. rückstandslos entfernt werden müssen. Damit der Sandkern während des Gießvorgangs bestehen bleibt, wird dem Sand während der Kernherstellung ein Bindemittel zugesetzt. An den Sand bzw. Kern werden teilweise sich widersprechende Anforderungen gestellt:

- Beständigkeit während des Gießens
- Leichte Entfernbarkeit aus dem Fertigbauteil
- Recycelbarkeit
- Umweltgerecht
- Glatte Oberflächen
- Wenig/ kein Gaseintrag in das Bauteil.

Bisher hat es sich zumeist um organische Bindemittel bzw. Additive bei der Kernherstellung gehandelt. Diese organischen Substanzen sind der Hauptverursacher von Geruch und Emissionen. Des Weiteren ergibt sich während des Gießens eine starke Gasentwicklung, die durch entsprechende Entlüftungen der Kokille abgeführt werden muss, um eine Inkorporation in das Bauteil zu vermeiden.

Seit Jahren wird an der Entwicklung anorganischer Bindersysteme gearbeitet. Problematisch war die Prozessstabilität, Produktivität und Gussqualität. Seit kürzerem sind am Markt solche Bindemittel verfügbar, beispielsweise das klassische Wasserglasformverfahren mit Aushärtung durch Kohlenstoffdioxidbegasung oder neuere Entwicklungen über eine modifizierte Silikatlösung mit hochmineralischen Additiven, welche über beheizbare Werkzeuge ausgehärtet werden. Über die Zusammensetzung der Additive werden produktspezifischen Anforderungen angestrebt (Müller, Weicker & Körschgen, 2007). Die Emissionen können deutlich reduziert werden. Nachbearbeitungen auf Grund von Kondensatbildung sind ebenso wie die Putzerei reduziert. Aktuell können diese anorganischen Bindersysteme für die Serienfertigung eingesetzt werden, bedürfen jedoch begleitender Anpassungsentwicklungen.

Weitere interessante Entwicklungen beim Kokillenguss sind das Bewegen der Kokille während des Gießvorgangs, sogenanntes Kippkokillengießen und dessen Varianten. Beim konventionellen Kokillengießverfahren handelt es sich um ein Dauerformverfahren, bei dem unter Wirkung der Schwerkraft die Aluminiumschmelze in die sogenannte Kokille gegossen wird. Wie beschrieben, können Sandkerne zur Erzeugung von komplizierten Innenkonturen oder Hinterschneidungen angewendet werden. Beim Kippkokillengießverfahren wird die Kokille zur Einguss-Seite geneigt und mit zunehmender Formfüllung in ihre Ausgangslage zurück gekippt und aufgerichtet.

Eine spezielle Variante stellt das ROTA-Cast-Verfahren dar, wobei die Form bis zu 180° gedreht wird. Als Vorteile ergeben sich laminare Erstarrung, schnelle Erstarrungszeit und wenig Anguss - Kreislaufmaterial.

Rotacast® - Gießprozess

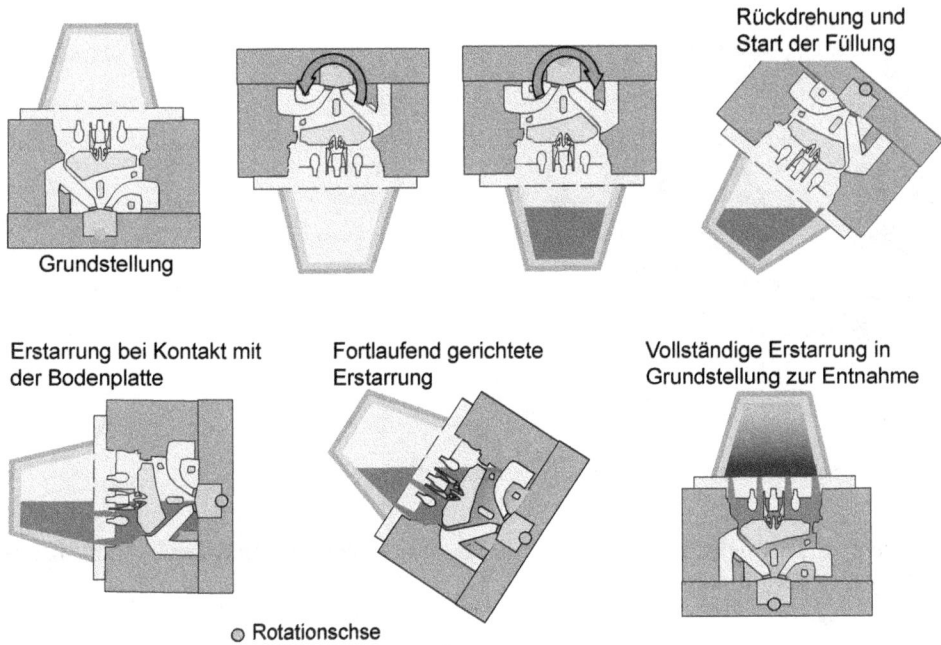

Rückdrehung und
Start der Füllung

Grundstellung

Erstarrung bei Kontakt mit
der Bodenplatte

Fortlaufend gerichtete
Erstarrung

Vollständige Erstarrung in
Grundstellung zur Entnahme

Rotationschse

Abb. 6.1:   Prinzipdarstellung des ROTACAST-Prozesses (Smetan, 2007; Nemak, Österreich, Linz)

Gleichzeitig bietet dieses innovative Gießverfahren gegenüber Schwerkraft-Kokillenguss erweiterte Designmöglichkeiten, da die Formfüllung absolut ruhig und mit einem Mindestmass an kinetischer Energie vonstatten geht. Auf diese Weise können hochkomplexe, filigrane Strukturen und in Bereichen ein sehr dichtes, homogenes und feines Gefüge erzeugt werden.

Abb. 6.2: Rotacast-Maschine der Firma FILL (Gurten, Österreich)

Es besteht die Möglichkeit, Kerne mit anorganischen Bindersystemen im Kipp-Kokillengießen bzw. Rotacast einzusetzen.

6.2 Leichtmetalldruckguss

Wesentliche Entwicklungsziele beim Leichtmetalldruckguss sind folgende:

- Gussteile ohne eingeschlossene Gase und Schwindungsporositäten,
- schweiß- und wärmebehandelbarer Guss,
- dünnwandige, großflächige Strukturteile.

Einen großen Fortschritt brachte diesbezüglich die Vorevakuierung von Kavität und Füllkammer beispielsweise durch das Vacural-Verfahren. Bei diesem Verfahren wird die Schmelze durch den Unterdruck über ein Steigrohr in der Kavität aus dem Warmhalteofen in die Füllkammer gefördert. Hohe Automatisierung und Echtzeitregelung fanden Einzug in die Maschinentechnik. Hybride Maschinentechnik, d. h. die Kombination von Hydraulik und elektrischen Antrieben, wurde für spezielle Maschinentypen realisiert.

In den letzten Jahren wurde von Bühler die Zwei-Platten-Druckgießmaschine konzipiert und auf den Markt gebracht (Fabbroni, 2009). Bisher wurde die mechanische Formzuhaltung mittels Kniehebel in einem Drei-Platten-Aufbau erreicht. Das neue Maschinenkonzept benötigt jedoch nur noch zwei Platten, da die Zuhaltekraft der beweglichen Seite durch hydraulische Säulenmuttern erzeugt werden kann. Vorteile der Zwei-Platten-Technik sind diese (vgl. Abb. 6.3):

- geringerer Platzbedarf der Maschine,
- weniger bewegte Teile und Wartungsaufwand,

- Zuhaltekraft für jede Säule separat regelbar,
- bessere Zugänglichkeit beim Formwechsel wegen vollständig zurückfahrbarer Säulen,
- hohe Maschinenverfügbarkeit,
- höhere Maschinensteifigkeit.

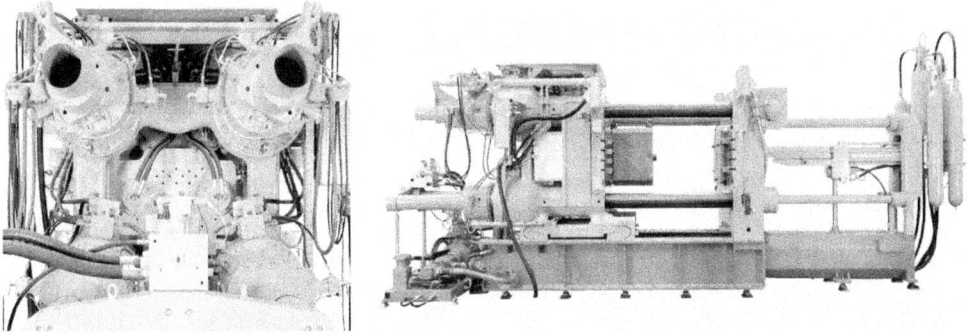

Abb. 6.3: Zweiplattenmaschine (Fabbroni, 2009)

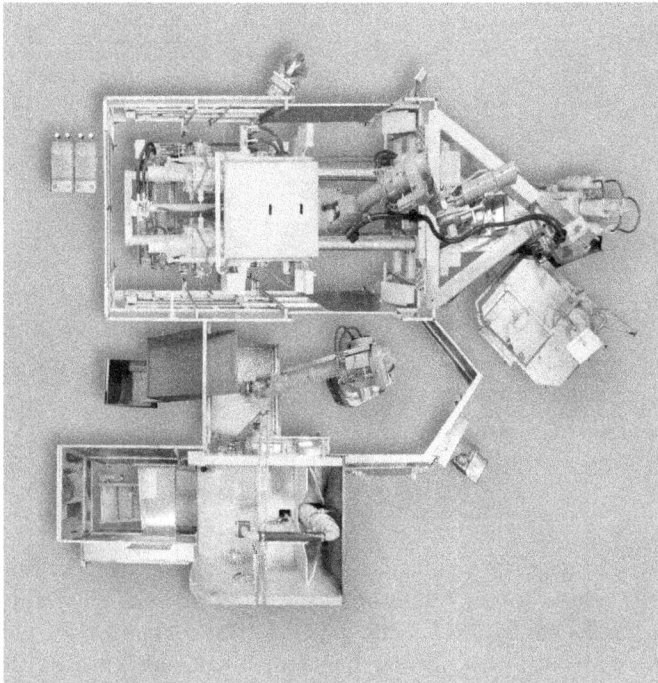

Abb. 6.4: Druckgießanalage (Bühler AG, Uzwil, Schweiz)

Neben der Weiterentwicklung der Druckgießmaschine selbst sind für eine hohe Produktivität
ebenfalls gut abgestimmte Maschinen und Peripheriegeräte notwendig. Abb. 6.4 zeigt ein
Beispiel für eine abgestimmte Gießzelle mit Druckgießmaschine, Handhabungsautomaten
und Tauchbecken.

6.3   Semi-Solid-Gießverfahren; Rheometall, Thixomolding®

Grundsätzlich bieten die Semi-Solid-Gießverfahren den Vorteil einer geringen Schwindung,
d. h. einer hohen Konturgenauigkeit und geringem Gaseinschluss, da feste Phasen neben
flüssigen Phasen während des Gießvorgangs vorliegen. Diese Eigenschaften gehen konform
mit den bereits aus dem Volkswagen-Downsizing-Konzept genannten Forderungen an Bauteileigenschaften.

In diesem Abschnitt wird auf das vom schwedischen Hersteller Rheometall entwickelte Ra-
pid Slurry Forming (RSF) – Rheocasting-Verfahren und das Magnesiumspritzgießen (Thixomolding) eingegangen. Bei einem Semi-Solid-Verfahren ist das Metall/Werkstoff nicht
ganz flüssig, aber auch nicht gänzlich erstarrt. Der Werkstoff mit einem deutlichen Erstar-
rungsintervall wird im teilflüssigen Zustand zwischen Liquidus- und Soliduslinie verarbeitet.

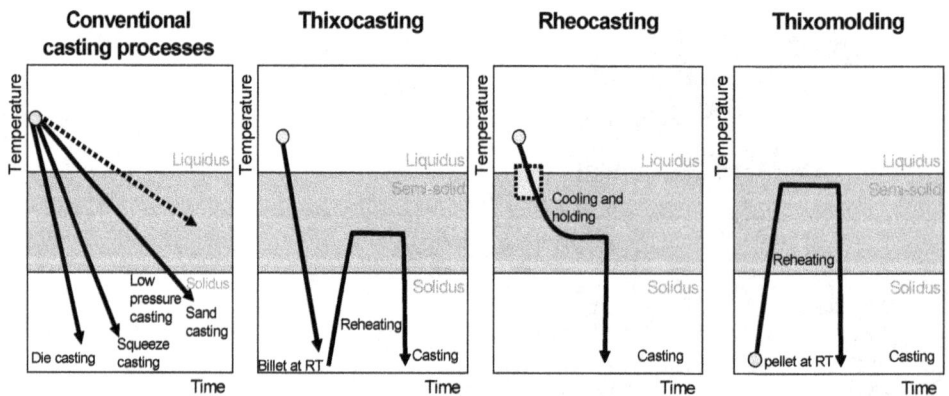

*Abb. 6.5:   Gießprozesse im „Phasendiagramm"; konventionelle Gießprozesse vs. Semi-Solid-Gießprozesse
(Website, 2010b)*

Abb. 6.5 verdeutlicht die Temperatur- und Phasenübergänge bei unterschiedlichen Gießpro-
zessen. Beim konventionellen Druckguss wird komplett geschmolzenes Metall (oberhalb
Liquidus) in die Kavität eingeschossen. Sowohl beim Rheocasting/RSF als auch beim Thixomolding wird ein Fest-/Flüssiggemisch in die Kavität gepresst. Unterschiedlich ist die
jeweilige Historie des zugeführten Metalls. Beim Rheocasting kommt man aus dem Bereich
der Schmelze und kühlt runter, beim Thixomolding kommt man aus dem Feststoffbereich
und erwärmt in das Zweiphasengebiet.

Das Rapid Slurry Forming (RSF)

Beim RSF-Verfahren wird in eine geringfügig überhitzte Schmelze ein Körper gleicher Legierungszusammensetzung (Enthalpy Exchange Material) eingerührt (siehe Abb. 6.6). Die Schmelze wird definiert abgekühlt und entstehende Dendriten werden durch die Rührbewegung zerschlagen. Erreicht wird ein mehr globulares und porenarmes Gefüge (siehe Abb. 6.7).

Die Vorteile des RSF-Verfahrens bestehen also in reduzierter Zykluszeit, weniger Porosität und längerer Werkzeugstandzeit.

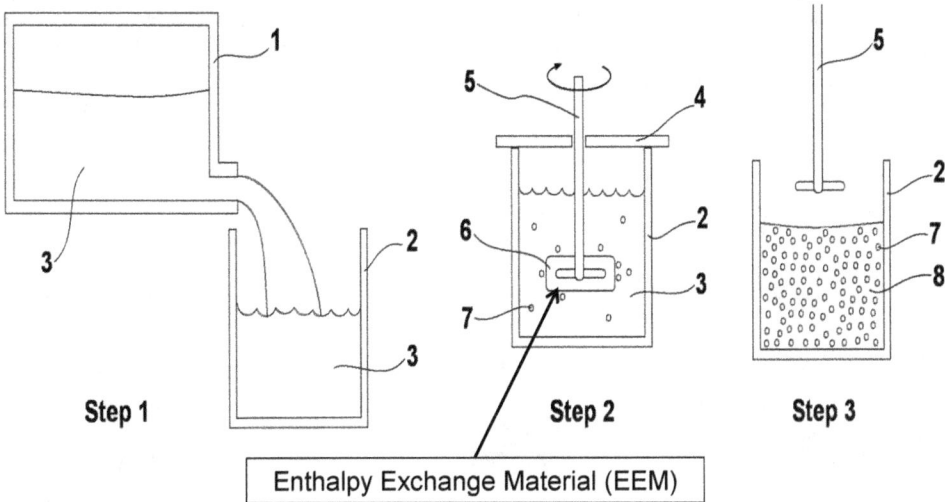

Abb. 6.6: Einstellen des Semi-Solid-Zustands durch Einrühren eines definierten Enthalpy Exchange Materials (Kallien & Böhnlein, 2009; rheometal, 2010)

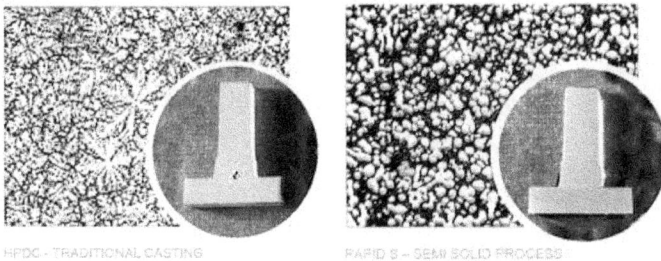

Abb. 6.7: Gefüge und Probekörper; links: konventioneller Druckguss; rechts: RSF (vgl. Website, 2010a)

Magnesium-Spritzguss, Thixomolding®

Mit dem Magnesium-Spritzguss/Thixomolding als weiterem Semi-Solid-Verfahren werden die gleichen guten Gefügeeigenschaften für Magnesiumbauteile angestrebt. Nach einer Studie von Frost & Sullivan betrug der durchschnittliche Magnesiumanteil pro Fahrzeug 7,5 kg und wird sich bis 2013 mehr als verdoppeln (vgl. Becker & Gebauer-Teichmann, 2009). Dieses resultiert u. a. aus der bereits geforderten Fahrzeuggewichtsreduzierung und Verringerung der CO_2-Emission.

Abb. 6.8 zeigt den schematischen Aufbau einer Thixomolding-Anlage. Argon wird als Schutzgas eingesetzt. Somit wird der Einsatz von Magnesiumgussteilen forciert, da kein klimarelevantes oder gesundheitsgefährdendes Schutzgas Verwendung findet, wie es beim Druckguss derzeit noch Stand der Technik ist. D. h. Gewichtsreduzierung im Automobil soll mit Hilfe nachhaltiger Produktionsverfahren umgesetzt werden.

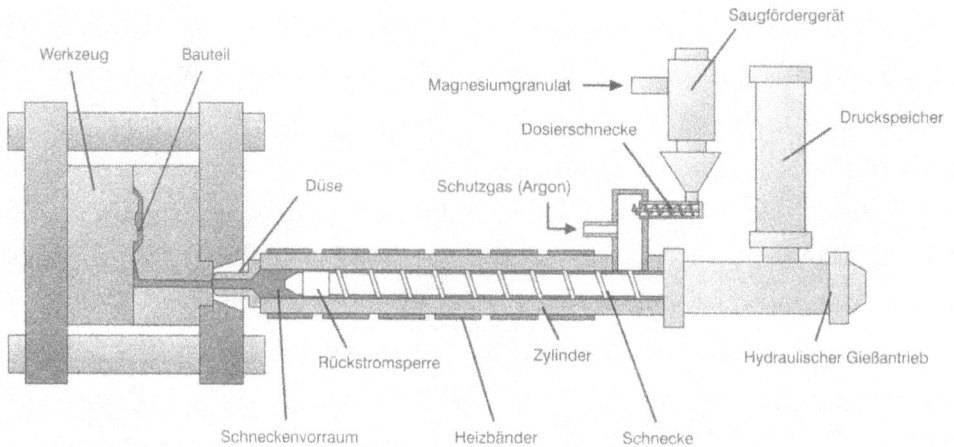

Abb. 6.8: Schematischer Aufbau Magnesium-Thixomolding-Anlage (Lohmüller, 2009)

Abb. 6.9: 1.000 to – Magnesium-Thixomolding-Maschine, Volkswagen (siehe Becker & Gebauer-Teichmann, 2009)

Beim Magnesium-Thixomolding wird Magnesiumgranulat einer rotierenden Schnecke, dem Extruder, zugeführt und unter Argonatmosphäre in einer Aufheizstrecke teilverflüssigt. Durch die ständige Scherung in der Schnecke wird das Dendritenwachstum unterbunden, so dass auch hier ein globulares Gefüge im Bauteil vorliegt. Die laminare Formfüllung bewirkt eine geringe Turbulenz und somit geringen Gaseinschluss. Nach Lohmüller (2009) werden die mechanischen Kennwerte insbesondere die Dehnung gegenüber dem Druckguss übertroffen. Die höhere Dehnung ist für etliche automobile Anwendungen die Voraussetzung, um Magnesiumbauteile einsetzen zu können. Tab. 6.1 gibt einen Überblick über einige Vorteile vom Mg-Thixomolding gegenüber Druckguss. Nachteilig ist zurzeit die verfügbare Maschinengröße.

Tab. 6.1: Vorteile Thixomolding® vs. Druckgießen

Bauteil-Eigenschaften	Umwelt
Geringere Porositäten	Energieverbrauch verringert um ca. 25 %
Material wärmebehandelbar und schweißbar	Kein schädliches Schutzgas
Höhere Maßhaltigkeit	Erhöhung der Standzeiten der Werkzeuge
Geringere Heißrissbildung	Weniger Kreislaufmaterial
Kürzere Erstarrungszeiten	

Eine große Anzahl von kleinen bis mittelgroßen Bauteilen im Automobil ist für die Herstellung als Magnesiumbauteil nach dem Thixomoldingverfahren prädestiniert, beispielsweise

- Sitzstrukturbauteile,
- Instrumententafelträger,
- dünnwandige Gehäuse und Abdeckungen,
- Lenkrad.

Die Semi-Solid-Verfahren weisen einige deutliche Vorteile im Hinblick auf Bauteileigenschaften und besonders das Thixomolding auch im Hinblick auf eine nachhaltige Fertigung auf. Mit dem Einsatz bzw. der Weiterentwicklung solcher Verfahren stellt sich Volkswagen seiner Verantwortung gegenüber dem Kunden und der Umwelt.

7   Fazit

Die Anforderungen an die Automobile hinsichtlich reduzierter CO_2-Emissionen beeinflussen deutlich die Trends der Leichtmetall-Gießereitechnik. Das Volkswagen-Downsizing-Konzept verlangt nach Leichtbau und hoch beanspruchbaren Bauteilen in Bezug auf Festigkeit (vornehmlich Powertrain) und Energieaufnahme/Dehnung (vornehmlich Strukturbauteile). Des Weiteren resultieren Anforderungen aus einer nachhaltigen Fertigung (umweltgerechte Produktionsverfahren) und Produktivität (Vermeidung von Nacharbeit und Fügeschritten). Endkonturnahe, integrative, komplexe Gussbauteile sollen im Fahrzeug verbaut werden. Leichtbau wird durch das Zusammenspiel von Konstruktion, Werkstoff und Fertigungsverfahren bei Volkswagen realisiert. Es erfolgt eine kontinuierliche Weiterentwicklung bestehender als auch der Einsatz neuer Gießverfahren. Diesen interdisziplinären Herausforderungen stellt sich der Volkswagenkonzern.

Literatur

Aghion, E., Bronfin, B., von Buch, F., Schumann, S. & Friedrich, H. (2003). Dead Sea Magnesium alloys newly developed for high Temperature Applications. Magnesium Technology, TMS.

Aluminium Rheinfelden GmbH (Hrsg.) (2007). Produktschrift Castasil-37, nicht alternde duktile Druckgusslegierung für den Automobilbau.

Becker, H.-H. & Gebauer-Teichmann, A. (2009). Tagungsband, Status und Herausforderungen von Magnesium-Gussteilen in der automobilen Anwendung. VDI-Tagung, Magnesiumguss im Fahrzeugbau, Magdeburg.

Becker, H.-H & Gebauer-Teichmann, A. (2009). Leichtbau durch Gießen der Leichtmetalle Aluminium und Magnesium im Fahrzeugbau, Vorlesung TU Dresden, Fakultät Maschinenwesen (unveröff.)

Fabbroni, M. (2009). Das neue Bühler-Maschinenkonzept zur Effizienzsteigerung beim Druckgießen. Druckguss, 3, 2009.

Goede, M & Gänsicke, T. (2006). Fahrzeugleichtbau im Spannungsfeld von Wirtschaftlichkeit und Umweltschutz. Stuttgart.

Heidrich, W. (2007). Leichtbauwerkstoff Aluminium – Ein Werkstoff mit bewegter Vergangenheit und glänzender Zukunft. Industriebedarf, 3, 2007.

Kainer, K. U. & Dieringa, H. (2009). Technologische Eigenschaften und Potential von Magnesium und Magnesiumlegierungen. VDI-Tagung, Magnesiumguss im Fahrzeugbau, Magdeburg.

Kallien, L. H. & Böhnlein, C. (2009) Druckgießen. Zeitschrift Giesserei, 96, Heft 7, S. 18 ff.

Lohmüller, A. (2009). Magnesiumspritzgießen (Thixomolding®), VDI-Tagung, Tagungsband, Magnesiumguss im Fahrzeugbau, Magdeburg.

Müller, J., Weicker, G. & Körschgen, J. (2007). Serieneinsatz des anorganischen Bindemittelsystems INOTEC im Leichtmetallguss. Gießerei Praxis, Heft 5, 192 ff.

Romankiewicz, F. & Romankiewicz, R. (2004) Kornfeinung und Veredelung von AlSi11-Legierungen, DGM-Tagung Metallographie, Bochum.

Smetan, H. (2007) Zukunftsweisender Motorenleichtbau im Spannungsfeld der Gießverfahren und Werkstoffe, Gießerei Praxis 5, 165 ff.

Verein Deutscher Giessereifachleute (VDG) (Hrsg.) (2005). Grundlagen der Gießereitechnik. Düsseldorf.

Verein Deutscher Giessereifachleute (VDG) (Hrsg.) (2010). Alles aus einem Guss. Düsseldorf.

Website (2010a). www.rheometal.com; http://www.rheometal.com/technology.php, 2010

Website (2010b). Development of the technology of semi-solid injection. MAGAL, Villers-le-Bouillet, Belgien. www.magal.be; http://www.magal.be/pages_uk/rheoflash_uk.html, 2010

Wikipedia (2006). Kohlenstoffdioxid, Vorkommen in der Atmosphäre, GNU free documentation license. http://de.wikipedia.org/w/index.php?title=Datei:CO2-417k.png&filetimestamp=20051206114215

Winterkorn, M., Ludanek, H. & Rohde-Brandenburger, K. (2008). CO_2-Reduzierungspotenziale durch Leichtbau in der Automobilentwicklung, Dresden.

Über die Autoren

Prof. Dr.-Ing. Hans-Helmut Becker (geb. 1949)
Professor für Fertigungstechnik an der Universität Kassel

Volkswagenwerk Kassel, Werkleitung und Leitung der
Geschäftsfelder Getriebe und Gießerei

hans-helmut.becker@volkswagen.de

Arbeitsschwerpunkte
Steuerung des Werkes Kassel, Strategieführung zu den
Geschäftsfeldern der Volkswagen Komponente Gießerei
und Getriebe, Stellvertreter des Vorstandes, Aufsichtsrat
China

Dr.-Ing. Andreas Gebauer-Teichmann (geb. 1962)
Promoviert an der TU Braunschweig, Lehrauftrag an
Universität Kassel,

Technologiezentrum der Gießerei im Volkswagenwerk
Kassel,

Entwicklungsleitung Gießerei Kassel und Entwicklung
Geschäftsfeld Gießereien

andreas.gebauer-teichmann@volkswagen.de

Arbeitsschwerpunkte
Entwicklung, Gießerei, Magnesium, Leichtbau, Innovationen, Kontakt Forschungseinrichtungen und Hochschu-
len

Trends in der Entwicklung von IT-Systemen in der Automobilindustrie

Trends in the development of IT systems in the automotive industry

Klaus Hardy Mühleck und Hans-Christian Heidecke

Zusammenfassung

Die IT eines Unternehmens muss sich an der Strategie und den Ausrichtungen eines Unternehmens orientieren. Diese Zielsetzung stellt in der Praxis eine große Herausforderung für viele Unternehmen dar, da die IT meist als Kostenfaktor gesehen und oft nur auf die Kosteneffizienz der IT in Betrieb, Wartung und Weiterentwicklung bestehender IT-Lösungen fokussiert wird. Doch gerade in innovativen und dynamischen Branchen wie der Automobilindustrie muss die IT ein anderes Selbstverständnis leben: Neben der Wahrnehmung der Standard-Aufgaben ist die IT der „Motor" zur Realisierung neuer Entwicklungen im Unternehmen – von der Forschung über die Fertigung bis hin zum Vertrieb und After Sales-Bereich. Hier ist die IT gefordert, durch eine innovative Ausrichtung ihrer Bereiche Prozessorganisation, IT-Projekte, Technologie und Service benötigte Unterstützungsleistungen und Ressourcen im Unternehmen sicherzustellen.

Summary

A company's IT must be oriented towards the strategy and focus of the company. This objective is, practically speaking, a great challenge for many companies as IT is regularly seen as a cost-factor or the focus is often only on cost-efficiency in the operation, maintenance and further development of existing IT solutions. However, IT in innovative and dynamic fields in particular such as the automotive industry must have a different concept. Alongside carrying out standard duties, IT is the "engine" for the realisation of new developments in the company - from Research via Production through to Sales and After Sales. The IT division has to ensure measures for support and for securing resources in the company through an innovative orientation of the fields Process Organisation, IT projects, Technology and Services.

1 IT im Volkswagen Konzern

Gegenwärtig stehen Unternehmen vor vielfältigen Herausforderungen, die Wettbewerbsdruck, Ressourcensituation und die Dynamik des Marktes mit sich bringen. Um Prozesse in einem Unternehmen schlanker, schneller und effizienter zu gestalten, werden in einem international operierenden Konzern wie der Volkswagen AG eine Vielzahl von IT-Lösungen entwickelt und eingesetzt. So leistet die IT ihren Anteil an der Weiterentwicklung der Geschäftsprozesse und der Erreichung der angestrebten Unternehmensziele. Dabei wirkt sie in alle Kerngeschäftsprozesse: Sie unterstützt z. B. über Programme, wie die Digitale Fabrik, die Entscheidungsträgern hilft, Fertigungsprozesse in neuen Fabriken bereits vor dem Bau effizient zu planen, oder auch die „Integrierte Fahrzeugauftragssteuerung", die alle Fertigungsstätten eines Konzerns durch eine IT-Plattform versorgt.

Die IT übernimmt dabei mehrere Rollen. Eine grundlegende Rolle ist die des Dienstleisters, in der die IT tagtäglich Services für die Fachbereiche erbringt und IT-Lösungen global zur Verfügung stellt. Dies ermöglicht, dass der Fachbereich sein operatives Tagesgeschäft bestmöglich erfüllen kann. Ein Zitat aus dem Master Construction Plan (Version 2.0, 2007, S. 100) verdeutlicht am Beispiel der Komponente die Aufgabe, welche die „konzernweite Versorgung mit Prozessen und Systemen zur Steuerung des konzerninternen Produktions- und Lieferverbundes und zur Sicherstellung der Lieferfähigkeit der Komponentenwerke/-fertigungen" umfasst.

Des Weiteren ist eine Erwartungshaltung der Fachbereiche an die IT, dass diese technische Innovationen z. B. zur Unterstützung von Prozessen zur Verfügung stellt. In dieser Rolle wird die IT als Innovator verstanden, der neue Impulse in das Unternehmen bringt und neuartige Geschäftsprozesse ermöglicht, die sich wettbewerbsdifferenzierend auswirken. Ergänzend zu den genannten Rollen übernimmt die IT eine zusätzliche Aufgabe, die eine Art Ordnungsfunktion im Unternehmen darstellt und sich in der Praxis zum Teil schwierig gestalten kann. Die Rolle der IT als Ordnungsfunktion umfasst alle Aufgaben, die sich mit der Umsetzung und Einhaltung von IT-Standards beschäftigt bzw. zu einer Harmonisierung der IT-Landschaft im Konzern und bei den einzelnen Marken führt. In der Praxis bedeutet dies, dass daran gearbeitet wird, fachbereichsübergreifende integrative Lösungen auf Basis von Standards zu entwickeln und einzusetzen.

Die IT hat also die Rolle des Dienstleisters, des Innovators und des „Ordners" zu erfüllen. Alle Rollen zusammen bilden das Gesicht der IT im Unternehmen. Die IT im Volkswagen Konzern wird immer mehr als integrativer Bestandteil des Gesamtunternehmens gesehen. Als solcher hat sie mittelbar Einfluss auf die Kapitalrendite des Unternehmens, indem sie durchgängige IT-Systeme, durchgängige Prozesse und ein durchgängiges Informationsmanagement für die Fachbereiche bereitstellt. Dies soll zukünftig unter Nutzung von „Social Web Technologien" und integraler IT-Architektur noch stärker ausgebaut werden.

Leistungsfähige, kostengünstige und an den Geschäftsanforderungen ausgerichtete Prozesse und Informationstechnologien sind für kontinuierliche Produktivitätssteigerungen eines Unternehmens ein ebenso wichtiger Erfolgsfaktor wie eine hohe Verfügbarkeit von Daten-

und Informationsflüssen über alle Standorte hinweg. Durch den Einsatz und die Nutzung von Informationstechnologien ist Volkswagen in der Lage,

- die Kundenzufriedenheit zu erhöhen, z. B. indem Kunden und Händlern Informationen und Produkte zum gewünschten Zeitpunkt zuverlässig zur Verfügung gestellt werden können,
- Abläufe zu beschleunigen und Flexibilität zu erhöhen (kürzere Entwicklungs-, Durchlauf und Lieferzeiten),
- die Qualität zu messen und im Rahmen der Qualitätsregelkreise strukturiert zu verbessern.
- die Produktkomplexität zu beherrschen (in der Entwicklung, Beschaffung, Logistik, Produktion und After-Sales-Service),
- Kostentransparenz herzustellen und die Kosten nachhaltig zu senken,
- gesetzliche Anforderungen mit geringem Aufwand zu erfüllen und dadurch zu einer rechtlichen Absicherung zu führen,
- nachhaltig Wettbewerbsvorteils zu schaffen und auszubauen.

All diese Aktivitäten unterstützt der IT-Bereich mit einem sehr effizienten Einsatz von Ressourcen: Rund 1 Prozent des Umsatzes fließt jährlich in die IT des Volkswagen Konzerns. Im Benchmark der Automobilindustrie gehört dieser Wert zum Spitzenbereich (Volkswagen ITP Magazin, 2009).

Die täglich geleistete Arbeit der IT im Volkswagen Konzern ist vielfältig und von der Globalität des Automobilmarktes geprägt. So werden z. B. die fünf Komponentenwerke des Volkswagen Konzerns in China mit nur einer zentralen Systemlösung versorgt. Auf Basis der Standardsoftware SAP wurde die Musterlösung Komponente China (MKC) entwickelt, die alle Finanz-, Logistik-, Beschaffungs- und Personalprozesse in den chinesischen Komponentenwerken mit nur einem IT-System unterstützt. Diese MKC wird zentral von der IT weiterentwickelt und betrieben. Hierdurch wird eine hohe Prozesstreue und Qualität in den nutzenden Werken erreicht. Bedingt durch das enorme Marktwachstum im chinesischen Markt verdoppeln alle Komponentenwerke derzeit ihre Kapazitäten. Neue Komponentenwerke werden aufgebaut. Mit der MKC-Lösung leistet die IT hier ihren Wertbeitrag für den schnellen und kostengünstigen Aufbau und die Erweiterung der chinesischen Komponentenwerke.

Mit der Erfahrung und auf Basis der MKC-Lösung wurde konsequent die SAP-Lösung UNIT („Universelles Iteratives Template") für fahrzeugbauende Werke entwickelt. Die UNIT-Lösung wurde bereits erfolgreich für die neuen Fahrzeugwerke in Russland, Indien und den USA ausgerollt.

IT Personal
- 1.300 (Wolfsburg)
- 3.500 (weltweit)

IT Projekte
- 600 Konzern-Projekte (weltweit)

IT Services
- 2.200 IT Anwendungen (weltweit)
- 150.000 Desktop-PC´s (standardisiert)
- 50.000 Drucker (standardisiert)
- 30.000 Mobiltelefone
- Über 700.000 Anwender

IT Infrastruktur
- 300 vernetzte Fabriken, Gesellschaften, und Standorte
- 9.000 Server
- 90.000 Netzwerkanschlüsse
- 10 internationale Rechenzentren
- 230.000 Telefone

Abb. 1.1: IT des Volkswagen Konzerns in Zahlen

Die weltweiten Dimensionen der IT im Volkswagen Konzern verdeutlicht Abb. 1.1. Die Abbildung zeigt die internationale Vernetzung der einzelnen Volkswagen Standorte weltweit, ebenso wie die schlanken Relationen von IT-Mitarbeitern zu IT-Projekten, -Service und -Infrastruktur. Die weltweite Vernetzung der einzelnen Standorte und Werke, die Schaffung einheitlicher IT-Lösungen und harmonisierter Prozesse erfordert von allen beteiligten Mitarbeitern und Partnern ein hohes Engagement.

Die unternehmerischen Handlungsfelder bilden die Basis für die Ausrichtung der IT. Hierbei wurde die IT weltweit als integrative Organisation ausgerichtet, die in der Praxis der Geschäftsstruktur als auch der IT-Arbeitsstruktur folgt. Abb. 1.2 zeigt die weltweite Matrix, über welche die Arbeit der IT erfolgt.

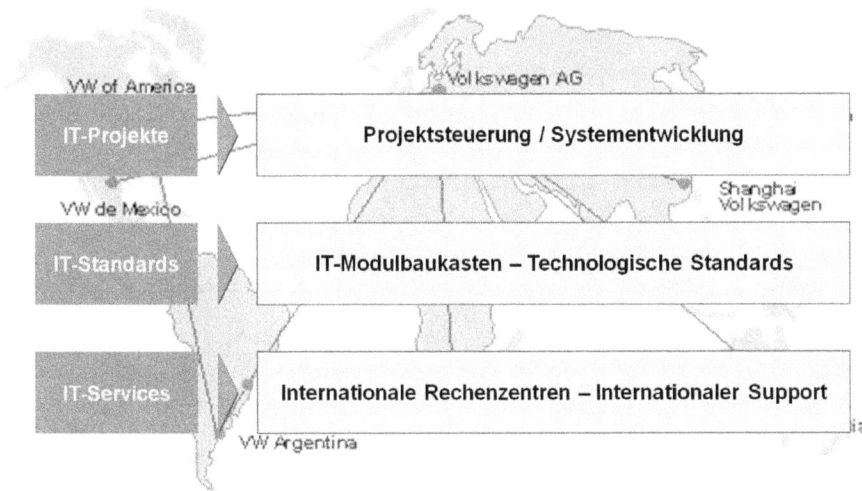

Abb. 1.2: Steuerung der IT im Volkswagen Konzern

Die Vernetzung der Marken sowie der Produktions-, Entwicklungs- und Vertriebsstandorte weltweit erfolgt über eine gemeinsame IT-Projektarbeit, Festlegung gemeinsamer Standards, Architektur, Technologien und die durchgängige Bereitstellung der Infrastruktur. Die Infrastruktur umfasst dabei Funktionsbereiche wie Rechenzentren, Drucker- und PC-Bereitstellung und als Kernaufgabe den Betrieb der laufenden Systeme.

Nachfolgend werden aktuelle Handlungsfelder der Automobilindustrie und daraus resultierende Trends für die IT anhand von ausgewählten Beispielen näher erläutert.

2   Handlungsfelder und IT-Aufgaben

Die Handlungsfelder der Geschäftsbereiche und hieraus abgeleitet auch die der IT im Volkswagen Konzern orientieren sich an der Unternehmensstrategie. Dabei gilt es den Prozesspartner dabei zu unterstützen, strategische Ziele wie z.B. Kundenzufriedenheit, Qualität, Absatz oder Arbeitgeberattraktivität zu erreichen.

Für die IT des Konzerns leiten sich aus dieser Aufgabe drei grundsätzliche Handlungsrahmen und Ziele ab (siehe Abb. 2.1):

Unterstützung der Geschäftsbereiche bei der Optimierung ihrer Abläufe durch Nutzung von IT-Systemen (Effektivität),

weltweite Standardisierung der IT-Arbeit, durchgängige IT-Services und Beibehaltung der IT-Kostenposition als Benchmark (Effizienz),

kollaboratives Arbeitsklima in der IT, vernetzte Arbeitsstrukturen über Marken, Märkte und Standorte im weltweiten Verbund (Kultur).

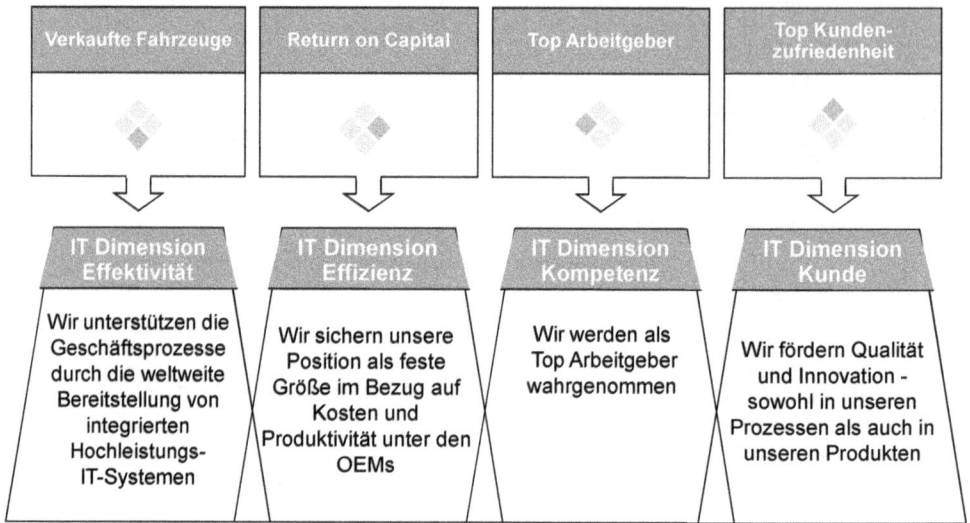

Verkaufte Fahrzeuge	Return on Capital	Top Arbeitgeber	Top Kunden-zufriedenheit

IT Dimension Effektivität	IT Dimension Effizienz	IT Dimension Kompetenz	IT Dimension Kunde
Wir unterstützen die Geschäftsprozesse durch die weltweite Bereitstellung von integrierten Hochleistungs-IT-Systemen	Wir sichern unsere Position als feste Größe im Bezug auf Kosten und Produktivität unter den OEMs	Wir werden als Top Arbeitgeber wahrgenommen	Wir fördern Qualität und Innovation - sowohl in unseren Prozessen als auch in unseren Produkten

Abb. 2.1: Zusammenhang Unternehmensziele und IT-Ausrichtung

Die IT stellt darüber hinaus, z. B. den einzelnen Marken im Konzern, flexible IT-Lösungen zur Verfügung, die auf einem technisch und organisatorisch einheitlichen Standard (Templates) basieren. Hierbei erfolgt die Standardisierung entlang der Kerngeschäftsprozesse des Automobilherstellers wie folgt (siehe auch Abb. 2.1):

- Produktprozess,
- Kundenauftragsprozess,
- Serviceprozesse vor Kunde (Vertrieb, Marketing, After Sales),
- steuernde und Unterstützende Prozesse (Personal, Finanz etc.).

Im Dialog mit den Fachbereichen evaluiert die IT den IT-Unterstützungsbedarf ('Anforderungsmanagement'). Die Leistungserstellung steuert die IT unter Einhaltung des größtmöglichen Standardisierungsgrades und erreicht so die unternehmerisch größtmögliche Synergie über Bündelungs- und Skaleneffekte, beispielsweise durch globale SAP-Templates mit kleinstmöglichen lokalen Anpassungen, die durch gesetzliche Vorgaben oder Landessprachen notwendig sind.

Einheitliche zentrale Stücklisten über alle Marken des Volkswagen Konzerns sind das Ergebnis einer effizient verzahnten Prozess- und IT-Arbeit. Durchgängige Vertriebs-, Service- sowie Ersatzteilsysteme über alle Vertriebsstufen ermöglichen über alle Prozesse eine sichere Versorgung weltweit.

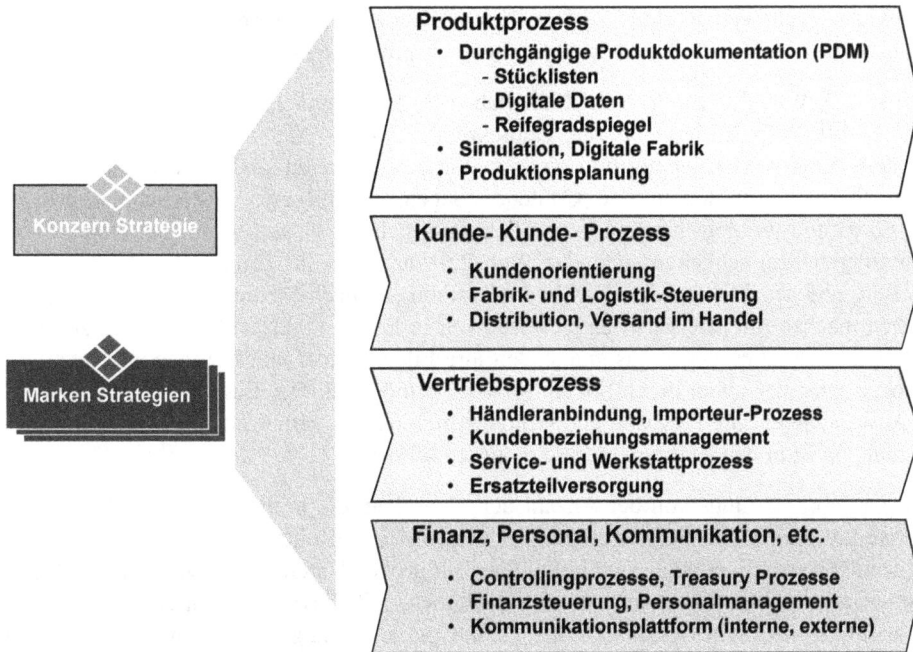

Produktprozess
- **Durchgängige Produktdokumentation (PDM)**
  - **Stücklisten**
  - **Digitale Daten**
  - **Reifegradspiegel**
- **Simulation, Digitale Fabrik**
- **Produktionsplanung**

Kunde- Kunde- Prozess
- **Kundenorientierung**
- **Fabrik- und Logistik-Steuerung**
- **Distribution, Versand im Handel**

Vertriebsprozess
- **Händleranbindung, Importeur-Prozess**
- **Kundenbeziehungsmanagement**
- **Service- und Werkstattprozess**
- **Ersatzteilversorgung**

Finanz, Personal, Kommunikation, etc.
- **Controllingprozesse, Treasury Prozesse**
- **Finanzsteuerung, Personalmanagement**
- **Kommunikationsplattform (interne, externe)**

Konzern Strategie

Marken Strategien

Abb. 2.2: Prozesse

Wachsende Aufgaben nimmt die IT an und erfüllt sie bei gegebenen Rahmenbedingungen. Möglich wird dies durch die konsequente und fortlaufende Priorisierung von Projekten anhand des Wertbeitrages der Vorhaben. Neben den Projekten (neue IT-Vorhaben) ist auch der laufende Betrieb der Konzern IT effizient zu gestalten.

3   Innovationskraft der IT

Die Informations- und Kommunikationstechnik ist heute ein ganz wesentlicher Teil für Fortschritt, Veränderung und auch gesellschaftliche Weiterentwicklung (z.B. in sozialen Netzwerken). Zunehmende Vernetzung auf Basis des Internets bzw. Internettechnologien und durch die Nutzung von mobilen Geräten wie z. B. Smartphones (BlackBerry, iPad und Laptops) verändern sowohl das private Leben als auch die Arbeit im Unternehmen. Die zunehmende Vernetzung aller Unternehmensfunktionen über die Prozesse durch IT verändert nicht nur die Zusammenarbeit im Unternehmen sondern auch die Zusammenarbeit mit externen Partnern (Lieferanten, Servicepartner und dem Kunden). Endgeräte, Applikationen und Technologien werden immer mehr speziellen Funktionen angepasst, so dass die Vorstellung von einem mobilen Personalmanager, der alle wichtigen Informationen jederzeit griffbereit auf mobilen Endgeräten mit sich führt, zur Realität wird.

Es ist zu bedenken, welche Chancen und Risiken z. B mit Handlungsfeldern wie Web 2.0 oder auch Enterprise 2.0 verbunden sind. Wie sind in einer Welt mit steigender Dynamik und

Komplexität Wettbewerbsvorteile zu erreichen? Wie kann es gelingen, dass Mitarbeiter all ihre Fähigkeiten und Potenziale in den Unternehmensprozess einbringen?

Enterprise 2.0, Web 2.0 und Social Media haben in den letzten Jahren stark an Bedeutung gewonnen. Mit Web 2.0 hat sich eine Demokratisierung des Mediums Internet vollzogen. Einfachheit, intuitive Bedienung und niedrige Einstiegsbarrieren sind wesentliche Erfolgsfaktoren. Neue Technologien wie Contentmanagement Systeme, Austauschplattformen, Wikis, Foren und Weblogs machen es möglich, dass sich alle Nutzer beteiligen. Durch diese komfortableren Möglichkeiten steht das Web 2.0 vor allem im Zeichen des Dialogs, der Vernetzung und des Austausches. Das Internet ist ein Mitmach-Medium geworden. Und die Menschen machen mit: Sie tauschen sich weltweit in Blogs, Foren und Wikis aus, sie pflegen Kontakte, tauschen Daten aus und stellen ihre Filme, Bilder und Beiträge ins Netz. Das Mitmachen wird vor allem durch Social Software ermöglicht. Der Begriff steht für webbasierte Anwendungen, die Personen und Gruppen miteinander vernetzen. Die Nutzung dieser Anwendungen ist in den letzten Jahren stark angewachsen.

Das Ganze lebt allerdings von der Anzahl der Menschen, die mitmachen. Der Einsatz von Enterprise 2.0 und Social Software bei Volkswagen ist also nicht nur eine technologische Frage, sondern vor allem auch eine kulturelle. Ein großes Unternehmen verändert sich nur langsam. Und die Mitarbeiter müssen ebenso lernen, mit diesen Änderungen umzugehen. Eine Nutzung von Enterprise 2.0 mit "Augenmaß" ist notwendig. Neben einer strategischen Definition wird es eine inhaltliche und strukturelle Ausrichtung geben. Leitlinie werden sogenannte Social Media Guidelines sein, die Hilfestellung im Umgang mit diesen neuen Kommunikationswegen geben.

3.1 Kundenorientierung

Der Ausbau der Kundenorientierung ist ein wesentlicher Wettbewerbsfaktor in der Automobilindustrie. Wie erlebt ein Kunde eine Marke über die einzelnen Phasen: Von der ersten Idee zur Kaufabsicht, dem eigentlichen Fahrzeugkauf, die Dauer, über die ein Wagen gefahren wird, und schließlich zum Zeitpunkt, bei dem sich der Kunde zum Neukauf eines Fahrzeugs entscheidet.

Ein 360°-Blick auf den Kunden ist wichtig, um zu jedem Zeitpunkt entsprechend seinen Bedürfnissen beraten und mit dem richtigen Produkt begeistern zu können. Im Zusammenhang mit immer stärker auf die speziellen Kundenwünsche individualisierten Fahrzeugen nimmt die Komplexität der Baureihen und Modelle zu.

Die IT unterstützt heute die Vermarktung von Neufahrzeugen und Gebrauchtwagen, begleitet den gesamten Service-Kernprozess im After Sales-Bereich und entwickelt Lösungen für die Logistik im Originalteile- und Zubehörbereich sowie im ergänzenden Financial Services-Bereich. Eine der größten Herausforderungen besteht darin, die Prozesse vom Hersteller über Importeure und das Vertriebsnetz zum Kunden noch schneller und zuverlässiger zu gestalten. Des Weiteren ist die IT sehr stark daran beteiligt, mobile Dienste zur Unterstützung des Fahrers direkt in das Auto zu bringen. So können bereits Google basierte Dienste im Phaeton und im A8 abgerufen werden.

Aus den aktuellen Entwicklungen resultierend wird es zukünftig noch mehr Marketingmaßnahmen mit zielgruppengerechter und effizienter Durchführung, z. B. auch mit dem Ziel des Cross-Sellings, geben. Die IT unterstützt dies mit modernen Customer Relationship Management (CRM) Lösungen und vereint dabei Marketing mit den Verkaufsaktivitäten des Handels. Ein zentrales Handlungsfeld in diesem Bereich ist die Gestaltung von neuen Vertriebs- und Informationswegen, wie z. B. im Web 2.0.

Auch hier nimmt das Web 2.0 eine zentrale Rolle ein. Mit Web 2.0 eröffnet sich dem Unternehmen ein neuer Vertriebskanal, der entsprechend neue Anforderungen an die Gestaltung und Kundenansprache mit sich bringen kann. Wenn heute ein neues Fahrzeug auf den Markt kommt, informieren sich immer mehr Interessenten zunächst im Internet. Eine neue interaktive Marketingwelt ist entstanden. So wie sich der Kunde einerseits über das Internet über ein neues Produkt informiert, so ist es andererseits wichtig, dass ein Hersteller weiß, was sein Kunde zu welchem Zeitpunkt wünscht.

Solche wichtigen Informationen können beispielsweise aus dem Händlernetz kommen: Wie oft ist das Auto in der Werkstatt? Welche Winterreifen welches Herstellers benötigt der Kunde? Ziel ist es, alle Kundenkontakte über den gesamten Kaufzyklus zu sammeln, und zwar von der ersten Meinungsbildung, über den Kauf des Neu- oder Gebrauchtwagens, den Besitz des Fahrzeugs bis hin zum Wiederverkauf. Diese 360°-Sicht macht eine zielgerichtete Kundenkommunikation erst auf einem qualifizierten Niveau möglich.

Die verschiedenen Dimensionen dieses Kundenbeziehungsmanagements („CRM") sollen in einer Standard-Lösung verschmelzen. Dies fängt bei einem mit dem Händler und Importeur abgestimmten Kampagnenmanagement an und bezieht auch neue interaktive Marketingformen mit ein – vom übergreifenden Leadmanagement, in dem Interessentendaten verwaltet und an den Handel weitergegeben werden, bis zu Treuekampagnen zur Intensivierung der Kundenbeziehung. Auch Informationen aus dem klassischen Beschwerde- und Anfragemanagement werden integriert.

3.2 Produktentwicklung

Markenübergreifende Fahrzeugprojekte an unterschiedlichen Standorten werden durch kollaboratives Engineering zusammengefasst. Standardisierung richtig eingesetzt kann zur Realisierung erheblicher Effizienzpotentiale führen. Im klassischen Engineeringbereich wird mit der Einführung des Modulquerbaukastens (MQB) analog zu dem bei Audi eingeführten Modullängsbaukasten (MLB) ein weiteres innovatives Konzept umgesetzt.

Die Herausforderung an die IT besteht jedoch nicht allein darin, eine technologische Lösung für die jeweilige Aufgabenstellung zu finden. Vielmehr gilt es, einen markenübergreifend durchgängigen Best-Practice-Prozess für alle Änderungsvorhaben zu definieren und einzuhalten, um die notwendige Nachhaltigkeit zu erzielen. An diesem Punkt setzt das Capability Maturity Model Integration (CMMI) an. CMMI ist ein Referenzmodell, das Best Practices für die Entwicklung zur Verfügung stellt. Ziel ist es, dem Wunsch der Mitarbeiterinnen und Mitarbeiter nach mehr Qualität zu entsprechen sowie die Software-Entwicklung und Projektarbeit effektiver und effizienter zu gestalten

Ähnlich wie der MQB bei Fahrzeugprojekten versucht auch die IT, agile Lösungen auf Basis von Standard-Software bereitzustellen (siehe Abb. 3.1). Mit Service Oriented Packaged-Based Solutions (SOPS) wird die Integration von Standard- und Individualsoftware ermöglicht. Für die Unterstützung von neuen innovativen Prozessen werden mit zunehmender Technisierung zukünftig noch mehr spezifische Lösungen nachgefragt. Der Einsatz von Standardsoftware wird dabei nicht die alleinige Lösung sein, da unternehmensspezifische Anforderungen wie z. B. die wichtige Marken-Individualisierung und -Flexibilität hierdurch nur bedingt erfüllt werden können. Eine systematische Kombination aus Standard- und Individual-Software zeigt Lösungsalternativen auf, die eine optimale Umsetzung der anwendungsübergreifenden Prozesse und Arbeitsabläufe ermöglicht. Des Weiteren bietet der SOPS-Ansatz die Möglichkeiten eines verbesserten Innovationsschutzes. Erprobte, schützenswerte und wettbewerbsdifferenzierende Softwaremodule, die in einem Unternehmen oder am Markt verfügbar sind, können zu innovativen Lösungen kombiniert werden.

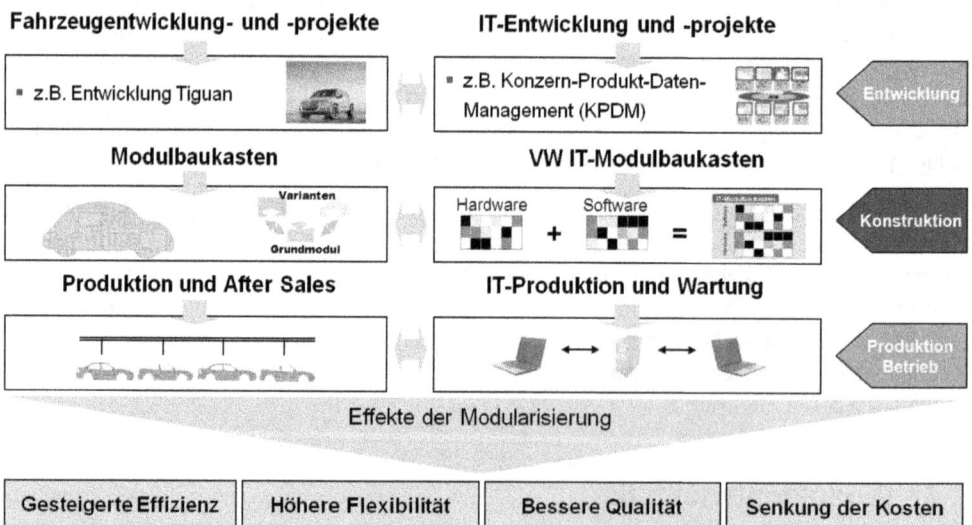

Abb. 3.1:   Analogie der Modularisierung in Fahrzeugbau und IT

3.3   Globale Standards und Wachstum

Das weltweite Wachstum im Volkswagen Konzern spiegelt sich nicht nur in neuen und weltweiten Produkten wider, sondern zeigt sich auch an neuen Standorten der Produktion, des Vertriebs und den wachsenden Unternehmensaufgaben.

Die Herausforderungen bestehen darin, bewährte Systeme an neuen Standorten, wie z. B. in Nord- und Südamerika oder auch Osteuropa oder Asien, zu implementieren. Dazu ist es notwendig nicht nur IT-Lösungen zur Verfügung zu stellen, sondern auch die Systeme und Prozesse einer Fabrik einzurichten und in das neue Umfeld zu implementieren. Innovative

IT-Lösungen unterstützen die Logistik der Fabrik (z. B. Sonderformen in der Beschaffungslogistik wie Milk-Runs oder auch Just in Time (JIT) Belieferung) und ermöglichen die Produktions- und Logistikplanung in der Fabrik. IT-seitig gilt es, das Wachstum in den verschiedenen Disziplinen des Unternehmens – in der Entwicklung, im Fahrzeugbau, im Vertrieb, in den unterstützenden Prozessen – zu unterstützen, das aufgrund der zunehmenden Globalisierung auf Business-Seite ohne zunehmende IT-Unterstützung immer weniger wirtschaftlich zu bewältigen ist. Das immense Wachstum an IT-Services geht einher mit der Notwendigkeit, laufend Optimierungspotenziale zu erschließen. Im Infrastrukturbereich hat Volkswagen z. B. einen jährlichen Leistungszuwachs von 15 bis 20 Prozent (Volkswagen ITP Magazin, 2009).

Um dies auszugleichen, müssen im Gegenzug im gleichen Maße Optimierungspotenziale gehoben werden. Diese Anforderungen führen zu einer Neuorientierung der IT, die stufenweise erfolgt, wie Abb. 3.2 über die letzten Jahre zeigt.

Die IT im Volkswagen Konzern hat in den letzten 10 Jahren im Bereich der Zusammenarbeit über Marken und internationale Standorte hinweg einen starken Wandel vollzogen. Bis zum Jahre 2004 war die Ausrichtung des Konzerns auf die deutschen Standorte und insbesondere auf den Hauptsitz in Wolfsburg lokalisiert. Bis zu diesem Zeitpunkt stand die lokale Optimierung im Vordergrund. Diese Vorgehensweise änderte sich in der Zeitspanne zwischen 2004 bis 2006, in der die Professionalisierung zwischen den einzelnen Standorten in den Mittelpunkt der Aktivitäten trat. Diese Professionalisierung wurde durch die Internationalisierung ergänzt. Durch die zunehmende Globalisierung und die zunehmende Konzentration auf regionale Besonderheiten wurde die Zusammenarbeit zwischen den einzelnen Standorten und Regionen verstärkt. Im Fokus der Strategie stand die Harmonisierung von Prozessen und Systemen.

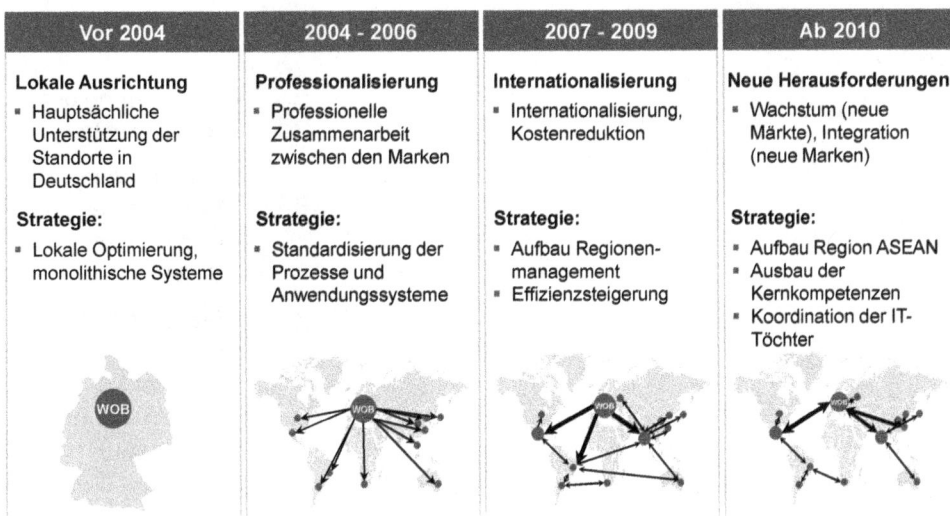

Vor 2004	2004 - 2006	2007 - 2009	Ab 2010
Lokale Ausrichtung	**Professionalisierung**	**Internationalisierung**	**Neue Herausforderungen**
• Hauptsächliche Unterstützung der Standorte in Deutschland	• Professionelle Zusammenarbeit zwischen den Marken	• Internationalisierung, Kostenreduktion	• Wachstum (neue Märkte), Integration (neue Marken)
Strategie:	**Strategie:**	**Strategie:**	**Strategie:**
• Lokale Optimierung, monolithische Systeme	• Standardisierung der Prozesse und Anwendungssysteme	• Aufbau Regionen-management • Effizienzsteigerung	• Aufbau Region ASEAN • Ausbau der Kernkompetenzen • Koordination der IT-Töchter

Abb. 3.2: Zusammenarbeit und Auswirkungen auf die IT-Strategie

Derzeit schließt sich eine neue Herausforderung durch das globale Marktwachstum und die Integration neuer Marken an. Speziell in China ist bedingt durch ein rasantes Marktwachstum und die speziellen Unternehmensstrukturen (Joint Ventures) die IT in der Rolle als Integrator gefordert. So wurde in 2010 mit einem Investitionsvolumen von 6 Mrd. Euro der Umbau von zwei Fahrzeugwerken, der Aufbau von zwei neuen Fahrzeugwerken an neuen Standorten, einem neuen Plattformwerk, die Verdoppelung der Kapazitäten aller Komponentenwerke, der Aufbau eines Wiederaufbereitungswerkes, sowie eine Verdoppelung der Händlernetzwerke in China gestartet. Prozesse wie das Bedarfs-Kapazitätsmanagement von Teilen (bei der vorliegenden Produktionsverdoppelung), die Logistik zwischen den über 3000 km auseinander liegenden Fertigungsstandorten, die Integration neuer Händler (statistisch wird im Durchschnitt ein neuer Händler pro Woche eröffnet) und die Abwicklung der Finanzprozesse sind ohne moderne IT-Systeme in diesem Markt nicht mehr beherrschbar.

Auch neue Kooperationen wie mit der Suzuki Motor Corporation sind wichtige Schritte in eine weiterhin erfolgreiche Zukunft im Hinblick auf eine globale Präsenz und Produktvielfalt.

3.4   Effizienz in der IT

Durch die IT werden einerseits Informationssysteme zur Verfügung gestellt, die die Arbeit erleichtern und die Fachbereiche in ihrer Arbeit unterstützen. Für den Betrieb, die Betreuung und Optimierung der laufenden IT-Lösungen wird ein hoher Anteil des jährlichen IT-Budgets aufgewendet. Ständige Optimierung, Standardisierung und Konsolidierung durch innovative State of the Art-Technologien helfen, die IT-Kosten niedrig zu halten. Zur Kostenoptimierung und -unterstützung der Internationalisierung werden z. B. die Rechenzentren in den Regionen gebündelt und laufende IT-Leistungen kostengünstig an den Standorten zur Verfügung gestellt (siehe Abb. 3.3).

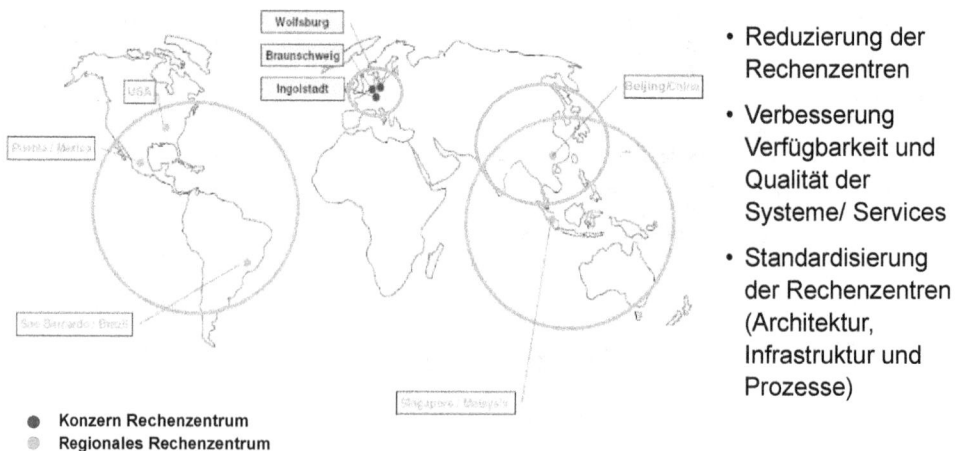

- Reduzierung der Rechenzentren

- Verbesserung Verfügbarkeit und Qualität der Systeme/ Services

- Standardisierung der Rechenzentren (Architektur, Infrastruktur und Prozesse)

● Konzern Rechenzentrum
◉ Regionales Rechenzentrum

Abb. 3.3: Rechenzentrums-Strategie

Die Konsolidierung in den Rechenzentrumsclustern, den Datenräumen sowie die Virtualisierung der Rechenleistungen ermöglichen die kostengünstige Bereitstellung ständig wachsender Anforderungen. Neue Technologien unterstützen dieses Vorgehen (Cloud Computing).

3.5 Intelligente Datenbereitstellung (Business Intelligence)

Bei zunehmender Konsolidierung und Kooperation der Unternehmenswelt ist die Steuerung des Konzerns und der einzelnen Marken ein herausragendes Thema. Dafür sind valide aktuelle Informationen als Entscheidungsbasis essentielle Voraussetzung. Hierbei bekommt die Sammlung, Auswertung und Darstellung von Unternehmensdaten unter den Gesichtspunkten der Globalisierung und zunehmenden Vernetzung eine neue Dimension. Durch die Nutzung von Business Intelligence (BI)-Systemen können Entscheidungen schnell und übergreifend dargestellt werden. Auch bei Volkswagen stehen vorhandene BI-Systeme vor großen Herausforderungen, da sie vom Datenumfang immer komplexer werden und die Integration sowohl neuer Marken als auch neuer Standorte zu gewährleisten ist. Dabei kommen sowohl der Vereinheitlichung der Dateninhalte und -formate als auch der Interpretation der Informationen eine besondere Bedeutung zu.

3.6 Green IT

„Green IT-Management by Volkswagen" ist der ganzheitliche Ansatz der Volkswagen Konzern IT zum nachhaltigen Einsatz aktueller und innovativer Informationstechnologien. Dabei setzt die IT auf verschiedene Ebenen und Ansatzpunkte (siehe Abb. 3.4).

Innovation fängt beim einzelnen Mitarbeiter an. Gerade Projekte, die alle Mitarbeiter ansprechen, sind besonders wichtig: Sie haben eine große Hebelwirkung und entfalten hierdurch eine hohe wirtschaftliche Wirkung. Ein Beispiel hierfür ist das Projekt „Print Output Management (POM)", mit dem Drucker, Scanner und Faxgeräte einheitlich durch moderne Multifunktionsdrucker ersetzt werden. Dadurch werden nicht nur die Kosten für die IT-Ausstattung drastisch gesenkt, sondern auch ein positiver Beitrag zur CO_2-Bilanz des Unternehmens und somit zur weltweiten Ressourcenschonung geleistet. Nach aktuellen Berechnungen verbraucht ein Unternehmen wie Volkswagen mit diesen neuen Geräten 80 Prozent weniger Energie und Kohlenstoffdioxid als vorher. In den globalen Dimensionen des Unternehmens ist das ein nicht zu unterschätzender Beitrag zum Umweltschutz.

Effizienzerhöhung im automobilen Lebenszyklus	Klimaschutz	Ressourcenschonung
Optimale Softwarelösungen	**Energieeffiziente Rechenzentren**	**Umweltverträgliche Bürolösungen**
Steuerung der Systementwicklung bei Simulationssystemen, Produktionssystemen, ...	**Initiierung und Durchführung von Virtualisierungen im Rechenzentrum, optimierte Applikationsarchitektur, Industrialisierung der IT, effiziente Computing Technologie, Rechenzentrumsstrategie, Hardwarestrategie, ...**	**Auswahl und Standardisierung von Computern, Druckern, Monitoren, Videokonferenz-systemen, Virtuelle Besprechungsräume, Output-Management,...**

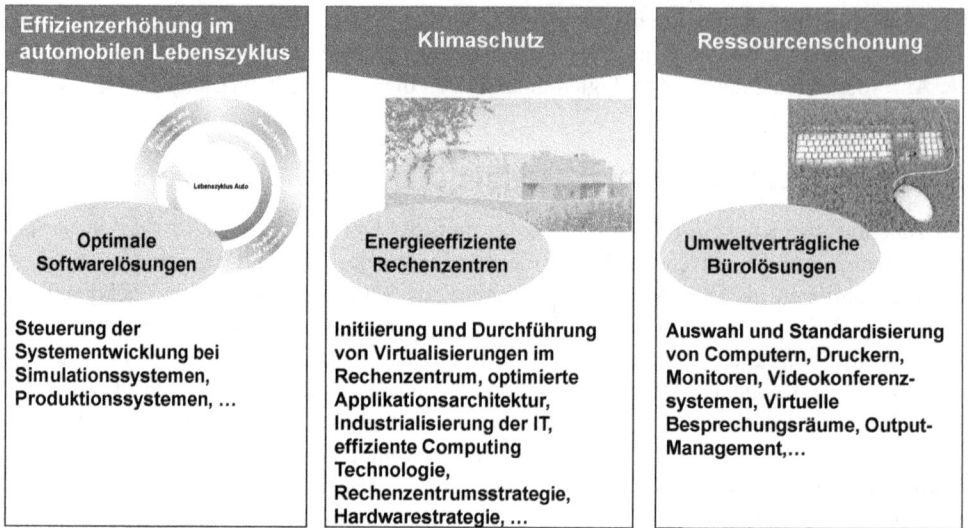

Abb. 3.4: Green-IT Management by Volkswagen

Ein weiteres großes Feld im Bereich der Innovationen ist die Effizienzerhöhung über den Lebenszyklus eines Produktes hinweg. So kann z. B. der gesamte Lebenszyklus eines Fahrzeuges durch Informationstechnologien begleitet werden. Damit kann in allen Phasen eines Fahrzeuglebens positiv auf dessen Umweltbilanz eingewirkt werden.

Ein weiterer aktiver Beitrag zum Klimaschutz ist der Bau des neuen Rechenzentrums bei Volkswagen unter Einsatz aktueller wissenschaftlicher Erkenntnisse, mit dem ein deutlich reduzierter Energieverbrauch erreicht werden kann.

3.7   Kostendruck auf die IT

In der Automobilindustrie herrscht ein erheblicher Kostendruck vor, der sich durch die jüngste Wirtschaftskrise erheblich zugespitzt hat. Studien zeigen, dass gerade die IT-Budgets in der Finanzkrise erheblich unter Druck standen (Capgemini, 2009) und erst in der Folge der leichten Entspannung in 2010 die Budgets sich auf einem stabilen Niveau halten können (Capgemini, 2010). Gegenläufig zu der Entwicklung der sinkenden IT-Budgets entwickelt sich die Anzahl der fachlichen Anforderungen stetig steigend. Die IT befindet sich daher in den Unternehmen oftmals in einer Sandwichposition, die den gegebenen Rahmenbedingungen gerecht werden muss. Abb. 3.5 zeigt die vorherrschende Situation.

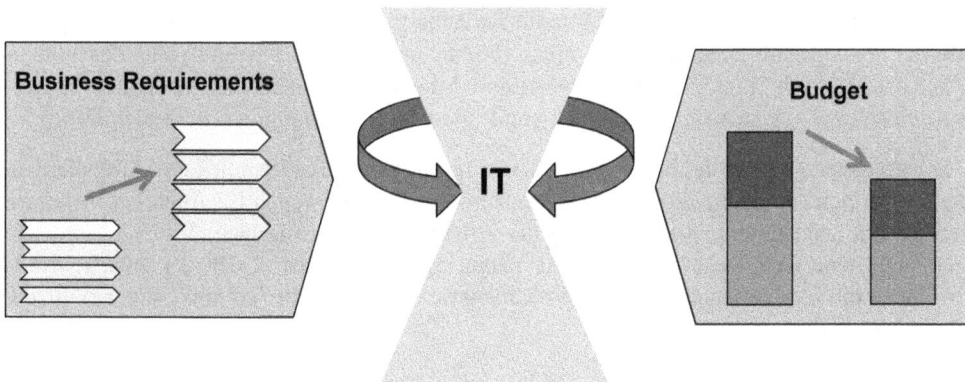

Abb. 3.5: Steigende fachliche Anforderungen bei sinkendem IT-Budget

Markantes Beispiel für Kostenoptimierung und Effizienzsteigerung ist die Ausrichtung im Bereich Vertrieb und Marketing, die die Schwerpunkte Kundenorientierung, Unterstützung des Handels und Integration / Aufbau neuer Marken / Märkte umfasst. Im Besonderen forciert sich die Strategie auf folgende Handlungsschwerpunkte:

- die konsequente Standardisierung und Harmonisierung von Prozessen und IT-Lösungen in den Marken und Regionen,
- die Umsetzung der strategischen Programme,
- die schnelle und kostengünstige Implementierung von Konzernlösungen.

Es gibt acht strategische Programme zur Umsetzung der IT-Strategie, die exemplarisch an zwei Tools verdeutlicht werden. Das Programm DMS International forciert insbesondere die Integration aller Kernprozesse im Autohaus durch die weltweite Einführung von Standard Software für ein Dealer-Management-System (DMS). Durch den Einsatz von einheitlichen Systemen werden die Prozesse im Handel standardisiert und optimiert. Eine schnelle und kundenorientierte Prozessbearbeitung (Beratung, Verkauf Neu- und Gebrauchtfahrzeuge, Originalteile und Zubehör, Werkstatt- und Gewährleistungsprozesse) wird dadurch ohne zeitraubenden Systemwechsel mit fehlerintensiven Prozessschritten möglich. Dadurch wird auch das Kundengespräch effektiver geführt.

Das Programm „CRM@VolkswagenGroup" hat zum Hauptziel, sowohl im Handel als auch beim Importeur und Hersteller eine 360°-Sicht auf den Kunden zu erhalten. Der Lösungsansatz basiert auf weltweit einheitlichen CRM-Prozessen und einer einheitlichen Kundendatenbank für alle Marken und Vertriebsstufen. Damit kann der Kunde umfassender und zeitnäher betreut werden. Ebenso können Cross- und Up-Selling-Potenziale auf Basis von aktuellen Kundeninformationen identifiziert und ausgeschöpft werden.

Mensch und Technik

Neue Informationstechnologien ermöglichen ein rasantes Voranschreiten der Automatisierung. Die Grenze zwischen Mensch und Technik verschiebt sich immer mehr hin zur Technik. Neue Interaktionsstrukturen und vernetzte Arbeitssysteme entstehen, in denen sich der Mensch zwangsläufig zurechtfinden muss (Fürstenberg, 2001). Die sinnvolle Zusammenarbeit von Mensch, Technik und Organisation wird zukünftig einen entscheidenden Stellenwert einnehmen (siehe auch die Beiträge von Rudow und Wandke im vorliegenden Band).

Die vorangegangen Kapitel haben gezeigt, wie facettenreich und komplex das Aufgabenfeld des IT-Bereichs bei internationalen Großkonzernen wie Volkswagen ist. Auch bei Volkswagen ist eine zunehmende Technisierung der Arbeitswelt zu beobachten. Viele Arbeitplätze sind ohne eine technische Unterstützung kaum noch vorstellbar. Doch der entscheidende Erfolgsfaktor zur Umsetzung der Unternehmensziele ist nicht die Technik, sondern ist der Mensch.

Die Leistung und das Engagement zur Bewältigung vielfältiger Aufgaben werden durch jeden einzelnen Akteur erbracht, der am Gelingen von mehr als 600 IT- Projekten (siehe Abb. 1.1) weltweit beteiligt ist. Erfolg hängt dabei vor allem von den Menschen ab: vom einzelnen Mitarbeiter am regionalen Standort, vom Kooperationspartner, vom Auftraggeber im Unternehmen und vielen weiteren Akteuren weltweit. Zu überbrücken sind dabei vielfältige Herausforderungen in einem globalen Markt, der Menschen aus unterschiedlichen Kulturräumen mit ihren eigenen Sprachen und Mentalitäten zusammenführt. Des Weiteren treffen Mitarbeiter mit sehr unterschiedlichen Erfahrungen und Erwartungshaltungen aufeinander, die in einer erfolgreichen Zusammenarbeit zum Teil synchronisiert werden sollten. Die IT übernimmt hierbei immer häufiger die Rolle des „Motors" zur Realisierung neuer Entwicklungen, die Vertreter aller beteiligten Fachbereiche an einen Tisch bringt. Gemeinsam werden unterstützende technische Lösungen diskutiert und entwickelt.

Die Unternehmens-IT orientiert sich bei der Leistungserstellung an den Erwartungen und Anforderungen der Fachbereiche. Basis für Erfolg ist dabei Verantwortung und gegenseitiges Vertrauen.

Die Zielsetzung der IT beinhaltet, eine stabile Prozesspartnerschaft zu leben, die mit den kontinuierlich zunehmenden Anforderungen wächst. Im IT-Bereich sind z. B. immer mehr Mitarbeiter gefragt, die eine Sensibilität für die Unterschiedlichkeiten in Ländern und Regionen besitzen und andererseits auch eine Affinität zur Entwicklung von nachhaltigen IT-Lösungen haben. So können Ansatzpunkte identifiziert werden, wie mit den lokalen Verantwortlichen, z. B. durch den Einsatz von Standardlösungen mit individuellen Anpassungen, akzeptierte und standardisierte Lösungen entwickelt werden können. Die Einbeziehung und Partizipation aller Betroffenen in den Lösungsprozess ist dabei besonders wichtig.

Die geschäftlichen Handlungsfelder der Volkswagen AG erfordern von den beteiligten Akteuren neben einer stetigen Spezialisierung des Wissens auch überfachliche Skills. Insbesondere in wachsenden Unternehmen wird von den Mitarbeitern eine besondere Qualifikation abverlangt. Diese wird oft auch als „Auftraggeberfähigkeit" bezeichnet. Sie umfasst die klare Beschreibung der Anforderungen, die man an die Geschäftspartner hat, als auch die Einschätzung des notwendigen Aufwandes und der gelieferten Qualität der Leistung. Dies führt dann zu Änderungen in der Organisation über strukturierte Change-Management-Prozesse.

4 Geschäftsnutzen attraktiver IT-Systeme

Im Bereich der Softwareentwicklung können viele Potentiale generiert werden, indem Nutzer aktiv in den Entwicklungsprozess eingebunden werden. Eine repräsentative Studie des Meinungsforschungsinstituts MORI unter 1.255 PC-Nutzern in britischen Firmen weist z. B. deutlich Schwachstellen bei der Mensch-Computer-Interaktion auf. Die Studie verdeutlicht den engen Zusammenhang von Zufriedenheit und Produktivität in Unternehmen (Gertler, Fisher & Plaisted, 1999) wie folgt:

- Mehr als die Hälfte der Befragten (53%) waren schon einmal so frustriert, dass sie daran dachten ihren Computer zu schlagen.
- Die Hälfte aller Befragten fühlte sich frustriert durch die Zeit, die notwendig ist, um Computerprobleme zu beheben.
- Rund ein Drittel von denen, die täglich IT-Probleme erleben, meinen, dass diese Problem dafür sorgen, dass sie länger arbeiten oder Arbeit mit nach Hause nehmen müssen.

Systeme, die sich nicht an den Bedürfnissen der Nutzer orientieren, verhalten sich kontraproduktiv zum kontinuierlichen Verbesserungsprozess. Ressourcen werden verschwendet, wenn technische Möglichkeiten nicht in dem Rahmen genutzt werden, wie es bei nutzergerechter Gestaltung möglich wäre. Betriebliche IT-Systeme, mit denen der Nutzer einen für sich erkennbaren Nutzen verbindet, werden hingegen zu einer höheren Akzeptanz und Durchdringung im Unternehmen führen. Eine nutzerzentrierte Softwareentwicklung führt auch zu einer Erhöhung der Effizienz in der IT, indem frühzeitig die Identifikation und Eliminierung von Fehlern erfolgt. Dadurch können langfristig die Kosten für Support und Nachbesserung gesenkt werden.

In der Consumer-Forschung wird bereits die Berücksichtigung des gesamten Nutzungserlebens als wichtiger Erfolgsfaktor gesehen. So kann bereits eine positive Stimmung bzw. Einstellung gegenüber einer Softwareanwendung wesentlich zu deren Erfolg beitragen (Hatscher, 2003). Die Wirkung von attraktiven IT-Lösungen ist im Internet ablesbar in der hohen Frequentierung. Auch Produktherstellern wie z.B. Apple gelingt es, Attraktivität in die Produkte einzubauen und damit zu den erfolgreichen Unternehmen zu gehören.

IT-Systeme können ihren Wertbeitrag nur durch die Nutzung durch den Anwender entfalten. Dies bedeutet, dass IT-Lösungen neben der Erfüllung funktionaler Anforderungen auch eine Attraktivität für die entsprechende Nutzergruppe besitzen muss. Aus dieser Forderung ergeben sich zentrale Fragen für die Praxis:

- Wann und wie sind Experten und spätere Nutzer aus den Fachbereichen in die Anforderungsdefinition und in die Entwicklung von IT-Lösungen einzubeziehen?
- Wie können erfolgreiche IT-Systeme gestaltet werden?
- Wie sollten sie am sinnvollsten in die Organisation eingeführt werden?

Produktionsnahe IT-Systeme der Old Economy haben den Ruf, stark auf Funktionalität und Effizienz ausgerichtet zu sein. Zur Steigerung des Wertbeitrags der IT müssen nutzerorientierte Gestaltungsaspekte bei betrieblichen Anwendungsprogrammen mehr Berücksichtigung finden (Eilermann, Wandke & Rudow, 2009). Einen zentralen Appell an die Entwicklung von IT richten Malhorta & Galletta (2004). Sie zeigen den Zusammenhang zwischen der Nutzung eines neuen Systems und der akzeptanzförderlichen Motivation und Zustimmung des Nutzers als Teil der Organisation auf. Ihre Forderung lautet: Building systems that users want to use.

Eine umfangreiche Integration der Nutzer in die betriebliche Softwareentwicklung wird in der Automobilindustrie bisher nicht ausreichend umgesetzt. Softwareentwicklern und Management ist aber bewusst, dass eine höhere Nutzerorientierung zu einer besseren Akzeptanz und Durchdringung von Anwendungssoftware führen kann.

5   Fazit

Die Nutzung von IT-Systemen ist gegenwärtig in der Automobilindustrie nicht mehr wegzudenken. Effiziente Produktvielfalt, Logistik-, Vertriebs- und Verwaltungsprozesse sind in einer weltweiten Unternehmensorganisation nicht mehr ohne IT abzubilden. Ein ganzheitliches IT-Konzept zum Wohle des Unternehmens umfasst folgende Aufgaben:

- weltweite Steuerung aller IT-Aufgaben (Governance),
- kundenorientierte IT-Projektarbeit in allen Prozessen,
- Einsatz standardisierter IT-Komponenten (Effizienz),
- durchgängige IT-Services (z. B. Rechenzentren, Netzwerke, PCs).

Um dieses IT-Konzept umsetzen zu können, benötigt ein Unternehmen qualifizierte Mitarbeiter, die in der Lage sind, die stetig zunehmenden Anforderungen umzusetzen. Gleichzeitig ist eine kollektive Arbeitsweise in einem international agierenden Unternehmen unabdingbar.

Literatur

Capgemini (2009). Studie IT-Trends 2009. Zukunft sichern in der Krise. Im Internet. http://www.de.capgemini.com/m/de/tl/IT-Trends_2009.pdf [Stand: 15.04.2010].

Capgemini (2010). Studie IT-Trends 2010. Die IT wird erwachsen. Im Internet: http://www.ch.capgemini.com/m/ch/tl/IT-Trends_2010.pdf. [Stand: 15.04.2010].

Eilermann, B., Wandke, H. & Rudow, B. (2009). Ansatz zum Nutzungserleben im soziotechnischen Arbeitskontext. In H. Wandke, S. Kain & D. Struve (Hrsg.), Mensch & Computer 2009. Grenzenlos frei!? (467-470). München: Oldenbourg.

Fürstenberg, F. (2001). Blick zurück in die Zukunft der Arbeitswissenschaft. Zeitschrift für Arbeitswissenschaft. Stuttgart: Ergonomia Verlag.

Gertler, S., Fisher, C. & Plaisted, C. (1999). MORI-report „rage against the machine". Ipsos Mori.

Hatscher, M. (2003). Branding – from the point of view of a usability & design consultant. SAP Design Guild, Edition 6.

Volkswagen ITP Magazin (2009). IT im Volkswagen Konzern. Innovationen, Prozesse, Menschen. Volkswagen AG, Wolfsburg.

Malhorta Y. & Galletta D.F. (2004). Building Systems that users want to use. Communications of the ACM. 47 (12). 89-94.

Master Construction Plan 2.0 (2007): Strategisches Planungswerkzeug zu Geschäftsprozessen und zur IT-Anwendungslandschaft im Volkswagen Konzern. Band 1 – Hauptdokument. Volkswagen AG, Wolfsburg.

Über die Autoren

Klaus Hardy Mühleck (geb. 1954)

Klaus Hardy Mühleck stand von 2004 bis 2011 als CIO an der Spitze der IT des Volkswagen Konzerns. In seiner Funktion war er für die weltweite Steuerung der Konzern-IT und seiner Marken zuständig. Klaus Hardy Mühleck hat Prozess- und Automatisierungstechnik studiert und begann seine berufliche Laufbahn bei der Siemens AG. Dann wechselte er zur DaimlerChrysler AG, wo er zuletzt Mitglied des Direktoriums und als CIO Automotive tätig war. Vor dem Wechsel zum Volkswagen Konzern IT verantwortete er seit 2001 die Informationstechnologie und Organisation der Audi AG.

klaus.hardy.muehleck@volkswagen.de

Hans-Christian Heidecke (geb. 1965)

Hans-Christian Heidecke ist Dipl.-Ing. und Dipl.-Wirtsch.-Ing (FH). Seine berufliche Laufbahn begann in Hamburg bei einem logistischen Dienstleister. Im Anschluss daran war er drei Jahre in den USA für den Schlumberger-Konzern tätig. Über das Fraunhofer Institut und den Systemintegrator gedas kam er 2000 zur Volkswagen IT. Nach diversen Projekten im Logistik- und Fertigungsumfeld verantwortet er derzeit den Bereich ITP Komponente.

hans-christian.heidecke@volkswagen.de

Informationssysteme in der Automobilproduktion

Grundlagen, Evaluation und Gestaltung

Information systems in automotive production
Basics, evaluation and design

Bernd Rudow

Zusammenfassung

Betriebliche Informationssysteme gewinnen auch in der Automobilproduktion an Bedeutung. Ausgehend von den Problemen, die gegenwärtig bei der Entwicklung und dem Betrieb von Informations- und Kommunikationstechnologien bestehen, werden auf Grundlage von relevanten Begriffen und theoretischen Modellen, besonders dem soziotechnischen System, Ansätze zur Analyse, Evaluation und Gestaltung von Informationssystemen dargelegt. Diese erfolgen auf den Ebenen der Führungs- und Betriebsorganisation, der Arbeits- und Prozessorganisation und der Mensch-Computer-Interaktion. Anhand von zwei ausgewählten Informationssystemen bei VW werden Ergebnisse von Studien zur Evaluation vorgestellt. Schließlich werden Prinzipien der soziotechnischen Gestaltung von Informationssystemen abgeleitet.

Summary

Company information systems are starting to gain more importance in automotive production. With reference to the problems that currently exist during the development and the operation of information and communication technology, ideas on the analysis, evaluation and design of information systems are presented on the basis of relevant terms and theoretical models, in particular the socio-technical system. These are demonstrated on the level of management and company organisation, of work and process organisation and of human-computer interaction. Using two selected information systems at VW, results from studies shall be presented for evaluation. Finally, principles concerning the socio-technical design of information systems shall be addressed.

1   Problemlage und Anliegen

Mit dem neuen Jahrtausend erfolgte der Übergang von der Industrie- in die Informationsgesellschaft. Bei diesem Paradigmenwechsel findet eine intensive und extensive Entwicklung, Gestaltung und Nutzung neuer Technologien der Information und Kommunikation in der Gesellschaft wie in der Industrie statt. I&K-Technologien gewinnen in allen Bereichen der Gesellschaft an Bedeutung. Ähnlich wie der Buchdruck zu Beginn des 16. Jahrhunderts das kulturelle und wissenschaftliche Leben revolutioniert hat, erfährt gegenwärtig unser Leben durch diese Technologien große qualitative Veränderungen. Dies gilt besonders für die Automobilindustrie, in der von der Fabrikplanung über Produktion und Nutzung bis zum Vertrieb des Autos moderne Informationstechnologien vorherrschen.

Ein betriebliches Informationssystem hat die Aufgabe, betrieblichen Funktionen (Beschaffung, Controlling, Personaleinsatz usw.) und den Entscheidungsträgern Daten effizient zur Verfügung zu stellen. Informationssysteme sind für die Koordination arbeitsteilig strukturierter soziotechnischer Systeme bei der Erfüllung von Unternehmensaufgaben unabdingbar. Der Einzug von I&K-Technologien ist für die Wissenschaft und für Unternehmen, speziell für die Automobilproduktion zugleich Chance und Herausforderung. Es besteht einerseits die Chance, Produktionsprozesse intensiver und effektiver zu gestalten, es ist andererseits die Herausforderung gegeben, bei der Entwicklung von Technologien in der Produktion den Menschen mit seinen Leistungsvoraussetzungen (Fähigkeiten, Motive, Bedürfnisse, Einstellungen, Wissen u. a. m.) stärker zu berücksichtigen. Hier sind im Rahmen der Arbeitswissenschaften nicht nur die technischen Wissenschaften - vorrangig die Informatik - gefragt, sondern ferner die Humanwissenschaften. Dazu zählen besonders die Arbeits- und Organisationspsychologie und Ingenieurpsychologie (siehe Abb. 1.1 und den Beitrag von Wandke im vorliegenden Band).

Das Informationsmanagement hat im Unternehmen folgende Aufgaben zu leisten (vgl. Krcmar, 2009):

- Ausgleich von Informationsnachfrage und Informationsangebot
- Versorgung der Entscheidungsträger mit relevanten Informationen
- Gewährleistung einer hohen Informationsqualität
- Visualisierung relevanter Informationen
- Dokumentation von Willensbildungs- und Willensdurchsetzungsprozessen
- Gestaltung der Informationswirtschaft als Querschnittsfunktion des Unternehmens
- Einsatz von I&K-Technologien zur Unterstützung der informations-wirtschaftlichen Aufgabenerfüllung
- Optimierung der Informationsflüsse
- Beachtung des Wirtschaftlichkeitsprinzips beim Einsatz von I&K-Technologien.

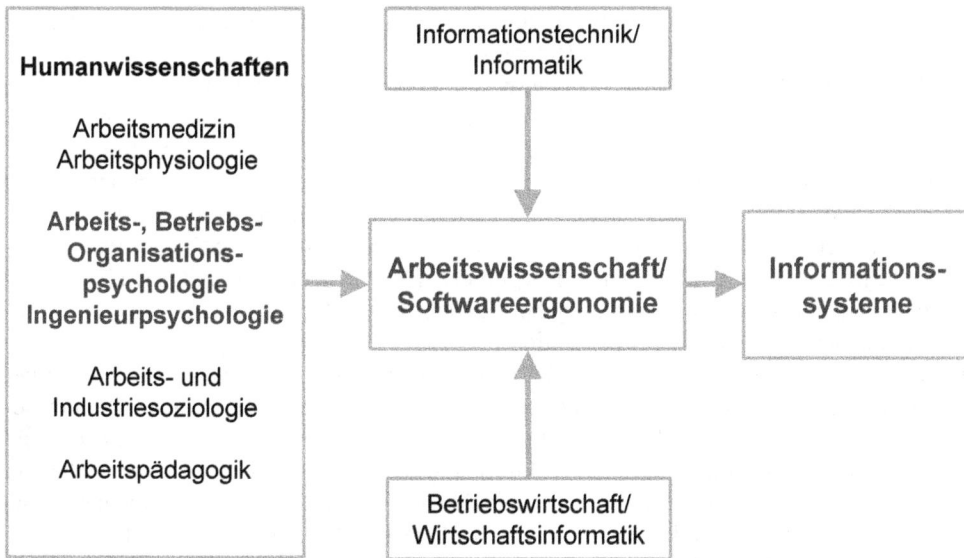

Abb. 1.1:   Informationssysteme als Gegenstand arbeitswissenschaftlicher Disziplinen

Obwohl in der Industrie allgemein ein Konsens darüber besteht, dass Information und Kommunikation wichtig sind, bestehen gegenwärtig folgende Probleme:

- Informationen und entsprechende Technologien werden als Instrument der Kommunikation, Visualisierung und Steuerung von Produktionsprozessen noch zu wenig genutzt. Der latent vorhandene „Produktionsfaktor" *Information* wird in der Industrie im Vergleich zu klassischen Produktionsfaktoren wie z. B. Betriebsmittel und Werkstoffe noch wenig beachtet (siehe Abb. 1.2). Eine Studie des Fraunhofer-Instituts für Arbeitswirtschaft und Organisation (IAO) hat gezeigt, dass I&K-Technologien in direkt produktiven Bereichen deutscher Produktionsunternehmen noch zu wenig genutzt werden (Wilhelm & Spath, 2003). Dies gilt auch für die Automobilproduktion, d. h. für die Produktion von Fahrzeugen und ihren Komponenten in Automobilunternehmen und bei Lieferanten.
- Informationssysteme werden überwiegend aus der *technikorientierten* Perspektive entwickelt und angewandt. Es werden in der Mehrheit der Betriebe teilheitliche bzw. technikorientierte Gestaltungskonzepte verfolgt, die zu einer eingeschränkten Nutzung humaner Ressourcen führen. Demgemäß sind I&K-Technologien nach wie vor eine Domäne von Ingenieuren, Informatikern und Softwareexperten.
- In der *organisationsorientierten* Sichtweise werden Informationssysteme mit dem Ziel einer besseren Steuerbarkeit der Fabrik oder der Produktion entwickelt. Da eine Fabrik ein komplexes System darstellt, dienen I&K-Technologien der Beherrschung und Optimierung des Systems. Dies kann aber nur erreicht werden, wenn Mensch, Technik und Organisation gemeinsam optimal gestaltet werden (vgl. Wildemann, 1995; Mertens,

1997). Hierbei kommt der Beachtung humaner Ressourcen und der Gestaltung der Arbeitsaufgabe eine besondere Bedeutung zu.

- Bei der *aufgabenorientierten* Sichtweise, die in der Arbeits- und Ingenieurpsychologie favorisiert wird, haben Informationssysteme in erster Linie eine Werkzeugfunktion bei der Erfüllung von Arbeitsaufgaben (vgl. Frese & Brodbeck, 1989; Harbich, Hassenzahl & Kinzel, 2007). Demnach werden Informationssysteme als Arbeitsmittel verstanden. Ihre Evaluation erfolgt danach, wie das System der Werkzeugfunktion gerecht wird.

- Informationseingabe, -aufbereitung, -präsentation und -austausch erfolgen oft pragmatisch, jedoch nicht wissenschaftlich begründet. Es fehlen bislang weitgehend Kriterien zur Bewertung der Qualität der Eingabe, Aufbereitung, Präsentation und Nutzung von Informationen in der Automobilproduktion.

- Informationssysteme in der Automobilindustrie werden oft nicht evaluiert. Dies gilt besonders für die Evaluation aus betriebswirtschaftlicher und humaner Sicht. Bei der betriebswirtschaftlichen Evaluation geht es vorrangig um die Bestimmung des Nutzens und der Wirtschaftlichkeit von modernen Informationssystemen im Vergleich zur tradierten, überwiegend papiergestützten Kommunikation und Information im Unternehmen. Die humanzentrierte Evaluation fokussiert das Verhalten und Erleben der Menschen im Umgang mit I&K-Technologien. Hierbei geht es um den subjektiven oder „gefühlten" Nutzen für den User.

Auf Grund o. g. Probleme besteht das Anliegen vorliegenden Beitrags darin,

1. theoretische Grundlagen zu Informationssystemen zu skizzieren,
2. Ansätze zur Analyse und Evaluation von Informationssystemen und
3. Ansätze zur Gestaltung von Informationssystemen darzustellen.

Die Analyse, Evaluation und Gestaltung werden anhand ausgewählter Informationssysteme in der Automobilproduktion bei Volkswagen beschrieben.

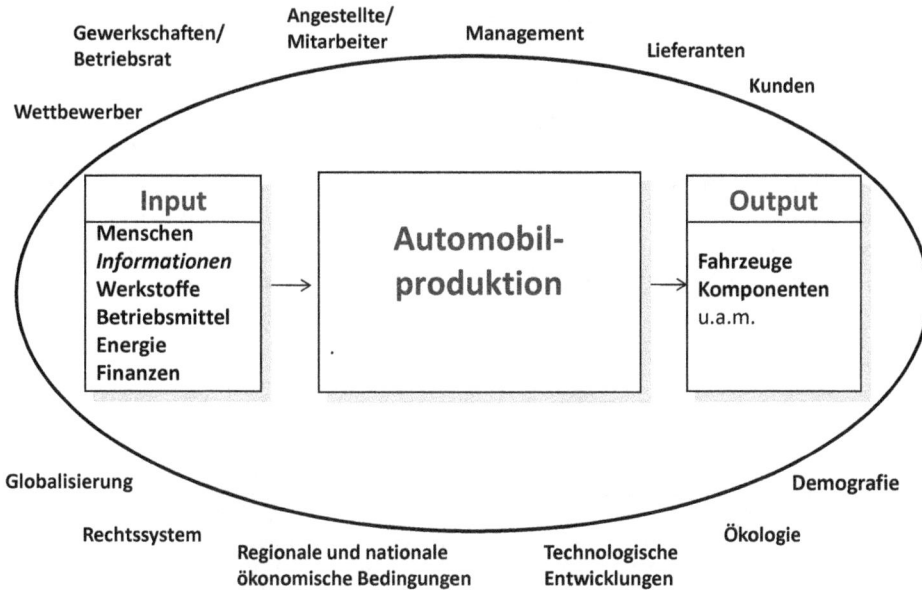

Abb. 1.2: Inputs, Outputs und Einflussfaktoren auf den Produktionsprozess in der Automobilindustrie

2 Begriffe und Konzepte

Betriebliche Informationssysteme sollten nicht nur pragmatisch entwickelt und angewandt werden, sondern darüber hinaus theoretisch begründet und erklärt werden. Dafür dienen besonders drei Ansätze (siehe auch den Beitrag von Lehmann im vorliegenden Band):

- die Informationstheorie
- das Konzept des soziotechnischen Systems einschließlich Mensch-Maschine-System
- die Tätigkeits- und Handlungstheorie.

2.1 Relevante Begriffe

Zum **Informationsprozess** gehören der *Sender*, der aus den ihm zur Verfügung stehen Informationen bestimmte Informationen auswählt, die *Kodierung* der Nachricht, die *Übertragung* der Nachricht mittels eines Kanals, die *Dekodierung* der Nachricht und der *Empfänger*, der sowohl bei der Rezeption als auch beim Feedback bestimmte Informationen aus der Menge der empfangenen Informationen auswählt (siehe Abb. 2.1). Schließlich erfolgt in der Regel ein Feedback oder eine *Rückkopplung* durch den Empfänger an den Sender über erhaltene oder verstandene Informationen.

Im Informationsprozess können unterschiedlichste Störungen, welche die Kommunikation zwischen Sender und Empfänger beeinträchtigen, auftreten. Es gibt technische, semantische oder psychologische Störquellen bei der Informationsaufnahme-, -verarbeitung und -

übermittlung (vgl. Grunwald, 1983). Eine technische Störung kann durch eine unzureichende Performance von Hard- und Software auftreten. Semantische Störungen können beispielsweise entstehen, wenn Sender und Empfänger unterschiedliche Zeichen in der Kommunikation anwenden oder gleiche Daten unterschiedlich interpretieren. Beispielsweise kann in einem IS dieselbe Leistungskennzahl vom Sender und vom Empfänger unterschiedlich interpretiert werden. Psychologische Störungen können durch Wissensdefizite, unterschiedliche Einstellungen, Interessen, Erwartungen oder Bedürfnisse bei der Person des Senders und Empfängers auftreten. Diese werden häufig von (technikorientierten) Systementwicklern unterschätzt, zumal sie schwieriger erkennbar als technische Probleme sind.

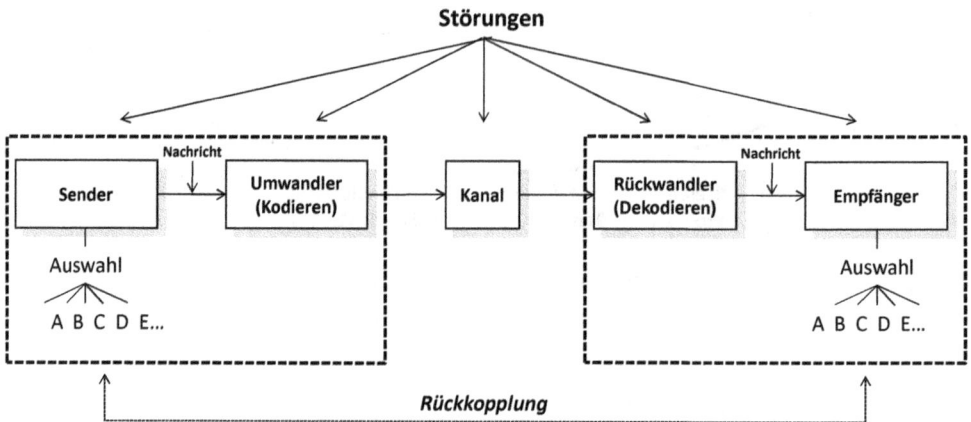

Abb. 2.1:   Grundmodell zur Information

Eine **Information** ist eine durch die Interpretation von *Daten* entstandene *Nachricht*, die vom Empfänger verstanden wird und für ihn bedeutsam ist. Sie ist also immer eine zweckbezogene Nachricht, wobei der Zweck die Vorbereitung, Durchführung und Umsetzung von Entscheidungen bzw. Handlungen impliziert. Eine Information weist einen Neuigkeitswert auf und ist oft handlungsrelevant. Sie dient in der Konsequenz der Reduktion von Unsicherheit. Eine Nachricht wird nur dann als Information wahrgenommen, wenn eine Ungewissheit existiert. Das Eintreten hochwahrscheinlicher Ereignisse, zum Beispiel durchschnittlicher Produktionsergebnisse, liefert nicht viel Information, da hierbei lediglich eine Erwartung oder einschlägiges Wissen bestätigt wird. Bedeutend größer ist der Informationsgehalt einer Nachricht, wenn unerwartete Ergebnisse über Menge oder Qualität produzierter Autos oder Komponenten angezeigt werden.

Wir unterscheiden vier Seiten oder *Aspekte des Informationsbegriffes* (vgl. Klix, 1971, S. 58):

1. die *quantitative Seite*, also die Bestimmung der Menge an Information, die zu einem bestimmten Zeitpunkt abgegeben oder die in einem bestimmten Zeitintervall übertragen bzw. aufgenommen wird.

2. die *strukturelle Seite*, d. h. die Gliederungen, Relationen oder Übergänge zwischen den Elementen einer Nachricht. Bei gleicher Informationsmenge kann die Gruppierung der Elemente oder Daten verschieden sein.

3. die *inhaltliche Seite*, also die Eigenschaften dessen, was die Elemente oder Daten über die Quelle und ihre Zustände für den Empfänger bedeuten.

4. die *Bewertungsseite*, d. h. der Nutzen oder die Bedeutsamkeit der Nachricht für den Empfänger.

Inhalt und Bedeutsamkeit einer Nachricht hängen zusammen, aber sie sind nicht identisch. Beispielsweise ist eine Nachricht über Qualitätsmängel für den Mitarbeiter, der die Ursache dieser Mängel schon erkannt hat, etwas anderes als für denjenigen Mitarbeiter, der den Zusammenhang nicht kennt. Die Bedeutung der Nachricht ist identisch, aber die Bewertung ist verschieden. Das ist der Nutzenaspekt der Nachricht für den Empfänger oder das Individuum. Der *Nutzen* einer Nachricht hängt also weitgehend davon ab, welche *subjektive Bedeutsamkeit* diese aufweist. Die Bedeutsamkeit bezieht sich auf die momentane oder habituelle Bewertung einer Nachricht in Bezug auf eine Verhaltensentscheidung. Sie bestimmt wie handlungsleitend eine Nachricht oder Information ist (siehe den Beitrag von Lehmann im vorliegenden Band).

Kommunikation ist der Austausch von Nachrichten zwischen Menschen (Mensch-Mensch- oder soziale Kommunikation) oder zwischen Mensch und Maschine (Mensch-Maschine-Kommunikation), wobei soziale Kommunikation und die Mensch-Maschine-Kommunikation in der betrieblichen Kommunikation oft miteinander verbunden sind (siehe Abb. 3 und 4). Denn Informationssysteme erfordern unmittelbar eine Mensch-Maschine-Kommunikation und mittelbar eine Mensch-Mensch-Kommunikation. Unter *Nachricht* versteht man die Folge bzw. Kombination von Symbolen oder Zeichen. Das können z. B. Worte, Buchstaben, (Kenn-)Zahlen, Bilder oder auch Farben (z. B. die Ampel) sein. Dabei wird allgemein von folgender Dreiteilung ausgegangen:

1. *Syntax*: Sie betrifft die Aspekte der Nachrichtenübermittlung, besonders die Symbole, aber auch die Kanäle, Störungen usw.

2. *Semantik*: Sie bezeichnet die Bedeutung der verwendeten Symbole bei der Nachricht.

3. *Pragmatik*: Sie umfasst die *Informationen*, d. h. die vom Empfänger (Sender) als subjektiv bedeutsam bewertete Nachricht, und deren Wirkung auf das Verhalten des Empfängers (Senders).

Für die Kommunikation in Organisationen oder Unternehmen oder organisationale Kommunikation ist besonders die pragmatische Ebene relevant, das heißt die Auswirkung der Kommunikation oder Information auf das Verhalten von Führungskräften und Mitarbeitern.

Information und *Kommunikation* indizieren zwar differente Sachverhalte; gleichwohl sind es komplementäre Konzepte oder Begriffe. Denn der Gegenstand betrieblicher Kommunikation sind die Informationen. Informationen werden erst mit der Kommunikation zur Realität in Organisationen.

Maschine   ⟷   **Mensch**   ⟷   **Mensch**

Abb. 2.2:   Mensch-Maschine- und Mensch-Mensch-Kommunikation als Einheit

Ein betriebliches Informationssystem (IS) ist im engeren Sinn ein computergestütztes An-
wendungssystem (Hardware, Software und Daten) zur Erfüllung betrieblicher Aufgaben. In
ganzheitlicher Sicht gehören zum IS die Technik (Hardware, Software), der Nutzer[1], die
Aufgabe und das organisatorische Umfeld betrachtet (vgl. Gluchowski, Gabriel & Dittmar,
2008). Ein IS besteht aus Mensch und Maschine (Computer), die Informationen erzeugen
und/oder nutzen und durch Kommunikation miteinander verbunden sind. Ein IS ist also ein
interaktives System.

Mit Hilfe des IS werden betrieblichen Funktionen (Beschaffung, Controlling, Buchhaltung,
Produktion usw.) Daten effizient zur Verfügung gestellt. Das IS weist mindestens vier unterschiedliche Komponenten auf:

- die betriebliche Informationen
- die Informationsprozesse (Informationsbeschaffung, -verarbeitung, -speicherung und -
  übermittlung), spezifiziert in ihren Methoden, Formen, Mitteln und Regelungen
- die Aktionsträger dieser Prozesse (Sender und Empfänger)
- die Aufgaben und Ziele, für die das IS geschaffen wurde.

Informationssysteme lassen sich nach verschiedenen Kriterien klassifizieren. Beispielsweise
werden nach den Aufgaben Planungs-, Berichts- und Kontrollsysteme unterschieden. Eine
weitere Gruppe sind Managementinformations- oder Management Support Systeme, die
Fach- und Führungskräfte bei ihrer Arbeit unterstützen.

Der Begriff „**Informationstechnologie**" bezieht sich auf die in Organisationen angewende-
ten Verfahren (Technik, Methoden, Instrumente) zur Informationseingabe, -verarbeitung und
-präsentation. In humanwissenschaftlicher Sicht ist ferner der Terminus „Informationsverhalten" von Interesse. Dieser soll als die Art und Weise des Umgangs der Organisationsmitglie-
der mit I&K-Technologien verstanden werden. **Informationsverhalten** ist demnach ein
spezifisches Arbeitsverhalten, das sich auf den Umgang mit I&K-Technologien bezieht. Es

---

[1]   Die Begriffe Nutzer, Benutzer und User werden im Text synonym gebraucht.

reicht von der Einstellung der Führungskräfte und Mitarbeiter zu Informationstechnologien über die Motivation zur entsprechenden Fortbildung bis hin zur qualitativen und quantitativen Nutzung vorhandener Technologien.

2.2 Informationssysteme als soziotechnisches System

Allgemein verstehen wir als **soziotechnisches System** eine organisierte Menge von Menschen und Technologien, die in bestimmter Weise strukturiert sind, um ein spezifisches Ergebnis zu erreichen. Mit der soziotechnischen Ausrichtung wird die Basis für eine ganzheitliche Analyse und Optimierung von Informationssystemen oder I&K-Technologien geschaffen (vgl. Ulich, 2005; Sommerville, 2007). Das spezifizierte MTO-Konzept (Mensch-Technik-Organisation-) strebt in Bezug auf die Erfüllung von Arbeitsaufgaben eine gemeinsame Optimierung von Systemtechnik, Systemnutzer sowie Arbeits- und Prozessorganisation an (siehe Abb. 5). Die soziotechnische Gestaltung ist ein Ansatz, bei dem sozialen und technischen Aspekten das gleiche Gewicht eingeräumt wird, wenn neue Arbeitssysteme – oder neue Informationssysteme – entwickelt werden (vgl. Mumford, 2000).

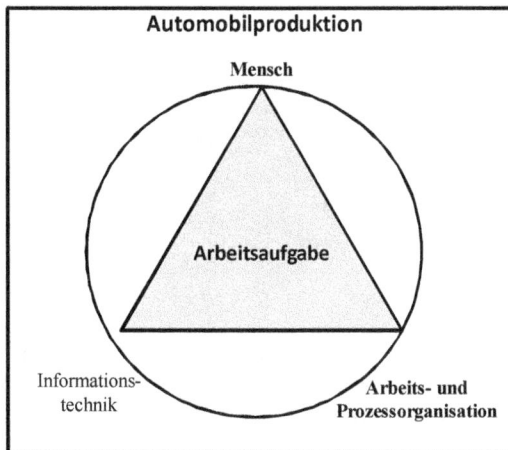

Abb. 2.3: Informationssystem als Einheit von Informationstechnik, Systemnutzer, Arbeits- und Prozessorganisation und Arbeitsaufgabe

Der Gebrauch des Begriffs *soziotechnisches System* erfolgte in der Informatik zuerst durch Enid Mumford im Jahre 1987. Beim Verständnis von Informationssystemen als soziotechnische Systeme gehen wir von folgenden Grundannahmen aus (vgl. Sydow, 1985; Ulich, 2005; Sommerville, 2007):

- Informationssysteme sind im engeren Sinne technische Systeme. Sie sind aber im erweiterten Technikverständnis als *soziotechnische Systeme* aufzufassen (siehe Abb. 6, Herrmann et al., 2004). Demgemäß sind Informationssysteme zu analysieren, zu bewerten und zu gestalten.

- Im IS bestehen *Wechselwirkungen* zwischen dem technischen und sozialen Teilsystem. Einerseits wird das technische Teilsystem vom sozialen Teilsystem entwickelt und gesteuert; andererseits hat das technische Teilsystem wesentlichen Einfluss auf das Verhalten und Erleben der Nutzer.
- Informationssysteme sind im engeren Sinne Arbeitsmittel, da sie eine Werkzeugfunktion haben. Im erweiterten Verständnis sind es *Arbeitssysteme*. Demnach ist die Analyse und Gestaltung von Informationssystemen eine Form der Arbeitsanalyse bzw. Arbeitsgestaltung, die zukünftig an Bedeutung gewinnen wird. Das heißt: Die arbeitswissenschaftlichen Anforderungen an eine *humane und wirtschaftliche Arbeitsanalyse und -gestaltung* gelten prinzipiell auch für Informationssysteme.
- Informationssysteme sind *offene, zielgerichtete und dynamische Systeme*, d. h. sie erhalten Inputs (Informationen) aus der Umwelt, transformieren diese (Informationen) und geben Outputs (Informationen) an die Umwelt ab.
- Es hängt entscheidend von der Arbeits- und Prozessorganisation ab, in welcher Art und Weise sowie wie effizient und effektiv soziales und technisches Teilsystem zusammen wirken. Ziel ist hierbei – unter Berücksichtigung der Eigenschaften beider Teilsysteme – deren gemeinsame Optimierung („joint optimization").

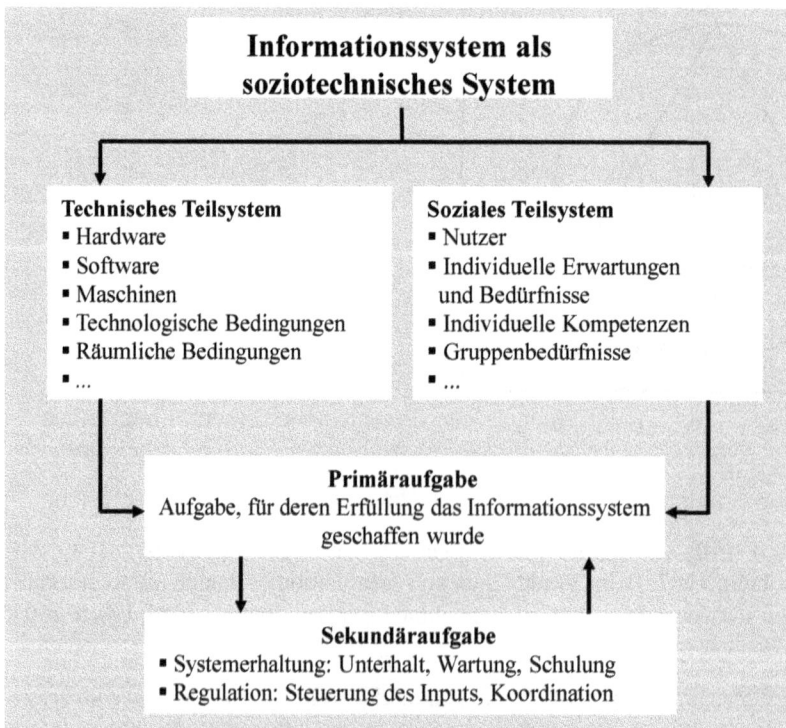

Abb. 2.4: Informationssystem als soziotechnisches System

3 Analyse, Bewertung und Gestaltung von Informationssystemen

Betriebliche Informationssysteme können nicht ad hoc entwickelt und genutzt werden, sondern sie bedürfen einer wissenschaftlichen Fundierung in allen Phasen ihrer Entwicklung und ihres Betriebs. Für die arbeitswissenschaftliche Untersuchung von Arbeits- oder Informationssystemen hat sich das Drei-Schritt-Modell bewährt (siehe Abb. 3.1):

1. die Analyse,
2. die Evaluation,
3. die Gestaltung.

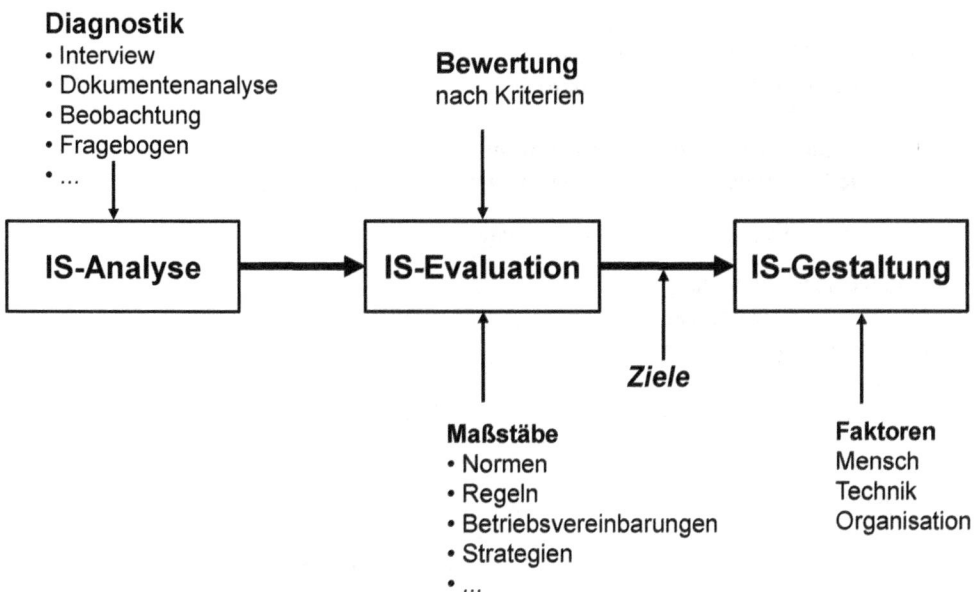

Diagnostik
• Interview
• Dokumentenanalyse
• Beobachtung
• Fragebogen
• ...

Bewertung
nach Kriterien

IS-Analyse ➡ **IS-Evaluation** ➡ **IS-Gestaltung**

Ziele

Maßstäbe
• Normen
• Regeln
• Betriebsvereinbarungen
• Strategien
• ...

Faktoren
Mensch
Technik
Organisation

Abb. 3.1: Analyse, Evaluation und Gestaltung von Informationssystemen

Zu Beginn einer Systementwicklung bzw. -gestaltung ist eine **Arbeitsanalyse** durchzuführen. Darunter versteht man alle diagnostischen Methoden und Verfahren, die dazu dienen, Informationen über die Arbeitstätigkeiten, die organisatorisch-technischen Arbeitsbedingungen, die Arbeitsmittel sowie deren Auswirkungen auf den Menschen systematisch zu erkunden, zu verarbeiten und zu interpretieren (vgl. Frieling & Buch, 2007). Da Arbeit immer in einem unternehmensspezifischen Kontext erfolgt, müssen die Betriebsbedingungen (Führung, Organisationsstruktur, Normen und Regeln der Kommunikation usw.) einbezogen werden. Da mit Hilfe eines Informationssystems bestehende Arbeitsabläufe und -prozesse optimiert werden sollen, ist das Arbeitssystem unter technischen, organisatorischen, ergonomischen und psychologischen Aspekten zu analysieren.

Die **Evaluation** dient der relationalen Bewertung des Informationssystems. Es wird über-prüft, in welchem Maße das Informationssystem gesetzten Maßstäben gerecht wird. Dies können ergonomische Normen, Verordnungen des Arbeitsschutzes, Regeln der Kooperation und Kommunikation im Unternehmen, die IT-Strategie des Unternehmens, Betriebsvereinba-rungen u. a. m. sein. Analyse und Evaluation bilden meistens eine Einheit, da die Evaluation eine Systemanalyse voraussetzt.

Die **Gestaltung** bezieht sich auf die Entwicklung, die Einführung oder Roll-out und den Betrieb des Informationssystems. Dabei sind die prospektive und präventive Arbeitsgestal-tung ein wesentliches Anliegen (siehe Rudow, 2011).

Die soziotechnische Analyse, Bewertung und Gestaltung findet als Top-Down-Strategie auf diesen drei Ebenen statt (vgl. Abb. 3.2):

1. Führungs- und Betriebsorganisation (Makroebene),
2. Arbeits- und Prozessorganisation (Mesoebene),
3. Mensch-Computer-Interaktion (Mikroebene).

Bei der **Führungs- und Betriebsorganisation** interessieren die Philosophie, die Gesamtstra-tegie und die IT-Strategie des Unternehmens. Es sind zum Beispiel bei VW

der *Volkswagen-Weg* mit den Einzelkonzepten

• Organisationsentwicklung
• Arbeits- und Prozessorganisation
• Volkswagen-Produktionssystem

das *Volkswagen-Produktionssystem* (VPS) mit den Kernmodulen

• Visuelles Management
• Teamarbeit
• Zielvereinbarungsprozess
• Kontinuierlicher Problemlösungs- und Verbesserungsprozess.

Zum Beispiel ist zu prüfen, wieweit ein IS dem Volkswagen-Weg, den Modulen des VPS, der Strategie „Mach 18 plus" und entsprechenden Betriebsvereinbarungen sowie der IT-Strategie des Unternehmens (VW, 2008; VW, 2006; siehe auch Mühleck & Heidecke im vorliegenden Band) gerecht werden. Hier ist auch zu prüfen, welche Funktion das IS für die Führungsorganisation im Unternehmen hat. Es ist die Frage zu stellen, wie das IS Führungs-kräfte in ihrer Arbeit unterstützen kann.

In der **Arbeits- und Prozessorganisation** sind Arbeitsaufgaben, die Arbeitsbedingungen und die Regelungen (Zuordnung, Verantwortung) zur individuellen und kollektiven Aufga-benerfüllung und zur Zusammenarbeit von Personen in einem Unternehmen festgelegt. Es wird das Anliegen verfolgt, Arbeitsabläufe unter Berücksichtigung wirtschaftlicher und hu-maner Ziele zu optimieren. Dies gilt auch bei der Einführung und dem Betrieb eines Infor-mationssystems. Die Analyse der Arbeits- und Prozessorganisation ist deshalb wichtig, weil technische Systeme auf den Nutzer *vermittelt* durch die Gestaltung von Arbeit und Organisation wirken. Allerdings spielen organisationale Gesichtspunkte bislang bei der Entwicklung von Software- bzw. Informationssystemen kaum eine Rolle (vgl. Rössel, 2008; Beyer & Holtzblatt, 1998).

Die Analyse, Bewertung und Gestaltung der **Mensch-Computer-Interaktion**, vorrangig der Benutzerschnittstelle eines IS, erfolgt vor allem auf Grundlage von Dialogprinzipien (vgl. Wandke, 2007; Schneider, 2008; DIN EN ISO 9241-110, 2008). Hierbei ist das Anliegen, die *Usability* oder Gebrauchstauglichkeit der Schnittstelle zwischen Nutzer und IS festzustellen. Es liegt eine gute Usability vor, wenn der Nutzer in einem bestimmten Nutzungskontext mit Hilfe des Systems seine Arbeitsziele effektiv, effizient und zufriedenstellend erreichen kann. Ausgehend von der Zufriedenheit im Usability-Konzept nimmt im Sinne des Nutzers die Bedeutung von *User Experience* zu. Darunter werden die Wahrnehmung, die Bewertung und die emotionale Reaktion einer Person verstanden, die sich durch die Anwendung u. a. eines IS ergeben. Summarisch ist damit das Erleben des Nutzers beim Umgang mit dem System oder kurz das Nutzungserleben gemeint. Wenn die Schnittstelle aus Sicht des Nutzers unzureichend gestaltet ist, kann es zu Gesundheitsbeeinträchtigungen kommen (vgl. Rudow, 2011).

Ein weiterer Analyse- und Evaluationsbereich ist der Nutzen oder die Wirtschaftlichkeit des IS, die vor allem für die Betriebswirtschaft interessant ist. Unter **Nutzen** werden alle betriebswirtschaftlichen und humanen Vorteile für das Unternehmen verstanden, die mit dem Betrieb eines neuen IS entstehen. Dieser kann subjektiver („gefühlter Nutzen") oder objektiver (quantifizierbarer Nutzen) Natur sein. Die **Wirtschaftlichkeit** ist wertmäßig erfassbar, indem die Beziehung zwischen Aufwand bzw. Kosten und Leistung bzw. Gewinn auf der Grundlage quantifizierbarer Daten bewertet wird. Für deren Ermittlung werden quantifizierbare Nutzenspotenziale herangezogen. Der Nutzen oder Erfolg eines Informationssystems ist somit konzeptionell weiter gefasst als seine Wirtschaftlichkeit (siehe z. B. DeLone & McLean 2003, Gable et al. 2008).

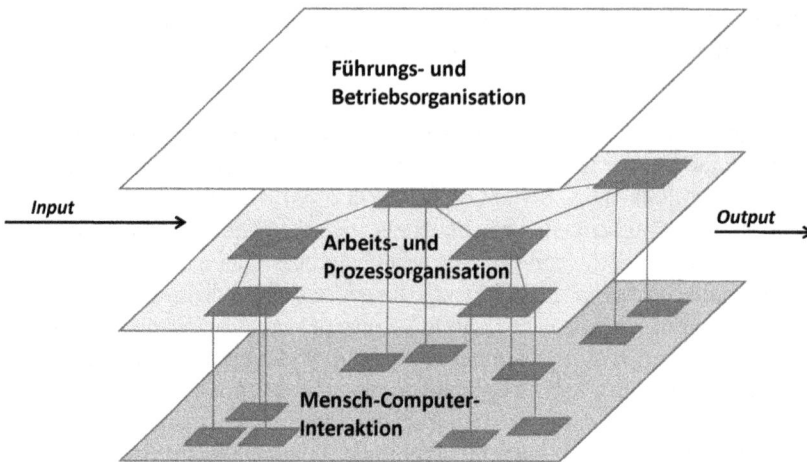

Abb. 3.2: Mehrebenen-Konzept der Analyse, Evaluation und Gestaltung eines Informationssystems

Die IS-Analyse und -evaluation erfolgt mit Hilfe diagnostischer Methoden auf unterschiedlichen Niveaustufen (siehe Abb. 3.2). Für die Erstanalyse sind die Dokumentenanalyse, die mündliche Befragung und das Beobachtungsinterview geeignet (vgl. Strohm & Ulich, 1997; Grote et al., 1999). Häufig wird ein halbstandardisiertes Experteninterview mit den Nutzern (Führungskräfte, Key-User u. a. m.) durchgeführt. Es dient dazu, wesentliche Schwachstellen des Systems auf den Ebenen *Führungs- und Betriebsorganisation, Arbeits- und Prozessorganisation* und *Mensch-Computer-Interaktion* zu identifizieren. Im nächsten Schritt werden vor allem auf den Ebenen der Arbeits- und Prozessorganisation sowie Mensch-Computer-Interaktion **diagnostische Methoden** eingesetzt, die der Erkundung von speziellen Aspekten und Problemen dienen. Während für die Analyse und Evaluation der Usability der Benutzerschnittstelle relativ viele valide diagnostische Instrumente zur Verfügung stehen (vgl. Herczeg, 2005; Richter & Flückinger, 2007; Sarodnick & Brau, 2006; Dzida & Wandke, 2006), fehlen valide Methoden zur Bewertung der führungs-, betriebs- und arbeitsorganisatorischen Aspekte von Informationssystemen. Ein erster diagnostischer Ansatz wurde von Harbich, Hassenzahl & Kinzel (2007) entwickelt, bei dem Arbeitsziele und -aufgaben stärker einbezogen werden. Er reicht aber nicht aus für die hinreichende Erfassung und Bewertung der Arbeits- und Prozessorganisation eines Informationssystems. Hierfür ist eine soziotechnische Analyse nötig, bei der relevante Arbeitsabläufe, -aufgaben und -bedingungen im Kontext des IS berücksichtigt werden.

3.1 Analyse von Informationssystemen

Die ganzheitliche oder soziotechnische **Analyse** dient der Erkundung der objektiven Beschaffenheit des Informationssystems (objektive Analyse) und deren subjektive Reflexion durch den Nutzer (subjektive Analyse). Es werden bei der Statusdiagnostik die technischen, organisationalen und nutzerbezogenen Eigenschaften des Systems erfasst. Ausgehend von

Modellen der soziotechnischen und softwareergonomischen Analyse verfolgten wir in wissenschaftlichen Studien zum Roll-out und Betrieb eines IT-Systems bei Volkswagen folgendes Konzept[2] (siehe dazu auch Strohm & Ulich, 1997; Ulich, 2005; Jansen-Dittmer, 2006):

1. Schritt: Grobanalyse des Systems zu folgenden Aspekten:

- Bedeutung und Funktion des IS im Werk, Geschäftsfeld und Konzern
- Ziele des IS im Werk, Geschäftsfeld und Konzern
- Art und Weise der Einführung des IS im Werk, Geschäftsfeld und Konzern
- Einführungs- bzw. Betriebsstand des IS im Werk, Geschäftsfeld und Konzern.

2. Schritt: Analyse der Stellung und Funktion des IS in den Fertigungs- und indirekte Bereichen unter folgenden Gesichtspunkten:

- Organisationsstruktur mit Fabrik-Layout
- Fertigungsbereiche und Nutzung des Systems
- Indirekte Bereiche und Nutzung des Systems.

3. Schritt: Analyse des technisch-informatorischen Teilsystems bei Berücksichtigung folgender Aspekte:

- Stellung und Funktion des IS in der IT-Systemlandschaft
- inhaltliche Dashboard-Gestaltung
- das Dashboard-Layout
- der Online-Support (Handbuch, Hotline u.a.m.).

4. Schritt: Analyse des organisatorisch-sozialen Teilsystems nach folgenden Merkmalen:

- Organisationsstruktur des IS, d. h. seine Aufbau- und Ablauforganisation
- Reale und potenzielle Nutzer und Nutzergruppen
- Analyse der realen Nutzergruppe (Anzahl, Nutzertypen, Qualifikationen, Kompetenzen usw.)
- Art und Weise der Nutzung des IS (Häufigkeit, Zeitpunkt der Nutzung u.a.m.)
- Systembezogene Kooperation und Kommunikation unter Nutzern
- Rahmenbedingungen der Nutzung des IS (Arbeitsplatz, Zeitdruck ...).

5. Schritt: Die Rollen-, Arbeitsauftrags-, Arbeitsaufgaben- und Tätigkeitsanalyse bei den Nutzern umfasst folgende Aufgaben:

- Beschreibung der Rollen der Schlüsselpersonen im IS (Entwickler, höhere Führungskräfte, Key-User)
- Beschreibung der Rollen der weiteren Nutzer des IS (Managementassistenten, Unterabteilungsleiter, Meister, Teamleiter)

---

[2] Es waren Studien einer interdisziplinären Projektgruppe im Rahmen des Roll-out und Betriebs eines VW-Steuerungs- und Informationssystems, die unter Leitung des Autors in den Jahren 2009-2011 durchgeführt wurden.

- Beschreibung des Arbeitsauftrags und der Arbeitsaufgaben, bei deren Erfüllung das IS eine unterstützende Funktion hat.

6. Schritt: Die Problemanalyse und -klassifikation weist folgende Vorgehensweise auf:

- Identifikation der hauptsächlichen Probleme bei Nutzung des IS zur Fabrik und/oder Prozesssteuerung
- Klassifikation der Probleme im technisch-organisatorischen und organisatorisch-sozialen Teilsystem sowie bei der Wechselwirkung beider Teilsysteme
- Analyse der Ursachen der Probleme im technisch-informatorischen, im organisatorisch-sozialen Teilsystem sowie bei der Wechselwirkung beider Teilsysteme.

7. Schritt: Gestaltung des IS mit dem Ziel der optimalen Beschaffenheit des technischen und sozialen Teilsystems und deren Wechselwirkung

    Dabei werden diese Ansätze verfolgt:

- organisatorische Gestaltung unter Beachtung der Einbettung des IS in die Betriebs- und Führungsorganisation sowie Arbeits- und Prozessorganisation
- informationstechnische Gestaltung, d. h. die Gestaltung von Hard- und Software,
- softwareergonomische Gestaltung unter Berücksichtigung der Mensch-Computer-Interaktion einschließlich Benutzeroberfläche
- psychologische Gestaltung unter Berücksichtigung der humanen Ressourcen und der Auswirkungen des Umgangs mit dem System auf den Nutzer (Belastungen, Befindlichkeiten, Gesundheit ...).

3.2 Evaluation von Informationssystemen

Die Bewertung von Informationssystemen kann auf unterschiedlichen Ebenen nach unterschiedlichen Zielkriterien und -ansätzen erfolgen. Sie erfolgt, ausgehend vom oben dargestellten Analysekonzept, hierarchisch auf den Ebenen des Unternehmens, der Arbeits- und Prozessorganisation und der Mensch-Computer-Interaktion nach allgemeinen und systemspezifischen Kriterien. Die allgemeinen Bewertungskriterien beziehen sich insgesamt auf das Informationssystem als Arbeitssystem. Die systemspezifischen Bewertungskriterien beziehen sich auf die Unternehmensphilosophie und -strategie, Wirtschaftlichkeit, Technik und Technologie, Arbeits- und Prozessorganisation, Benutzerschnittstelle, den Support für die Nutzer sowie auf den Umgang der Nutzer mit dem IS.

Allgemeine Bewertungskriterien für Informationssysteme sind folgende (vgl. Richter & Hacker, 1998; Hacker, 2005; Ulich, 2011; Rudow, 2011):

- Ausführbarkeit,
- Schädigungslosigkeit,
- Beeinträchtigungsfreiheit
- Persönlichkeitsförderlichkeit
- Sozialverträglichkeit.

Ausführbarkeit

Sie bezieht sich auf die Nutzbarkeit oder Bedienbarkeit eines Systems. Das System, seine Komponenten (Hard-, Software) und die Ausführungsbedingungen (Zeitdruck, Lärm, Klima, soziale Bedingungen u. a. m.) sollte so beschaffen sein, dass es den individuellen Leistungsvoraussetzungen des Nutzers entspricht. Dazu zählen Fähigkeiten, Fertigkeiten, Wissen, Erfahrungen und Einstellungen zur Arbeit mit dem System. Diese Arbeit sollte keine Über- unter Unterforderung für den Nutzer darstellen. Beispielsweise könnten mangelhafte Kompetenzen zur Bedienung des Systems, Zeitdruck bei der Arbeit mit dem System oder eine fehlende Unterstützung durch Key-User oder andere Kollegen zur Überforderung führen.

Schädigungslosigkeit

Die Arbeit mit dem System soll schädigungslos sein, d. h. die Arbeit mit dem IS sollte auch langfristig ohne gesundheitliche Schäden erfolgen können. Wenn dies nicht gegeben ist, können Erkrankungen auftreten, z. B. Erkrankungen des Muskel-Skelett-Systems (Rücken-, Kreuz-, Nackenbeschwerden), der Sinnesorgane (Auge, Ohr) oder des Nervensystems. Die Ursachen dafür sind u. a. ungünstige Körperhaltungen bei anhaltender Bedienung des Computers, schlechte Beleuchtung des Computerarbeitsplatzes oder viele, teilweise sich widersprechende Informationen auf der Benutzeroberfläche.

Beeinträchtigungsfreiheit

Beeinträchtigungsfreiheit oder Zumutbarkeit bedeutet: Aufgrund der Arbeit mit dem IS sollen nur solche psychischen Anforderungen und Belastungen auftreten, welche die psychische Gesundheit bzw. das Wohlbefinden nicht beeinträchtigen. Solche Beeinträchtigungen sind vor allem Stress, psychische Ermüdung oder sogar Burnout (siehe Wieland et al., 2004).

Persönlichkeitsförderlichkeit

Das anspruchvollste Kriterium bei der Bewertung von Arbeits- oder Informationssystemen ist die Persönlichkeitsförderlichkeit. Damit ist gemeint, dass dem User in der Arbeit mit dem IS Möglichkeiten für selbständige und schöpferische Tätigkeiten zu geben sind, dass seine Kompetenzen gefördert werden, dass seine Potentiale sich entfalten können, dass Lernprozesse angeregt werden u. dgl. m.. Diese Tätigkeitsmerkmale sollen dazu beitragen, dass der User nicht nur Wohlbefinden zeigt, sondern sich als Persönlichkeit optimal entwickeln kann.

Sozialverträglichkeit

Hierbei geht es um politische und soziale Interessen der Mitarbeiter im Kontext des Roll-out und des Betriebs eines Informationssystems. Beispielsweise darf die Einführung von Informationssystemen nicht mit dem Abbau von Arbeitsplätzen und Personal im Unternehmen verbunden sein. Ferner ist die Entlohnung bei der Übernahme neuer, zusätzlicher Arbeitsaufgaben im Zusammenhang mit dem IS zu beachten. Wichtig ist auch die frühzeitige Einbeziehung von Mitarbeitern in die Entwicklung des Systems, d. h. die partizipative Systementwicklung. Formale Grundlagen der Sozialverträglichkeit eines Informationssystems sind Gesetze, Verordnungen und Betriebsvereinbarungen.

Systemspezifische Bewertungskriterien

In der Tab. 3.1 sind Bewertungskriterien aufgeführt. Dabei wird weder ein Anspruch auf Vollständigkeit noch auf Allgemeingültigkeit erhoben. Die Liste soll in erster Linie zeigen, dass bei einer umfassenden Systembewertung mehrdimensional vorzugehen ist. Es sind unternehmensphilosophische, betriebswirtschaftliche, technische bzw. technologische, arbeitsorganisatorische, ergonomische sowie psychologische Kriterien zu berücksichtigen. Beispielsweise ist zu prüfen, wie das IT-System zur Umsetzung einer Unternehmensstrategie beiträgt, z. B. derzeit zur Umsetzung der Strategie „Mach 18 plus" bei Volkswagen (siehe Beitrag von Osterloh und von Mühleck & Heidecke). Ferner gibt es zur Wirtschaftlichkeit und dem Nutzen von IT-Systemen bislang wenige Studien (siehe Sylla & Wen, 2002; Gable & Sedera, 2008). Ein wenig untersuchtes Feld sind auch die Auswirkungen von IT-Systemen auf das Verhalten und Erleben der Nutzer einschließlich ihrer Persönlichkeit und Gesundheit (siehe Rudow 2011).

Schwerpunkte bisheriger Evaluationen betrieblicher Informationssysteme sind, soweit diese durchgeführt werden, die Technik (Hard- und Software) und die Benutzerschnittstelle (siehe Herczeg, 2005). Dafür werden oft, da kein anerkanntes Konzept zur Bewertung von Informationssystemen vorliegt, unterschiedlichste Kriterien recht willkürlich ausgewählt. Auf Grund dieses Defizits ist es für die Evaluation eines Informationssystems erforderlich, konzeptgeleitet Bewertungskriterien zu definieren und zu nutzen.

Tab. 3.1: Kriterien zur Bewertung von betrieblichen Informationssystemen

Kategorien	Bewertungskriterien
Unternehmens-philosophie und -strategie	- „Mach 18 plus" (Kunden, Wachstum, Mitarbeiter, Rendite) - Volkswagen-Weg (KVP, ZVP, u.a.m.) - IT-Strategie des Unternehmens
Wirtschaftlichkeit	- Produktivität - Produkt- und Prozessqualität - Kosten für Systementwicklung, -einführung und betrieb - Personalkosten - Wertschöpfung durch Systembetrieb
Technik und Technologie	- Hardwarequalität - Softwarequalität - Systemperformance - Systemzuverlässigkeit - Systemerweiterbarkeit (Schnittstellen) - Systemtransparenz - Vernetzung mit weiteren Systemen

Kategorien	Bewertungskriterien
Arbeits- und Prozess-organisation	- Standardisierung von Produktionsabläufen - Standardisierung von Zielvereinbarungsprozessen - Zentralisierung vs. Dezentralisierung von Abläufen - Vereinheitlichung der Art und Präsentation von Produktions-daten (mit Kennzahlen, Ampelsignalen etc.) - Transparenz von Produktionsprozessen und -daten - Produktionsdaten als Entscheidungshilfe - Logistik
Benutzerschnittstelle	- Lesbarkeit der Informationen - Verständlichkeit der Informationen - Relevanz der Informationen - Steuerbarkeit des Systems - Individualisierbarkeit abrufbarer Daten
Support für Nutzer	- Kompetenz der IT-Beratung - Transparenz des Support-Systems - Erreichbarkeit der Berater - Dauer der Problemlösung - Formen der Unterstützung (Online, Handbuch usw.)
Verhalten von Nutzer und Nutzergruppen	- Nutzeranzahl - Nutzungshäufigkeit - Nutzungsdauer - Nutzungsweise
Auswirkungen auf Nutzer und Nutzer-gruppen	- Zufriedenheit mit Gesamtsystem oder Systemfacetten - Belastungen, Befindlichkeiten, Beanspruchung, Gesundheit - Arbeitssicherheit - Nutzererleben (User Experience) - Nutzerpersönlichkeit (Entwicklung von Kompetenzen, Wissenserweiterung, Lernprozesse usw.) - Teamklima (Kommunikation, Kooperation, Wir-Gefühl u. a.)

3.3   Gestaltung von Informationssystemen

Unter informationstechnischer Gestaltung versteht man die Gestaltung der Elemente, die für die Schnittstelle zwischen dem Menschen und seiner Arbeit charakteristisch sind. Die Gestaltung von Informationssystemen ist ein wichtiger, an Bedeutung zunehmender Bereich der Arbeitsgestaltung. Darauf weist schon die „klassische" REFA-Definition hin. Hier wird Arbeitsgestaltung als „... das Schaffen von Bedingungen für das Zusammenwirken von Mensch, Technik, *Information* und Organisation des Arbeitssystems" aufgefasst (REFA, 1993; Hervorhebung – B. R.). Während in der Automobilproduktion der anthropometrische und physiologische bzw. ergonomische sowie der arbeitsorganisatorische Ansatz schon längere Zeit stärker berücksichtigt werden, besteht beim Anspruch ganzheitlicher Arbeitsgestaltung Nachholbedarf in der psychologischen und informationstechnischen Gestaltung (siehe Abb. 3.3).

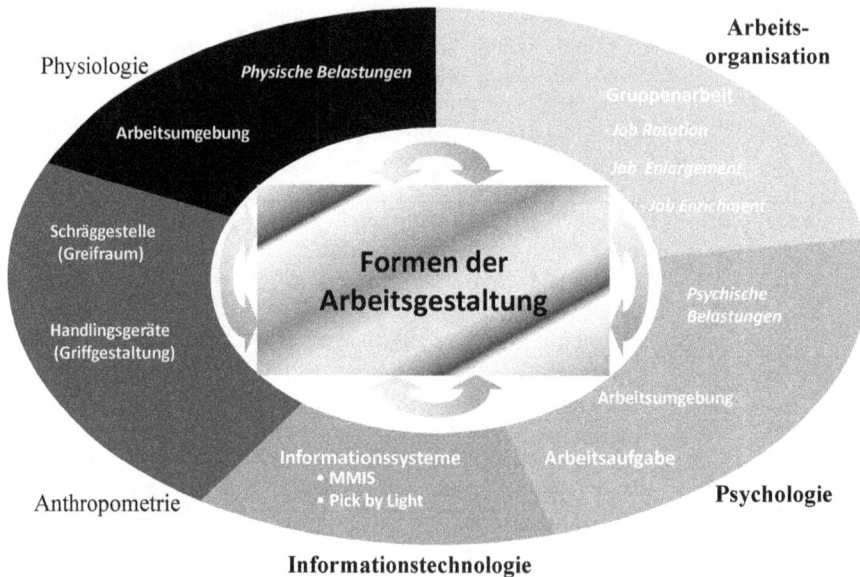

Abb. 3.3: Formen der Arbeitsgestaltung

4   Informationssysteme in der Automobilproduktion

Informationssysteme erlangen in der Automobilproduktion eine zunehmende Bedeutung, da sie einen Beitrag leisten

- zur verbesserten Kommunikation unter Mitarbeitern, zwischen Mitarbeitern und Führungskräften und im gesamten Konzern
- zum Gebrauch eines einheitlichen Begriffssystems in der Kommunikation spezieller Sachverhalte, z. B. bei der Benennung von Fehlern (einheitliche Fehleransprache)
- zur durchgängigen Standardisierung von Prozessen und Produkten
- zur Visualisierung und Kommunikation von Zielen und Produktionsergebnissen
- zur besseren Erkennung von Produktionsproblemen (Qualität, Leistung, Termintreue
- u. a. m.)
- zur einheitlichen Bewertung von Produktionsprozessen und -ergebnissen im Konzern
- zur schnelleren Entscheidungsfindung von Führungskräften
- zur Transparenz komplexer und komplizierter Vorgänge
- zur stärkeren Partizipation der in der Produktion tätigen Mitarbeiter
- zu einem effektiven Wissensmanagement

- zur Entwicklung der Teamarbeit
- zur Ganzheitlichkeit von Arbeitsaufgaben einschließlich Rückmeldungen über das Arbeitsergebnis.

Letztlich tragen funktionierende und nutzerfreundliche Informationssysteme durch Schaffung von Transparenz, Standardisierung und Partizipation wesentlich zur Arbeitsmotivation und -zufriedenheit der Belegschaft bei.

Es sollen nun beispielhaft zwei Informationssysteme aus der VW-Produktion dargestellt und ansatzweise bewertet werden. Es sind das

- Werkerführungssystem und
- Mitarbeiter-Management-Informations-System (MMIS).

Werkerführungssystem

Die Ablaufstruktur im Logistikzentrum des Werkes Wolfsburg umfasst die Annahme von Fahrzeugteilen, den Transport sowie die Kommissionierung und einzelne Vormontagen von Fahrzeugteilen und die Bereitstellung der Kommissionierungsumfänge für die Produktion. Dabei spielt die Effizienz der Kommissionierung eine wichtige Rolle. Es geht vor allem um den schnellen und richtigen Zugriff der Mitarbeiter auf bestimmte Lagerpositionen und deren Bereitstellung für den nächsten Produktionsvorgang, zum Beispiel für die Montage. Dazu wurde das Konzept der Werkerführung entwickelt und implementiert. Damit sind alle Maßnahmen zur Optimierung der Fertigungsabläufe, zur frühzeitigen Erkennung und Beseitigung von Mängeln sowie zur Stabilisierung durchgeführter Verbesserungen gemeint. Die Mitarbeiter werden bei Tätigkeiten der Kommissionierung unterstützt, damit keine Fehler auftreten. In der Logistik werden verschiedene Werkerführungssysteme verwendet, z. B. „Pick by Belt", „Pick by Voice", „Pick by Light" oder „Pick by Point". Am häufigsten angewandt wurde das halbautomatisierte, papierlose Pick-by-Light-System. Es bedeutet, dass sich an jedem Lagerfach eine Signalleuchte mit einem Ziffern- oder alphanumerischen Display sowie mindestens einer Quittierungstaste und eventuell Eingabe- und Korrekturtasten befindet. Mit ihrer Hilfe wird dem Mitarbeiter nach Einlesen des Kommissionierauftrags das auszuwählende Autoteil (Spiegel, Kältemittelleitung, Motorrestleitung, Türgriffe, Sicherheitsgurt u. a. m.) einschließlich Menge angezeigt. Die Vorteile dieses Informationssystems liegen darin, dass

- Lieferscheine während der Kommissioniertätigkeit überflüssig sind
- keine Sortierung und Verteilung von Kommissionierlisten nötig ist
- dem Mitarbeiter „freie Hände" zur Verfügung stehen
- die Kommissionierleistung pro Mitarbeiter steigt
- eine Permanentinventur stattfindet,
- Online-Änderungen und Nachschubsteuerungen möglich sind.

Durch die Anwendung von „Pick by Light" sinkt die Fehlerquote beim Einsortieren von Teilen. Ferner steigt die Arbeitsleistung, da die Arbeitsaufgabe in kürzerer Zeit erfüllt wird. Ein wesentlicher Vorteil besteht auch darin, dass für diese Arbeitstätigkeit leistungsgewandelte Mitarbeiter, dass heißt Mitarbeiter mit Tätigkeitseinschränkungen, eingesetzt werden können. Weil durch das IS die Mitarbeiter entlastet werden, kann ein flexiblerer Personaleinsatz stattfinden.

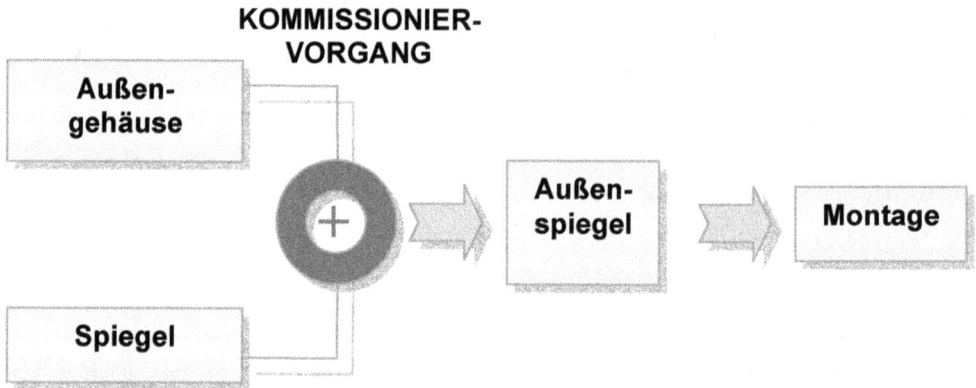

Abb. 4.1: Kommissioniertätigkeit

Das Pick-by-Light-System weist aber auch Probleme auf. Neben den relativ hohen Kosten für die Hardware liegen diese vorrangig in der Gestaltung der Arbeitsaufgabe. Denn es handelt sich hierbei um eine einfach strukturierte Arbeitstätigkeit (siehe Abb. 4.1). Ein Problem ist dabei die Monotonie, die durch das IS noch verstärkt werden kann. Damit der Mitarbeiter nicht nur routinehaft den Anzeigen des Informationssystems folgt, sollte er - im Sinne von Job Enlargement - weitere körperlich wenig belastende Zusatzaufgaben übernehmen können. Dies ist zum Beispiel gegeben, wenn er die Nummer vom Fahrzeug und die im Auftrag vorgegebene Anzahl der zu sortierenden Fahrzeugteile mit den Zahlen der Anzeige des „Pick by Light" vergleichen kann. Ferner kann die Monotonie durch Arbeitsplatzwechsel (Job Rotation) innerhalb des Teams reduziert werden. Außerdem erfährt die Arbeitstätigkeit eine Aufwertung durch die Qualifizierung der Werker für die Vormontage und durch Rückmeldungen über das eigene Arbeitsergebnis. Besonders bei leistungsgewandelten Mitarbeitern ist es wichtig, dass zum einen durch ergonomische Arbeitsgestaltung die Arbeitsanforderungen ihren eingeschränkten körperlichen Leistungsvoraussetzungen angepasst werden. Andererseits sind aber ihre kognitiven Leistungsvoraussetzungen, die teilweise überdurchschnittlich ausgeprägt sind (Rudow et al., 2006), im stärkeren Maße zu nutzen. Dies kann durch psychologische Arbeitsgestaltung erreicht werden.

Im vergangenen Jahr wurde in der Logistik ein weiteres neues System der Werkerführung eingeführt: die *Pick-by-Point*-Technik. Dabei weisen Lichtpunkte, die von beweglichen Beamern kommen, auf das Fach hin, das mit bestimmten Türgriffen befüllt wird oder woraus bestimmte Türgriffe entnommen werden. *„Bei der hohen Variantenvielfalt eine 100-prozentige Versorgungssicherheit zu schaffen und die Mitarbeiter dabei trotzdem noch zu entlasten, etwa durch kürzere Wege und stressfreieres Arbeiten, das waren unsere Ziele"*, so der für Technik und Service zuständige Unterabteilungsleiter Stefan Krocke" („autogramm" 06-07/2010). Mit diesem IS wurde also ein System eingeführt, das wirtschaftlich ist, da weniger Fehler bei der Befüllung der Regallager ebenso wie bei Entnahme der Teile auftreten. Es hat ferner humane Auswirkungen, da es stressfreies und sicheres Arbeiten erlaubt. Auch dieses System eignet sich gut für leistungsgewandelte Mitarbeiter.

Mitarbeiter-Management-Informations-System (MMIS)

Das MMIS versteht sich allgemein als *Philosophie* des Informationsmanagements in der VW-Produktion. Grundanliegen war die Schaffung eines integrierten Informationssystems (IIS), das eine durchgängige Qualitätserfassung, Qualitätsauswertung und Qualitätsbewertung im gesamten Montagebereich ermöglicht. Zu MMIS gehören zahlreiche Informationssysteme (vgl. Neubauer, 2005). Ein zentrales System ist *FIS* (*Fertigungs-, Informations- und Steuerungssystem*). Das System, das in den neunziger Jahren entwickelt wurde, hält sämtliche für die Produktion von Fahrzeugen notwendigen Informationen bereit und gewährleistet somit eine komplette Steuerung der Fertigung. Es besteht aus mehreren Modulen, die verschiedene Prozesse im Fertigungsablauf unterstützen. Ein wichtiges Modul ist „eQS", d. h. das *elektronische Qualitätserfassungssystem*. Hierbei findet eine elektronische Erfassung von Qualitätsdaten aus der Fertigung, besonders der Endmontage, statt. Die Fehlereingabe im Montagebereich erfolgt mittels Feststationen (an der Montagelinie fest installierte PC) und Handhelds (tragbare Kleincomputer), und die Fehleranzeige erfolgt über einen Plasmabildschirm. Auf diese Weise erhält der Mitarbeiter ein unmittelbares Feedback über Qualitätsprobleme in der Endmontage.

Zum FIS-eQS wurden zahlreiche Studien durchgeführt (Rammelt, 2004; Schellenberg, 2005; Neubauer, 2005; Rudow & Lehmann, 2007; Lehmann 2009).[3] Bei der Analyse und Evaluation des Systems stellten wir einige Probleme fest, die Ausgangspunkt weiterer Systemgestaltung wurden. Die Probleme lassen sich in folgende Hauptkategorien zusammenfassen:

- Informationsinhalt
- Informationsdarstellung (Design)
- Informationsfluss
- Arbeitsorganisation und -gestaltung
- Standardisierung
- Kommunikation und Kooperation
- Motivation zur Nutzung des Systems.

Informationsinhalt

Der Informationsinhalt ist an den *Bedarfen der Nutzergruppen* zu orientieren (siehe auch Lehmann im vorliegenden Band). Dabei ist zwischen objektivem und subjektivem Informationsbedarf zu unterscheiden. Das FIS-eQS-Informationsangebot wurde von den Nutzern

---

[3] Bei diesem Projekt erfolgte die Zusammenarbeit des M4-Instituts mit der TU Chemnitz, Institut für Betriebswissenschaften und Fabriksysteme.

anfangs als zu gering eingeschätzt. Unsere Befragungen zu den Informationsbedarfen ergaben folgende Ergebnisse: Es wurden in erster Linie unmittelbar *produktionsunterstützende Informationen*, wie z. B. Stückzahlen, Trends, Fehlerverläufe, An- und Abwesenheiten etc., gewünscht. Das Primat haben dabei qualitätsbezogene Informationen. Auf diese Informationen haben Mitarbeiter oder Teams in der Regel zwecks Qualitätssicherung zeitnah zu reagieren. In zweiter Linie waren *produktionsbegleitende Informationen*, d. h. Informationen über den VW-Konzern gefragt, z. B. über die aktuelle Marktsituation, neue Produkte/Modelle, Personalveränderungen, Kantinenangebote und Werksverkäufe. In dritter Linie waren für die Nutzer *produktionsunabhängige Informationen* interessant, d. h. über den Produktionsprozess und Konzern hinausgehende Informationen (Sportmeldungen, aktuelle Nachrichten, Verkehrsinformationen, Wettermeldungen).

Der Informationsinhalt sollte also hierarchisch auf drei Ebenen definiert werden. Während die erste Ebene die für die Arbeit notwendigen Informationen enthält, machen die beiden übrigen Informationsebenen mehr das Hintergrundwissen aus. Letzteres hat einen nicht zu unterschätzenden Einfluss auf Arbeitsmotivation, Arbeitszufriedenheit und Corporate Identity.

Informationsmedien, -art und -darstellung

Der Einsatz der Plasmabildschirme wurde für die Informationsdarstellung und -verbreitung als sinnvoll befunden. Neben den mittels FIS-eQS vermittelten Informationen wünschten die Mitarbeiter zudem *persönliche Informationen* vom Meister oder einem anderen Vorgesetzten. Es zeigte sich in unseren Untersuchungen, dass ein angemessenes Verhältnis von unpersönlicher Information mittels eines technischen IS und persönlicher Information besonders durch den Meister nötig ist.

Anfangs war ferner die Darstellung der Informationen auf dem Bildschirm bzw. das Design zu monoton. Ferner wurde die Position der Bildschirme an der Montagelinie kritisiert, da sie nicht für alle Mitarbeiter einsehbar waren. Es wurde zudem bemängelt, dass sich die Bildschirme schlecht von ihrer Umgebung abheben (fehlender Kontrast), die Spiegelungen auf den Bildschirmen zu stark sind, die Schriften schlecht lesbar sind, u. a. m..

Auf Grund festgestellter Mängel wurde ein Konzept zu den Informationsinhalten und zur Informationsdarstellung (Design) von FIS-eQS entwickelt, das in der Praxis sukzessive umgesetzt wurde.[4]

Informationsfluss

Der Informationsfluss wurde u. a. durch folgende Merkmale bestimmt:

*   Arbeitsmittel erlauben schnelle Informationseingabe und -verarbeitung. Positiv wurde besonders das Handheld eingeschätzt. Kritisch wurde beurteilt, dass den Meistern kein eigener PC zur Verfügung steht.

---

[4] Es erfolgte 2004/05 eine Zusammenarbeit des M4-Instituts mit den Lehrstühlen Industriedesign und Ergonomie der Hochschule für bildende Kunst Burg Giebichenstein in Halle/Saale.

- Aktuelle Daten werden rechtzeitig zur Verfügung gestellt. Dies war nicht immer der Fall.
- Abruf aktueller Daten ist jederzeit möglich. Dies konnte auch nur bedingt erfolgen.
- In Stoßzeiten liefert das IS schnell und aktuell die Daten.
- Veränderungen in der Arbeitsabfolge, zu montierender Teile usw. werden rechtzeitig auf dem Bildschirm angezeigt.

Standardisierung

Die Standardisierung ist ein Hauptanliegen in der Automobilproduktion. Dies gilt auch für Informationssysteme. Einerseits ist es notwendig, Informationssysteme mit Hilfe von Standards inhaltlich und formal zu gestalten. Andererseits tragen Informationssysteme wesentlich zur Standardisierung der Prozesse und Produkte im Unternehmen bei. Im Kontext von MMIS wurden u. a. folgende Aspekte beachtet:

- Für ein klares Verständnis in der Kommunikation und Kooperation ist die Schaffung von einheitlichen *Begriffssystemen* die Voraussetzung. Im Rahmen des Qualitätsmanagements hat die einheitliche Fehleransprache eine zentrale Bedeutung. Beispielsweise war es notwendig, anstelle von Deckel (VW), Haube (Audi) oder Fronthaube (VAG Werkstatt) den Begriff „Frontklappe" einzuführen. Durch einheitliche Begriffe können Missverständnisse bei der Fehlereingabe und -abstellung vermieden werden. Es ist ein Verdienst von MMIS, dass hier für die Produktion ein normierter Fehlerkatalog entwickelt wurde, der heute im gesamten VW-Konzern Anwendung findet.
- Bei der Qualitätssicherung hat der *Fehlerabstellprozess* eine Schlüsselfunktion. Dieser ist als Standardprozess in einem Leitfaden fixiert. Jedoch stellten wir fest, dass relativ viele Werker die Vorgehensweise bei der Fehlerabstellung nicht genau kannten, geschweige denn den Leitfaden benutzten.
- Nicht nur Begriffe, auch *Symbole* sind in einem IS einheitlich zu verwenden. Nach dem Motto „Ein Bild = eine Farbe = eine Form = eine Info" sind Bilder, Farben und Formen in den Informationssystemen eines Unternehmens einheitlich zu verwenden. Dabei sind für bestimmte Sachverhalte eindeutige, klar verständliche Symbole zu verwenden, z. B. die Ampelfarben *grün-gelb-rot* für die Angabe von Trends bzw. Zielerreichungen. Dies gilt auch für Details der Darstellung, beispielsweise für Schriftart, -farbe, -größe, für 3-D- oder 2-D-Präsentationen oder für Fehler und Rankings.

Arbeitsorganisation

Den Kern der Arbeitsorganisation bei der Einführung und dem Betrieb von MMIS war der *Qualitätsregelkreis* (QRK) als Form der selbstregulierenden Gruppenarbeit. Der QRK funktioniert - im Sinne eines technischen Regelkreises - in einer abgeschlossenen Organisationseinheit, die verantwortlich ist, die eigene sowie die angelieferte Arbeit im Fertigungsfluss zu überprüfen, erkannte Fehler zu erfassen, sichtbar zu machen und wenn möglich zu beheben. Eine besondere Rolle nimmt dabei der Teamkoordinator als Bindeglied seines Teams zum Meister ein. Er übernimmt die Organisation und Koordination von Teamaufgaben und -angelegenheiten. Der positive Gedanke der Teamarbeit wurde jedoch getrübt, wie die Mitarbeiter angaben, durch unzureichende Zeit für Qualitätsarbeit, fehlende Zeit für den kompletten Fehlerabstellprozess, Teambelastungen infolge Personalmangel, hohe Taktzeiten und fehlende Springer. Diese Defizite verhinderten eine optimale Gruppenarbeit.

Kommunikation und Information

Wir stellten fest, dass die Nutzergruppen im unterschiedlichen Maße bei der Einführung des Systems über FIS-eQS informiert worden sind. Führungskräfte wurden z. B. besser über das System als Teammitarbeiter informiert.

Motivation zur Nutzung des Systems

Diese Motivation kann vor allem durch eine partizipative Systementwicklung und -einführung gefördert werden (siehe auch Mühleck und Heidecke im vorliegenden Band). Die (potenziellen) Nutzer sollten schon in die Planung des Systems einbezogen werden. Die Art und Weise der Nutzung des IS hängt sehr davon ab, wie Führungskräfte und Werker den subjektiven oder „gefühlten" Nutzen des neuen Systems im Vergleich zu konventionellen Prozeduren der Dateneingabe und -verarbeitung (z. B. Excel-Tabellen) einschätzen. Zur Nutzungsmotivation kann ferner ein Wettbewerb auf Basis von Leistungsbewertungen dienen. Dabei sollte mit attraktiven Anreizsystemen gearbeitet werden. Ein derartiger Wettbewerb unter Montageteams wurde zum Beispiel beim FIS-eQS anhand des Hauptkriteriums „Fehleranzahl" durchgeführt (vgl. Schellenberg 2005).

5   Folgerungen für Forschung und Praxis

Die dargelegten Erfahrungen mit ausgewählten Informationssystemen in der Automobilproduktion lassen sich verallgemeinern. Ausgehend von den Konzepten zum soziotechnischen System und zur Systemgestaltung ist es erforderlich, Technik, Mensch und Organisation in Einklang zu bringen. In der Praxis, auch in der Automobilindustrie, dominiert nach wie vor eine technikzentrierte Betrachtung von Informationssystemen. Bei der *soziotechnischen oder ganzheitlichen Analyse, Gestaltung und Bewertung von Informationssystemen* sind folgende Prinzipien zu beachten:

- Grundlegend für die Entwicklung eines Informationssystems sind die *Philosophie und Strategie des Unternehmens.* Bei VW sind es derzeit die Strategien *„Volkswagen-Weg"* und *„Mach 18 plus"* sowie das *Volkswagen-Produktionssystem.* Die Notwendigkeit der Entwicklung eines Informationssystems muss sich aus der Philosophie und Strategie ableiten. Denn auch das IS soll zur optimalen Umsetzung der Strategie beitragen. Im modulen Konzept des VW-Produktionssystems hat die *Information* einen zentralen Stellenwert. Dies zeigt, dass Volkswagen der Entwicklung, Gestaltung und Anwendung von Informationssystemen eine große Bedeutung beimisst.
- Die Entwicklung und Gestaltung eines Informationssystems ist ein Projekt, an dem sich Informatiker, Ingenieure, Arbeitswissenschaftler, Psychologen und (potenzielle) Anwender (Experten aus Fachabteilungen wie z. B. Industrial Engineering, Controlling, Führungskräfte) beteiligen sollten. Nur durch eine Zusammenarbeit im interdisziplinären Projektteam kann eine *„kommunikative Systementwicklung"* erfolgen (vgl. Jansen-Dittmer, 2006, S. 326). Diese hat zum Ziel, die Prozessqualität der Entwicklung eines Systems

und dessen Roll-out und Betrieb zu verbessern sowie die Transparenz zu erhöhen, so dass rechtzeitig Systemmodifizierungen möglich werden.

- Es ist ein *benutzerorientiertes Gestaltungskonzept* zu favorisieren. Software zu gestalten heißt im umfassenden Sinne, ein Arbeitssystem zu gestalten. Dementsprechend sind die Nutzer frühzeitig in die Systementwicklung einzubeziehen. Das Ziel besteht darin, das IS an die Interessen und Bedürfnisse der Nutzer, die mit dem System interagieren, anzupassen. Dadurch wird von Beginn an Commitment und Akzeptanz der Nutzer in Bezug auf das IS erreicht.

- Es sollte eine *prospektive Gestaltung* des Systems erfolgen, d. h. die IS-Gestaltung sollte in der Entwicklungsphase erfolgen. Wie allgemein in der Ergonomie beherrscht gegenwärtig noch der retrospektive oder gar korrektive Ansatz die Gestaltung von Informationssystemen (vgl. Bubb & Sträter, 2006). Oft werden Defizite eines Systems erst festgestellt, wenn es schon im Betrieb ist. Da aber die Überarbeitung oder Korrektur von Gestaltungslösungen zumeist zeit- und kostenintensiv ist, sollte bei der Systemgestaltung der prospektive Ansatz dominieren. Dabei ist es ratsam, zunächst einen *Prototypen* zu entwickeln und zu prüfen.

- Bei der Gestaltung eines Informationssystems sind schon in der Konzeptionsphase die Ebenen *Führungs- und Betriebsorganisation, Arbeits- und Prozessorganisation* und *Mensch-Computer-Interaktion* zu beachten. Da betriebliche Informationssysteme in der Regel von Informationstechnikern entwickelt werden, wird der Schwerpunkt auf die Mensch-Computer-Interaktion gelegt. Das heißt, die Hard- und Softwaregestaltung findet primär Beachtung. Die organisatorische und psychologische, teilweise auch die ergonomische Arbeitsgestaltung werden zugunsten der technischen und technologischen Gestaltung oft vernachlässigt.

- Informationssysteme dienen der Standardisierung von Produktions-prozessen, -bedingungen und -ergebnissen. Eine zentrale Stellung haben hierbei *Kennzahlen*. Sie sind Maß-, Ziel- und Kontrollgrößen - und somit ein wichtiges Führungsinstrument. Sie dienen den Planern und Entscheidungsträgern als entscheidendes Hilfsmittel zur Beurteilung der Leistungsfähigkeit einer Fertigung. Demzufolge ist es nötig, dass Kennzahlen zur Leistung, Qualität, zu den Fabrikkosten, zum Personal u. a. m. einheitlich verwendet werden. Dies gilt für ihre Nutzung, aber auch für ihre Berechnung und Interpretation. Besonders bei integrierten Informationssystemen (IIS), die konzernweit Anwendung finden, ist dies erforderlich.

- Bei der Anwendung von I&K-Systemen ist auf ein angemessenes *Verhältnis von technikbasierter (unpersönlicher) und persönlicher Kommunikation* zu achten. Auch in einer Welt der Technik, die u. a. durch die Automobilindustrie repräsentiert wird, sollte die technikbasierte Information und Kommunikation stets der persönlichen Kommunikation in der Belegschaft dienen. Es ist eine optimale Wechselwirkung von technikbasierter und persönlicher Kommunikation bei der Anwendung von Informationssystemen anzustreben.

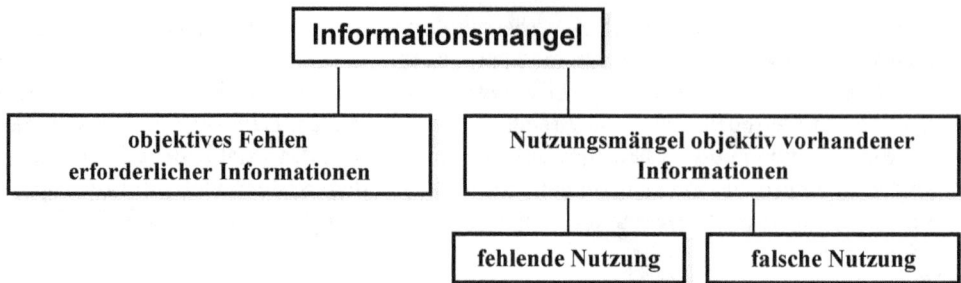

Abb. 5.1: Informationsmängel

Bei der Entwicklung und Implementierung eines Informationssystems ist grundsätzlich die Frage zu stellen, welche Management- oder welche Mitarbeitergruppe braucht welche Informationen. Informationssysteme sind also bezogen auf Nutzergruppen. Demgemäß sind bei der Analyse, Gestaltung und Evaluation deren psychische Leistungsvoraussetzungen zu beachten. Ist dies nicht hinreichend der Fall, können Informationsmängel verschiedenster Provenienz (siehe Abb. 5.1) oder eine schwer zu bewältigende Informationsflut (information overload) auftreten.

Letztendlich muss es bei der Entwicklung und dem Betrieb von Informationssystemen ein Basisanliegen werden, diese auf der Grundlage des mehrdimensionalen Mensch-Technik-Organisations-Ansatzes auch arbeits-, organisations- und ingenieurpsychologisch zu bewerten. Der arbeits- und organisationspsychologische Ansatz fokussiert die Einbettung des IS in die Aufbau- und Ablauforganisation, der ingenieurpsychologische Ansatz die humanzentrierte Gestaltung der sog. Benutzerschnittstelle.

Literatur

Beyer, H. & Holtzblatt, K. (1998). Contextual Design: Defining Customer-Centered Systems. San Francisco: Morgan Kaufmann.

Bubb, H. & Sträter, O. (2006). Grundlagen der Gestaltung von Mensch-Maschine-Systemen. In Zimolong, B. & U. Konradt (Hrsg.), Ingenieurpsychologie, Enzyklopädie der Psychologie, Serie III, Bd. 2 (143-177). Göttingen: Hogrefe.

Delone, W. H. & E. R. McLean (2003). The Delone and McLean Model of Information System Success: A Ten-Year Update. Journal of Management Information Systems, 19, 4, 9-30.

DIN EN ISO 9241-110 (2008). Ergonomie der Mensch-System-Interaktion – Teil 110: Grundsätze der Dialoggestaltung. Berlin: Beuth.

Dzida, W. & Wandke, H. (2006). Software-Ergonomie: Gestalten und Bewerten interaktiver Systeme. In Zimolong, B. & U. Konradt (Hrsg.), Ingenieurpsychologie, Enzyklopädie der Psychologie, Serie III, Bd. 2 (462-486). Göttingen: Hogrefe.

Gable, G. G., Sedera, D. et al. (2008). Re-conceptualizing Information System Success: The IS-Impact Measurement Model. Journal of the Association for Information Systems, 9, 1, 1-32.

Gluchowski, P., Gabriel, R. & Dittmar, C. (2008). Management Support Systeme und Business Intelligence. Computergestützte Informationssysteme für Fach- und Führungskräfte (2. Aufl.). Berlin: Springer.

Frese, M. & Brodbeck, F. C. (1989). Computer in Büro und Verwaltung: Psychologisches Wissen für die Praxis. Berlin: Springer.

Frieling, E. & Buch, M. (2007). Arbeitsanalyse als Grundlage der Arbeitsgestaltung. In H. Schuler & Kh. Sonntag (Hrsg.), Handbuch der Arbeits- und Organisationspsychologie (117-279). Göttingen: Hogrefe.

Gable, G. G., Sedera, D. et al. (2008). Re-conceptualizing Information System Success: The IS-Impact Measurement Model. Journal of the Association for Information Systems, 9, 7, 1-32.

Grote, G., Wäfler, T., Ryser, C., Weik, S., Zölch, M. & Windischer, A.(1999). Wie sich Mensch und Technik sinnvoll ergänzen. Die Analyse automatisierter Produktionssysteme mit KOMPASS. Zürich: vdf Hochschulverlag.

Grunwald, W. (1983). Innerbetriebliche Information. In Stoll, F. (Hrsg.), Psychologie des 20. Jahrhunderts: Arbeit und Beruf (Bd. 2, 287 - 313). Weinheim & Basel: Beltz.

Hacker, W. (2005). Allgemeine Arbeitspsychologie (2. Aufl.). Bern: Huber.

Harbich, St., Hassenzahl, M. & Kinzel, K. (2007). e4 – Ein neuer Ansatz zur Messung der Qualität interaktiver Produkte für den Arbeitskontext. In T. Gross (Hrsg.), Mensch und Computer 2007: Konferenz für interaktive und kooperative Medien (S. 39). München: Oldenbourg.

Herczeg, M. (2005). Softwareergonomie: Grundlagen der Mensch-Computer-Kommunikation (2. Aufl.). München & Wien: Oldenbourg.

Herrmann, T., Hoffmann, M., Kunau, G. & Loser, K.-U. (2004). A modeling method for the development of groupware applications as socio-technical systems. Behaviour & Information Technology, No. 2, p. 119-135.

Jansen-Dittmer, H. (2006). Social Engineering. In Dahm, M., Grundlagen der Mensch-Computer-Interaktion (325-358). München: Pearson Studium.

Klix, F. (1971). Information und Verhalten. Huber: Bern.

Krcmar, H. (2009). Informationsmanagement (5. Aufl.). Berlin & Heidelberg: Springer.

Lehmann, M. (2009). Entwicklung einer Methodik zur Entwicklung von handlungsleitenden Informationsprozessen in Fertigungsabläufen der variantenreichen Großserienfertigung. Dissertation an Fakultät für Maschinenbau der TU Chemnitz.

Mertens, S. (1997). Produktionsfaktor Information. Lösungsansätze zum erfolgreichen Informationsmanagement. REFA-Nachrichten 5, 14-18.

Mumford, E. (2000). A socio-technical approach to system design. In Requirements Engineering (pp. 125-133). London: Springer Verlag.

Rammelt, S. (2004). Arbeitsorganisatorische Untersuchung der Fertigungsabläufe in der Endmontage einer Automobilfertigung. Diplomarbeit an FH Merseburg, FB Wirtschaftswissenschaften (unveröff.).

Neubauer, W. (2005). Gestaltung und Evaluation eines Mitarbeiter-Management-Informations-Systems in der Montage eines Automobilwerkes. Wissenschaftliche Schriftenreihe des Instituts für Betriebswissenschaften und Fabriksysteme der TU Chemnitz.

REFA (1993). Grundlagen der Arbeitsgestaltung (2. Aufl.). München: Hanser.

Richter, P. & Hacker, W. (1998). Belastung und Beanspruchung. Streß, Ermüdung und Burnout im Arbeitsleben. Heidelberg: Asanger.

Richter, M. & Flückinger, M. (2007). Usability Engineering kompakt. Heidelberg: Spektrum Akademischer Verlag.

Rössel, J. (2008). Designansätze. Benutzerzentriertes Design. (unveröff. Manuskript)

Rudow, B. (2004). Das gesunde Unternehmen. Gesundheitsmanagement, Arbeitsschutz und Personalpflege in Organisationen. München & Wien: Oldenbourg.

Rudow, B. (2011). Die gesunde Arbeit. Arbeitsgestaltung, Arbeitsorganisation und Personalführung (2. Aufl.). München: Oldenbourg.

Rudow, B., Göldner, R., Neubauer, W. & Krüger, W. (2006). Mitarbeiter mit veränderter Leistungsfähigkeit: Ansätze einer differentiellen Personalführung. Personalführung, 9, 84-91.

Rudow, B. & Lehmann, M. (2007). Das MMIS (Mitarbeiter-Management-Informations-System) in der Automobilindustrie. In Kasper, R. et al. (Hrsg.), Automotive. Impulse für den Maschinenbau. Tagungsband (300-307). TU Magdeburg: Eigenverlag.

Sarodnick, F. & Brau, H. (2006). Methoden der Usability Evaluation. Bern: Huber.

Strohm, O. & Ulich, E. (1997). Unternehmen arbeitspsychologisch bewerten. Ein Mehrebenen-Ansatz unter besonderer Berücksichtigung von Mensch, Technik und Organisation. Zeitschrift für Arbeitswissenschaft, 51 (23 NF), Heft 1, 11-18.

Sommerville, I. (2007). Software Engineering (8. Aufl.). München: Pearson Studium.

Sydow, J. (1985). Der soziotechnische Ansatz der Arbeits- und Organisationsgestaltung. Frankfurt/M.: Campus.

Sylla, C. & H. J. Wen (2002). A conceptual framework for evaluation of information technology investments. International Journal of Technology Management, 24, 2/3, 236-246.

Schellenberg (2005). Leistungsbewertung und Wettbewerb – Erweiterung der Funktionalität des Mitarbeiter-Management-Informationssystems (MMIS). Diplomarbeit an TU Chemnitz, FB Wirtschaftswissenschaften (unveröff.).

Ulich, E. (2011). Arbeitspsychologie (6. Aufl.). Stuttgart: Schäffer & Poeschel.

Volkswagen (2008a). Weil wir Volkswagen sind. Management Konferenz 2008. MANAGER-MAGAZIN des Volkswagen-Konzerns. Wolfsburg: VW.

Volkswagen (2008b). Volkswagen-Weg. Management- und Mitarbeiterinformation. Wolfsburg: VW.

Volkswagen (2006). Betriebsvereinbarung Nr. 06/06. Rahmenvereinbarung zum „Volkswagen-Weg": Organisationsentwicklung, Arbeits- und Prozessorganisation, Volkswagen-Produktionssystem. Wolfsburg: VW.

Wandke, H. (2007). Mensch-Computer-Interaktion. In H. Schuler & Kh. Sonntag (Hrsg.), Handbuch der Arbeits- und Organisationspsychologie (203-209). Göttingen: Hogrefe.

Wildemann, H. (1995). Komplexitätsmanagement in der Fabrikorganisation. Zeitschrift für wirtschaftliche Fertigung, Nr. 1-2, 21-26.

Wieland, R. , Klemens, S., Scherrer, K. & Timm, E. (2004). Moderne IT-Arbeitswelt gestalten – Anforderungen, Belastungen und Ressourcen in der IT-Branche. Veröffentlichungen zum Betrieblichen Gesundheitsmanagement, Bd. 4. Hamburg: Techniker Krankenkasse.

Wilhelm, S. & Spath, D. (2003). Information und Kommunikation in der Produktion. Ergebnisse einer Unternehmensbefragung. Stuttgart: Fraunhofer IRB.

Über den Autor

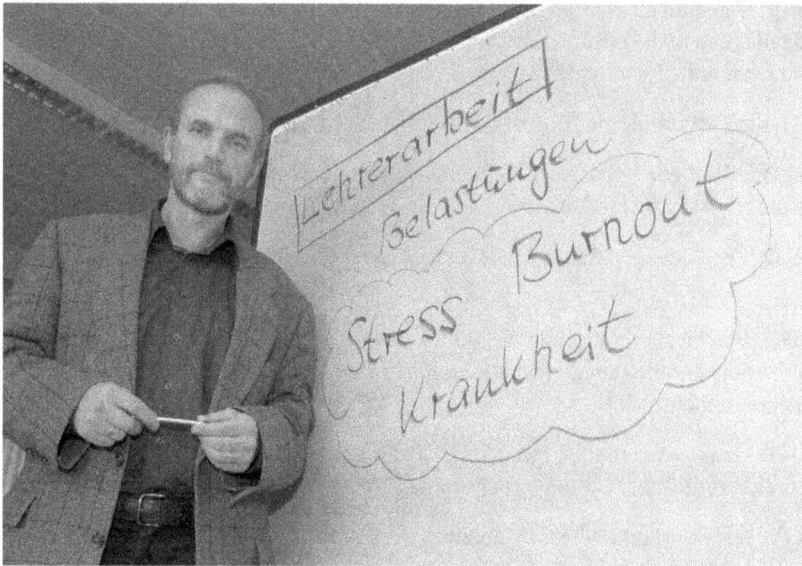

Prof. Dr. rer. nat. habil. Bernd Rudow (geb. 1947)
Professur für Arbeitswissenschaften an Hochschule Merseburg
Fachbereich Ingenieur- und Naturwissenschaften
Direktor des M4-Instituts

bernd.rudow@hs-merseburg.de, b.rudow@t-online.de

Arbeitsschwerpunkte
Betriebliches Gesundheitsmanagement, Arbeitsschutz und Arbeitssicherheit, Arbeitsanalyse und -gestaltung, psychische Belastung und Beanspruchung, Stress und Stressmanagement, psychische Störungen in der Arbeit, Personalführung und -pflege, betriebliche Informationssysteme, Mensch-Computer-Interaktion; die Arbeit von Managern, Lehrern, Erzieherinnen, Sozialarbeitern, Straßenbahn- und Omnibusfahrern, Montagearbeitern und behinderten bzw. leistungsgewandelten Mitarbeitern.

Gestaltung von Fahrerinformations- und -assistenzsystemen – eine Aufgabe ingenieurpsychologischer Forschung

Design of driver information and support systems
A challenge for research in engineering psychology

Hartmut Wandke

Zusammenfassung

Das Anwendungsfeld von ingenieurpsychologischen Erkenntnissen umfasst die Analyse und Gestaltung von Mensch-Maschine-Systemen, die ein wesentliches Einsatzfeld von Informations- und Kommunikationstechnologien sind. Dabei geht es einerseits um Fragen der Funktionsverteilung zwischen Mensch und technischen Systemen (Grad der Automatisierung) und um die Optimierung des Informationsaustauschs zwischen beiden Komponenten (User Interface Design).

Die dabei zu lösenden Aufgaben werden am Beispiel von Fahrerinformations- und Fahrerassistenzsystemen illustriert und es werden Brücken geschlagen zur Gestaltung von IT-Systemen in der Produktion bzw. in F&E-Bereichen.

Summary

The field of application of findings from engineering psychology comprises the analysis and design of human-machine systems which is an important area of use for information and communications technologies. On the one hand it is a question of the allocation of functions between humans and technical systems (level of automation) and, on the other, the optimisation of the exchange of information between both components (User Interface Design). The tasks to be resolved are illustrated using the example of driver information and support systems and connections shall be made to the design of IT systems in Production or in Research and Development.

1   Einleitung

Mit diesem Beitrag soll aufgezeigt werden, dass die Einbeziehung von IuK-Technologien in alle Lebensbereiche – und damit auch in die Prozesse der Automobilindustrie - nur erfolgreich sein kann, wenn man die Belange der Menschen, die sich dieser Technologien bedienen, in vollem Umfang berücksichtigt. Zu diesen Belangen gehören allgemeine und individuelle Leistungsvoraussetzungen im perzeptiven, kognitiven und sensomotorischen Bereich, wie Wahrnehmung, Gedächtnis, Wissen und Erfahrungen, Fähigkeiten und Fertigkeiten zur Entscheidung und zur Handlungsteuerung. Es geht auch um die Berücksichtigung von Bedürfnissen, Motiven, Zielen und Emotionen von Menschen, die sich letztlich in der Akzeptanz und in der Art der Nutzung von IuK-Technologien auswirken. Es soll gezeigt werden, dass diese Fragen zum Gegenstandsbereich der Ingenieurpsychologie gehören. Die Aufgaben der Ingenieurpsychologie werden anhand eines gut untersuchten Anwendungsgebietes exemplarisch demonstriert: der Analyse, Gestaltung und Bewertung von Fahrerassistenz- und -informationssystemen (FAS/FIS), die in den letzten Jahren einen großen Teil der Innovation im Automobilbau ausgemacht haben.

Von den Erkenntnissen bei der Entwicklung von FAS/FIS kann man eine Brücke schlagen zur Unterstützung von Führungskräften in der Automobilproduktion. Das Führen eines Fahrzeugs und das Führen einer Fabrik, einer Abteilung oder eines Meisterbereichs weisen durchaus Parallelen auf: Es geht darum, ein klaren Blick auf das Geschehen zu haben, die richtigen Entscheidungen zu treffen, mit dem passenden Timing Aktionen durchzuführen und deren Effekte zu kontrollieren. Während beim Autofahren viele Funktionen an Fahrerassistenzsystem delegiert werden können, geschieht die Delegation beim Führen von Produktionsprozessen hauptsächlich an Mitarbeiter. Allerdings ermöglichen immer intelligenter werdende IT-Systeme auch eine Delegation an eben diese Systeme. Natürlich ist das Führen einer Organisation sehr viel komplexer, doch besitzt die Unterstützung durch IuK-Technologien gerade dadurch besonders viel Potential.

2   IuK-Technologien müssen gestaltet werden

Informations- und Kommunikationstechnologien haben nach einer historisch kurzen Anlaufphase, die der Entwicklung der technischen Grundlagen diente, in den letzten drei Jahrzehnten das gesamte Leben sowohl in individueller als auch gesellschaftlicher Perspektive gründlich verändert. Gerade auch im Bereich wirtschaftlicher Prozesse haben sich grundlegende Veränderungen vollzogen, wobei das Tempo dieser Veränderungen generell sehr hoch ist und immer noch zunimmt. Allen diesen Veränderungen wohnt ein janusköpfiger Charakter inne: Zum einen ergeben sich immense Produktivitätsfortschritte, zum anderen stellen sie erhebliche Anforderungen an die Innovationsbereitschaft, Flexibilität und Lernfähigkeit der Benutzer solcher Systeme. Manche Forscher, wie z. B. Carr (2004), warnen in diesem Zusammenhang gar vor einem „Produktivitätsparadox" bei der Einführung von IuK-

Technologien. Die Kosten für die Beschaffung von Hard- und Software, für die Systemmigration, die Entwicklung von Programmen, für das Training und die Einarbeitung von Benutzern, sowie für Pflege und Wartung des Systems können so groß werden, dass der Produktivitätsgewinn in einem üblicherweise sehr kurzen IT-Innovationszyklus nicht ausreicht, um eben diese Kosten zu decken.

Die Gefahr besteht nicht nur bei komplexer betriebswirtschaftlicher Software, sondern im übertragenen Sinne auch bei Anwendungen, die für individuelle Benutzer gedacht sind. So haben Fahrerassistenz und –informationssysteme eine deutliche Verbesserung der Verkehrssicherheit und des Fahrkomforts bewirkt. Gleichzeitig bergen sie jedoch gerade für denjenigen, der ein HighTech-Auto zum ersten Mal fährt, z. B. als Mietwagen, auch die Gefahr der Überforderung. Fahrer müssen u. U. komplexe und tief geschachtelte Menüs durchsuchen, um eine bestimmte Funktion zu finden. Eine Untersuchung der Zeitschrift „Auto, Motor und Sport" vom Mai 2006 zeigte, dass die Bedienung einer Funktionen für Klima/Sitzheizung, Audio, Navigation usw. bei fünf Oberklasse-Fahrzeugen im Mittel zwischen 13 und 37 Sekunden dauerte, wenn die Bedienung während der Fahrt erfolgte. Zu vergleichbaren Ergebnissen kommt die Zeitschrift „Automobil Tests" (2007) bei elf anderen Fahrzeugen, bei denen die Bedienzeiten z. B. bei der Änderung der Luftverteilung im Mittel 14,5 Sekunden benötigt (von 5,8 bis 49,6). Damit lenken komplexe Fahrerinformationssysteme ähnlich stark ab, wie die Benutzung von Mobiltelefonen. Zum anderen droht bei einigen Systemen eine Gefahr dadurch, dass Fahrer verleitet werden, sich zu stark (oder gar ausschließlich) auf die technischen Funktionen und Informationen zu verlassen, wie zahlreiche Vorfälle zum gedankenlosen Befolgen von fehlerhaften Anweisungen von Navigationssystemen belegen (Grabowski & Sanborn, 2003; Bahner et al., 2008).

Viele wissenschaftliche Disziplinen arbeiten daran, dass die genuinen Vorteile der IuK-Technologien voll genutzt und gleichzeitig die potentiellen Nachteile abgewendet werden können. Zu diesen Disziplinen gehört in vorderster Front die Ingenieurpsychologie. Dabei geht es in beiden Fällen – individuelle IuK-Technik im Alltag und komplexe Software für industrielle Prozesse, die um beliebige andere Anwendungsgebiete ergänzt werden könnten – darum, das Kosten-Nutzen-Verhältnis auf der menschlichen Seite zu verbessern. Die beiden Hauptfelder ingenieurpsychologischer Forschung lassen sich direkt auf das geschilderte Problem beziehen:

- Wie sollen die Bearbeitung von Aufgaben zwischen Mensch und Maschine (insbesondere Computersystemen) aufgeteilt werden, so dass diese Aufgaben möglich schnell, zuverlässig und aufwandsarm ausgeführt werden können? Dies ist das zentrale Feld der Funktionsteilung oder der Automatisierung bzw. Assistenz.
- Wie soll der Informationsaustausch zwischen Mensch und Maschine erfolgen, damit die getroffene Funktionsteilung in einer optimalen Interaktion zwischen Mensch und Maschine realisiert werden kann? Dies ist das zentrale Feld der User Interface Analyse, seiner Gestaltung und Evaluation.

Die Forschung in beiden Felder liefert gemeinsam Erkenntnisse, die für die Lösung des oben genannten Produktivitätsparadoxon genutzt werden können. Anstelle von Produktivität können natürlich in den verschiedenen Anwendungsgebieten auch Sicherheit, Umweltverträglichkeit, Komfort und andere Kriterien stehen.

3   Gegenstand der Ingenieurpsychologie

Die Ingenieurpsychologie ist ein Teilgebiet der angewandten Psychologie, das sich mit der Analyse, Gestaltung und Bewertung von Mensch-Maschine-Systemen (MMS) beschäftigt. Sie analysiert und bewertet die Tätigkeiten, Handlungen und Operationen von Menschen, die als Operateure oder Benutzer in MMS tätig sind (Wandke, 2007a). Dabei wird der Begriff „Maschine" im weitesten Sinne verwendet. So kann ein Taschenrechner, ein Auto oder ein Flugzeug darunter fallen, aber auch ein Computersystem oder eine spezielles Computerprogramm, ebenso wie eine Website oder das gesamte Internet. Von Operateuren spricht man, wenn die Maschine eine Eigendynamik aufweist, wie es z. B. in der Prozessindustrie, in der Energiewirtschaft oder bei Verkehrsmitteln der Fall ist. Die Benutzerrolle liegt bei Maschinen vor, die ohne menschliche Eingriffe in definierten Zuständen verharren, wie es etwas typische Computer-Programme für Büroanwendungen tun. Gegenwärtig erleben wir eine Verschmelzung beider Rollen. Ein klassischer Operateur wie z. B. ein Pilot wird zu großen Anteilen auch Benutzer, wenn er mit seinem Fligth Management System umgeht. Umgekehrt werden Benutzer traditioneller Produktionsplanungs- und –steuerungssysteme zu Operateuren, wenn diese Systeme direkt mit Maschinen und Anlagen verbunden werden. Heute übliche Mensch-Maschine-Systeme bestehen meist aus Hard- und Softwarekomponenten, sind oft vernetzt und bilden nicht nur mit einer Person eine Einheit, sondern mit mehreren. Das Stichwort dafür lautet CSCW (Computer Supported Cooperative Work). Sie lassen sich durch eine Reihe von Merkmalen gut abgrenzen von traditioneller Techniknutzung, die keinen systemischen Charakter aufweist:

- MMS sind durch eine Teilung von Funktionen gekennzeichnet. Sowohl der Operateur oder Benutzer als auch die Technik führen bestimmte Funktionen aus. Maschinelle Funktionen werden oft vom Menschen ausgelöst (und laufen dann selbständig weiter) oder sie werden autonom von der Maschine durchgeführt. Vollautomatische Systeme sind keine MMS. In einem komplett automatisierten Auto gibt es keinen Fahrer mehr, sondern nur noch Passagiere. Viele hochgradig automatische Systeme sind jedoch dadurch gekennzeichnet, dass der Operateur wenigsten gelegentlich eine Überwachungsfunktion übernimmt.
- MMS sind dadurch gekennzeichnet, dass Mensch und Technik Informationen austauschen. Sie unterscheiden sich dadurch vom Werkzeuggebrauch (z. B. eine elektrische Bohrmaschine), bei dem allein Energie übertragen und ggf. verstärkt wird.
- Der Informationsaustausch erfolgt in MMS teilweise oder vollständig in kodierter Form, z. B. durch Anzeigen (optische und akustische Signale, analoge und diskrete Messgeräte, textliche, numerische und grafische Ausgaben, multimediale Präsentationen auf Bildschirmen usw.) und Bedienelemente (Hebel, Schalter, Regler, Tasten, Touchpads usw.) aber auch durch Spracheingabe, Gesten und Kombinationen verschiedener Modalitäten. Wenn alle Informationen dem Operateur in direkt wahrnehmbarer Form (sichtbar, hörbar, greifbar etc.) zur Verfügung stehen und wenn er auf Prozesse, die von der Maschine ausgeführt werden, unvermittelt Einfluss nehmen kann, in dem er Geräteteile oder Arbeits-

gegenstände z. B. manuell kontrollieren und manipulieren kann, so handelt es sich nicht um ein MMS.

- Der Informationsaustausch erfolgt in MMS bidirektional. Eine reine Informationspräsentation, wie sie z. B. bei einer Anzeigetafel auf einem Flughafen oder Bahnhof erfolgt, bildet mit dem Betrachter noch kein MMS, ebenso wenig wie die reine Eingabe von Informationen in ein Datenerfassungssystem.

Bei der ingenieurpsychologischen Analyse, Gestaltung und Bewertung von MMS werden nicht nur die ausgeführten Handlungen betrachtet, sondern auch die zugrunde liegenden oder daraus folgenden sensorischen, kognitiven, motorischen, emotionalen, motivationalen und volitiven Prozesse und Zustände. Zugleich untersucht die Ingenieurpsychologie, wie gestaltbare Merkmale von technischen Systemen Einfluss auf die Handlungen von Operateuren und auf die damit verbundenen psychischen Prozesse nehmen. Dadurch gewinnt die Ingenieurpsychologie Erkenntnisse, die als Grundlage von technischen Gestaltungsmaßnahmen verwendet werden können. Die eigentliche Gestaltung erfolgt in Zusammenarbeit mit technischen Disziplinen, wodurch sich der interdisziplinäre Charakter der Ingenieurpsychologie ergibt. Ihre Methodik hat sie vor allem von der experimentellen Psychologie übernommen, wobei das Simulationsexperiment eine herausragende Stellung besitzt.

Der Gegenstand der Ingenieurpsychologie wird auf die Handlungen von Operateuren oder Benutzern in der Betriebsphase fokussiert. Allerdings werden auch in anderen Phasen des MMS-Lebenszyklus die Handlungen von Menschen psychologisch untersucht. Daraus ergeben sich weitere psychologische Fragestellungen, die folgenden Phasen betreffen können:

- den Entwurf, die Entwicklung und ggf. die Konfiguration und Programmierung von MMS. Dabei spielen Untersuchungen an Simulationen, Mockups, Prototypen und Pilotanlagen eine wichtige Rolle,
- die Entwicklung und der Test von Bedienanleitungen, Checklisten, Handbüchern, Online-Hilfen, tutoriellen Komponenten und Instruktionsmaterialien,
- die Inbetriebnahme von MMS, die Ausbildung bzw. das Training von Operateuren und Benutzern,
- das Updating, die Instandhaltung, die Störfallbehandlung, die Fehlersuche und die Reparatur,
- die Außerbetriebnahme, Demontage und Entsorgung.

Die in diesen Phasen auftretenden psychologischen Fragen sind ebenfalls Gegenstand der Ingenieurpsychologie, werden aber z. T. auch in anderen Teildisziplinen behandelt. Abb. 3.1 zeigt wesentliche Komponenten eines MMS aus der Sicht der Ingenieurpsychologie in stark vereinfachter und schematischer Form. Der Fokus liegt auf den informationsverarbeitenden Prozessen des Operateurs. Der Informationsaustausch zwischen technischem Prozess und Operateur erfolgt sowohl direkt (z. B. mit einem Blick durch die Frontscheibe eines Fahrzeugs), indirekt über Anzeige- und Bedienelemente (z. B. durch Blick auf die Tankanzeige) und auch durch die Vermittlung eines Computersystems, das gesonderte Bedien- und Anzeigeelemente besitzt (wie z. B. ein Navigationssystem oder ein Bordcomputer). Einige Informationsflüsse vermitteln zwischen dem technischen Prozess und dem Operateur (z. B. zwischen Fahrzeug und Fahrer), andere betreffen allein den Austausch zwischen Computer und

Operateur (z. B. bei der Umschaltung von Karten- auf Pfeildarstellung im Navigationssystem).

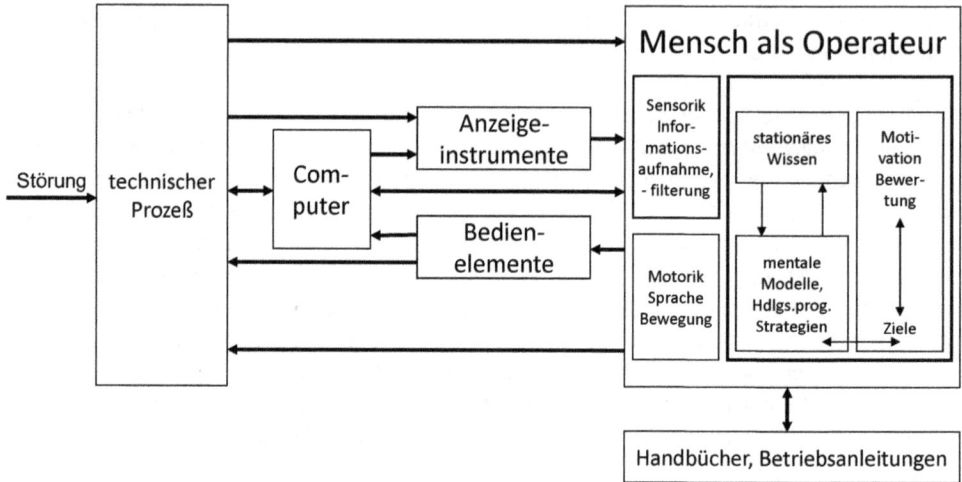

Abb. 3.1: Schematischer Aufbau eines MMS. Das Schema zeigt ein komplexes System. Bei dem technischen Prozess könnte es sich z. B. um die Führung eines Pkws handeln. Störungen können von außen kommen (regelwidriges Verhalten anderer Verkehrsteilnehmer) oder von innen (Defekte im Fahrzeug). Ein oder mehrere Computer können direkt mit dem Fahrzeug interagieren (ESP) oder zwischen Fahrer und Fahrzeug geschaltet sein (Bordcomputer, Informationssysteme). Es gibt traditionelle Anzeigeinstrumente (Tachometer) und Bedienelemente (Gaspedal, Bremse), sowie solche zur Kommunikation mit dem Computer (Touchscreen, Softkeys, Vier-Wege-Taster). Nicht immer sind alle Komponenten vorhanden. So kann der Computer fehlen (Dampflok) oder der technische Prozess (Büro-PC).

MMS können auf verschiedenen Ebenen untersucht werden, wobei die Spezifik der Ingenieurpsychologie durch die mittleren der folgenden Ebenen bestimmt wird:

Auf der Ebene der Gesellschaft werden die Auswirkungen einer MMS-Technologie (z. B. des individuellen Straßenverkehrs) auf soziale, ökologische und gesamtwirtschaftliche Prozesse betrachtet. Auf der Organisationsebene geht es um den effizienten und sicheren Betrieb eines MMS (z. B. einer Fahrzeugflotte eines Speditionsunternehmens). Auf der Team-Ebene spielt die Kooperation und Kommunikation zwischen Operateuren (z. B. zwischen LKW-Fahrer und Dispatcher einer Spedition) eine Rolle. Auf der Operateursebene (z. B. des Fahrers) geht es um die Optimierung individueller kognitiver Prozesse bei der Interaktion mit technischen Systemen (z. B. im Fahrzeugcockpit). Dabei spielen auch nicht-technische Randbedingungen wie z. B. Zeitdauer (Langstreckenfahrt), äußere Faktoren (Wetter) und Aktivierung (Ermüdung, Stress) eine große Rolle. Auf der physiologischen Ebene geht es um sinnesphysiologische Leistungen (z. B. beim Ablesen von Instrumenten) und um die Erfordernisse beim Betätigen von Bedienelementen (z. B. aufzubringende Kräfte). Auf der anatomischen Ebene geht es z. B. darum, ob Bedien- und Anzeigeinstrumente optimal im Greifraum (Warnblinkanlage) oder im Gesichtsfeld (z. B. Head-up Display) befinden.

Das Gegenstandsgebiet der Ingenieurpsychologie lässt sich – wie oben bereits ausgeführt - in zwei große Themenfelder unterteilen: (1) Funktionsteilung und (2) Informationsaustausch zwischen Mensch und Maschine.

4 Funktionsteilung zwischen Mensch und Maschine

In der Ingenieurpsychologie wird Funktionsteilung unter folgenden Aspekten betrachtet:

- Kann der Operateur/Benutzer oder eine Automatik/ein Computerprogramm eine Funktion besser ausführen? „Besser" heißt je nach Anwendungsfall z. B. schneller, genauer, zuverlässiger, flexibler, situationsangepasster, sensibler oder umfassender. Dabei ist es wichtig, nicht nur den Normalbetrieb eines MMS zu betrachten, sondern insbesondere Störfälle und Ausnahmesituationen zu berücksichtigen. Die Funktionsteilung ist immer auf den aktuellen Stand der Technik bezogen. Am Beispiel von Fahrerassistenzsystemen wird deutlich, dass ein Computerprogramm zur Stabilisierung des Fahrzeugs viel schneller und präziser eingreifen kann als es der Fahrer je könnte. Andererseits können Menschen komplexe Verkehrssituationen, etwa die Absichten anderer Verkehrsteilnehmer, gegenwärtig noch viel besser erkennen und interpretieren als es die leistungsstärksten Bildverarbeitungssysteme vermögen.

- Wie stark wird der Operateur durch die Funktionsteilung beansprucht? Häufig finden sich Funktionsteilungen, bei denen der Operateur fast durchgängig unterfordert ist, aber selten und plötzlich einer starken Überforderung ausgesetzt ist. Auch hier lassen sich aktuelle Forschungsfragen für Fahrerassistenz- und Fahrerinformationssysteme einordnen, die zuvor in ähnlicher Weise bei der Funktionsteilung zwischen Pilot und Autopilot im Flugzeug aufgeworfen wurden: „Bei normal operation gibt es nichts zu tun, bei abnormal alles." So beschreibt Norman (2007) die Fahrt mit einem Auto, das mit einem Adaptive Cruise Control System (ACC) zur automatischen Abstandshaltung ausgerüstet ist und bei dem die aktuelle Geschwindigkeit auf einem Highway deutlich unter der eingestellten Wunschgeschwindigkeit liegt, weil das Tempo an ein vorausfahrendes langsames Fahrzeug angepasst wurde. Bei der Abfahrt vom Highway ist das vorausfahrende Fahrzeug nicht mehr im Radar des ACC und das System beschleunigt, obwohl auf der Abfahrt eigentlich gebremst werden müsste. Plötzlich entsteht eine brenzliche Situation für den Fahrer, die sein sofortiges Eingreifen erfordert. Bei neueren ACC-Systemen, die mit dem Navigationssystem verbunden sind, kann dies nicht mehr passieren, was andererseits bedeutet, dass die Phasen, in denen der Fahrer sich (scheinbar) sorglos auf das System verlassen kann, noch länger werden und die plötzliche Übernahmesituation noch seltener und damit noch überraschender eintritt.

- Wie wirkt sich die Funktionsteilung längerfristig auf die Kompetenz des Operateurs/Benutzer aus? Diese Frage betrifft insbesondere hochautomatisierte Prozesse, bei denen Operateure nur noch selten eingreifen. In professionellen Systemen (z. B. Flugführung, Überwachung von Kraftwerken) wirkt man dem potentiellen Verlust von kognitiven und sensomotorischen Fertigkeiten durch gezielte Simulatortrainings entgegen. Was kritische Flugsituationen betrifft, so haben heutzutage die Piloten die meisten Erfahrungen damit im Simulator erworben. Bei einer fortschreitenden Automatisierung der Fahrzeugführung im Straßenverkehr ist es noch offen, auf welche Art und Weise der Erhalt von fahrerischen Fertigkeiten in Notsituationen am besten erreicht werden kann.

Die Funktionsteilung spielt bei der Automatisierung eine große Rolle, wobei insbesondere flexible und adaptive Formen der Automatisierung sowie Assistenzsysteme von der Ingenieurpsychologie untersucht werden.

Die Funktionsteilung ist auch bei MMS relevant, die über keine Eigendynamik verfügen. Wenn bestimmte Funktionen fast ausschließlich von Computerprogrammen ausgeführt werden, so kann den Benutzern der Überblick über eine Situation verloren gehen, z. B. bei einem automatischen multiplen Terminabgleich zwischen den Kalendersystemen mehrerer Benutzer. Auch der Verlust von Fertigkeiten kann auftreten, etwa beim Kopfrechnen oder in der Rechtschreibung, wenn Schreibfehler automatisch und rückmeldungsfrei korrigiert werden. Die oben skizzierte „erlernte Sorglosigkeit" kann bei Systemen mit sehr hoher, aber nicht perfekter Zuverlässigkeit dazu führen, dass sich Benutzer „blind" auf die Daten eines ERP-Systems verlassen und auf zusätzliche Checks verzichten.

5   Informationsaustausch zwischen Mensch und Maschine

Wenn Mensch und Maschine unterschiedliche Funktionen durchführen, um gemeinsam eine oder mehrere Aufgaben zu erledigen, so ist es zwingend notwendig, sich darüber auszutauschen. Dieser Austausch betrifft wechselseitige Anweisungen, Informationen über laufende Prozesse und Rückmeldungen über Erfolg oder Misserfolg von Aktionen. Der Informationsaustausch wird sehr häufig auch als Mensch-Maschine-Kommunikation, als Human-Computer Interaction oder als Mensch-Rechner Dialog bezeichnet (Wandke, 2007b). Er benötigt eine Verbindungsstelle zwischen Mensch und Maschine; oft unzutreffend als Benutzerschnittstelle bezeichnet, denn es geht nicht um die Trennung, sondern um das Verbinden von Mensch und Maschine. Andere Begriffe sind User Interface oder Mensch-Maschine-Schnittstelle. Im Automobilbau hat sich das Kürzel HMI (Human Machine Interface) eingebürgert. Mitunter wird auch von einem Bedien- und Anzeigekonzept (BAK) gesprochen, vor allem, wenn es um die Prinzipien geht, die Mensch und Maschine verbinden (so folgen etwa das i-Drive von BMW und seine Nachfolger einem gemeinsamen Bedien- und Anzeigekonzept, während andere Bedienkonzepte z. B. auf der Basis von Touchscreens beruhen).

Sowohl die Ausgaben der Maschine als auch die Eingaben des Operateurs oder Benutzers müssen so gestaltet werden, dass der Informationsaustausch auf allen Ebenen eines User Interface optimal verläuft. Folgende Ebenen können unterschieden werden:

- *Pragmatische Ebene:* Welche Funktionen in einem MMS werden überhaupt mit einem Austausch von Informationen verbunden? Bestimmte Funktionen können vollkommen im Stillen ausgeführt werden, ohne dass der jeweils andere Part davon informiert wird. Bei der Fahrzeugführung sind dies z. B. Funktionen des Motormanagements auf der Maschinen-Seite und der Blick auf die Ampel auf der Mensch-Seite, vorausgesetzt, dass Fahrzeug ist nicht per Funk mit der Ampel verbunden, und es gibt keine Kamerasysteme an

Bord, die Verkehrsumgebung und Blickrichtung des Fahrers erfassen. Beides ist technisch möglich, wird jedoch z. Z. noch nicht serienmäßig eingesetzt.

- *Semantische Ebene:* Welche Inhalte werden ausgetauscht? In welchem Umfang und Detaillierungsgrad werden Informationen angezeigt und Operatoreingriffe ermöglicht? Welche Informationsobjekte und -funktionen werden bereitgestellt? Welche Sichten und Metaphern werden verwendet? Eine entscheidende Frage ist hier, wie stark Objekte und Funktionen differenziert werden. Man könnte z. B. in einem Geländewagen für jedes Rad und seine Aufhängung einzelne Parameter wie Traktion, Umdrehungszahl, Luftdruck, Dämpfung usw. einstellen und dabei schnell ein paar Dutzend Parameter anzeigen und ggf. verändern lassen oder man wählt – was üblicher Weise geschieht – nur wenige Funktionen (wie Asphalt, Matsch, Geröll, Schnee), zwischen denen der Fahrer auswählen kann.
- *Syntaktische Ebene:* Welche Regeln gelten für den Informationsaustausch? Wie werden welche Elemente der Anzeige und der Eingabe miteinander verknüpft? Eine wichtige Frage ist hier die nach dem Modus. Im Fahrzeugbereich gibt es verschiedene Modi, in denen unterschiedliche Funktionen erreichbar sind. Manche Hersteller erlauben z. B. aus Sicherheitsgründen die Eingabe von Zielen in ein Navigationssystem nur im Modus Stand, aber nicht während der Fahrt. Problematisch kann es werden, wenn der Modus nicht angezeigt wird. So mancher Mietwagenkunde dachte schon, dass sein Navigationssystem immer wieder ausfällt, weil Eingaben mal möglich waren (z. B. bei einem Ampelhalt), dann wieder nicht. Hier ist der Informationsaustausch zwischen Mensch und Maschine gestört. Ein anderes Beispiel ist der Unfall eines älteren Autofahrers auf einer glatten Straße, der bei der anschließenden Befragung angab, extra an diesem Tag sein ESP eingeschaltet zu haben. Was er nicht wusste: Das ESP war immer eingeschaltet (allerdings nur symbolisiert durch eine winzige LED) und durch den Tastendruck hatte er dieses sehr hilfreiche Assistenzsystem ausgeschaltet. Ein typischer Modus-Fehler.
- *Interaktions- oder Dialogebene:* Wie wird der Informationsaustausch initiiert, unterbrochen, fortgesetzt und beendet? In welchen Schritten wird er vollzogen? Hier stellen sich sehr viele Fragen, etwa, ob der Dialog explizit oder implizit geführt wird. Eine explizite Interaktion erfordert ein bestimmtes Maß an Aufmerksamkeit des Benutzers, z. B. bei Einstellung von Temperatur und Lüftung, während eine implizite Interaktion die Aufmerksamkeit des Benutzers entlastet, wenn z. B. eine adaptive Klimaanlage die bevorzugten Einstellung des Benutzers kennt und sich darauf einstellt. Eine weitere Frage ist die nach der Initiative: Erfolgt die Interaktion kommandobasiert, wie z. B. bei der Sprachsteuerung oder macht das System zunächst ein Angebot (in Form eines Menüs), aus dem der Benutzer eine Option auswählt. Es gibt darüber hinaus eine Vielzahl von Misch- und Zwischenformen für die Interaktion.
- *Modalitätenebene:* Welche Modalitäten (z. B. visuell, akustisch, haptisch) werden einzeln und in Kombination genutzt? Bei der Fahrzeugführung basiert die Primäraufgabe (das eigentliche Fahren) auf einer visuellen Informationsverarbeitung. Damit ist diese Modalität schon hochgradig ausgeschöpft, auch wenn weitere optische Anzeigen im Fahrzeug durch Blickwechsel wahrgenommen werden können. Da es jedoch nicht sinnvoll erscheint, immer mehr optische Anzeigen ins Fahrzeugcockpit zu integrieren (Gefahr des information overload), ist die Optimierung der Nutzung anderer Modalitäten zunehmend eine ingenieurpsychologische Aufgabe.

- *Medienebene:* Welche Medien (z. B. Text, Bild, Grafik, Video) werden zur Verfügung gestellt? Bei Multimedia-Anwendungen im Fahrzeug denkt man zunächst an Unterhaltungssysteme für die Passagiere, aber prinzipiell haben die verschiedenen Medienkombinationen ein erhebliches Unterstützungspotential auch für den Fahrer z. B. in Form von video-basierten fotorealistischen Navigationssystemen, die Landmarken oder vorausfahrende virtuelle Führungsfahrzeuge integrieren. Eine andere Form können touchscreen-basierte Fahrzeugmodelle sein, bei denen bestimmte Funktionen wie z. B. das Einschalten der Nebelrückleuchte direkt am Ort der (virtuellen) Nebelrückleuchte erfolgen kann. Durch den Einsatz von Multimedia kann die Anzahl von Hardware-Schaltern, aber auch von Menüoptionen deutlich reduziert werden.

- *Räumliche Ebene:* Wo werden welche Bedien- und Anzeigeelemente angeordnet, z. B. im Raum, auf einer Instrumententafel, in einem Cockpit oder auf einem Bildschirm? Auf dieser und auf den nachfolgenden beiden Ebenen sind traditionelle ingenieurpsychologische Aufgaben angesiedelt, zu denen es bereits eine große Anzahl gesicherter Erkenntnisse gibt, die aber auch durch neue technische Möglichkeiten (z. B. head-up displays und augmented reality) ständig ergänzt werden müssen. Räumliche Merkmale spielen auch bei der akustischen Informationsausgabe eine Rolle: Kommt z. B. die Navi-Stimme, die zum rechten oder linken Abbiegen auffordert, aus dem rechten bzw. linken Lautsprecher, so wirkt dieses zusätzliche räumliche Merkmal kognitiv entlastend auf den Fahrer.

- *Kodierungsebene:* Welche Zeichen, Symbole und Icons werden verwendet? Mit welchen Worten werden Funktionen und Objekte bezeichnet? Welche Farben, Größen, Formen, Bewegungsmerkmale usw. werden verwendet? Obwohl es hierfür schon eine große Anzahl standardisierter Lösungen gibt, entstehen auch immer wieder neue Fragen, z. B. dadurch, dass neue Antriebskonzepte (Elektro-/Hybridantriebe) mit neuen Funktionen und Objekten daher kommen, die gemeinsam mit ihren Zuständen visualisiert werden müssen. Eine andere Quelle für neue Kodealpabete und Zeichensätze ist die Car-to-Car-Communication bzw. Car-to-Infrastructure-Communication.

- *Hardwareebene:* Welche Ein- und Ausgabegeräte mit welchen Eigenschaften werden verwendet? So ist ein innovatives Bedien- und Anzeigekonzept wie das oben erwähnte i-Drive zu entwickeln, doch um aus einem ersten Entwurf durch Feintuning eine optimale Gestaltung zu erreichen, ist eine Vielzahl von ingenieurpsychologischen Untersuchungen notwendig, bei denen die verschiedensten Parameter (vom Widerstand bis zum Klickton beim Drehen) analysiert werden müssen.

6   Ingenieurpsychologische Untersuchungen für zukünftige Fahrerassistenzsysteme

Die in den vorhergehenden Abschnitten geschilderten Probleme haben zu gut ausgearbeiteten und überprüften Lösungen im Bereich von Fahrerassistenz- und Fahrerinformationssystemen geführt.

Die Beispiele haben aber auch gezeigt, dass jede Lösung zugleich neue Fragen aufwirft und dass ingenieurpsychologische Fragen nicht einmal und für immer und ewig beantwortet werden können, sondern sich jeweils neu stellen. Eine Entwicklung der nächsten Jahre verspricht ein besonders hohes Potential für Verbesserungen in der Verkehrssicherheit, in der Reduktion der Klimabelastung und in der Erhöhung des Fahrkomforts: Das vernetzte Fahren oder die Car-to-Car-Communication (C2CC). Bei dieser Technik bilden die Fahrzeuge ein ad-hoc-Netzwerk „rollender Computer" und tauschen gegenseitig Daten aus. In dieses Netzwerk können auch weitere stationäre Elemente einbezogen werden, wie z. B. Ampeln, Verkehrsleiteinrichtungen, aber auch Tankstellen, Werkstätten, sogar das Büro des Fahrers oder seine Wohnung. Im Prinzip handelt es sich hierbei um eine spezielle Variante des Internet of Things. In eigenen Untersuchungen haben wir schon vor der Einführung dieser IuK-Technologie geprüft, welche der zahlreichen neuen Funktionen, die durch C2CC möglich werden, bei den Autofahrern auf voraussichtlich hohe Akzeptanz stoßen werden (Naumann et al., 2006).

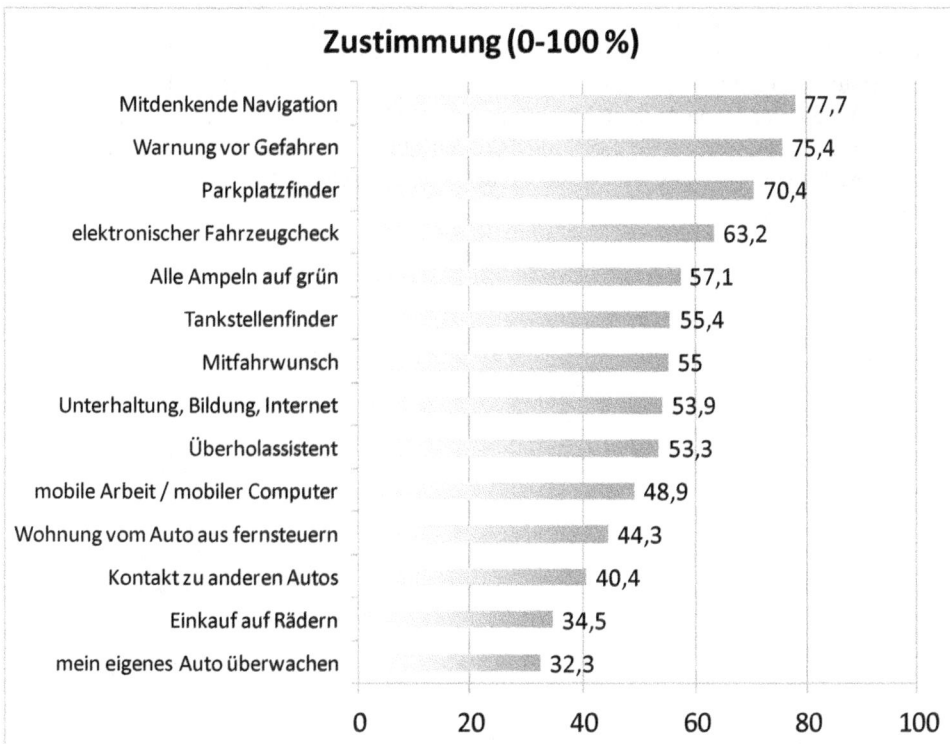

Zustimmung (0-100 %)

Funktion	Wert
Mitdenkende Navigation	77,7
Warnung vor Gefahren	75,4
Parkplatzfinder	70,4
elektronischer Fahrzeugcheck	63,2
Alle Ampeln auf grün	57,1
Tankstellenfinder	55,4
Mitfahrwunsch	55
Unterhaltung, Bildung, Internet	53,9
Überholassistent	53,3
mobile Arbeit / mobiler Computer	48,9
Wohnung vom Auto aus fernsteuern	44,3
Kontakt zu anderen Autos	40,4
Einkauf auf Rädern	34,5
mein eigenes Auto überwachen	32,3

Abb. 6.1: Ergebnisse einer kombinierten Befragungsstudie mit Online- und Papierfragebögen zu den bevorzugten Funktionen, die durch das vernetzte Fahren möglich gemacht werden sollen. Es wurden 391 Autofahrer befragt. Jede Funktion wurde in Form eines kurzen Szenariotextes beschrieben.

In dieser Studie, aber auch in weiteren Untersuchungen wurde deutlich, dass Benutzer dieser zukünftigen Technologie erwarten, dass vor allem verkehrsnahe Funktionen angeboten werden. Dies zeigen auch die Ergebnisse zu den möglichen Finanzierungsmodellen für diese neuen Funktionen. Die überwiegende Mehrheit der Autofahrer sieht eine zukünftige Vernetzung ihres Fahrzeugs als Teil der Ausstattung, für die beim Autokauf oder bei der Nachrüstung ein einmaliger Preis entrichtet wird. Das Telekommunikationsmodell, bei dem die Dienste über periodisch fällig werdende Gebühren (abhängig von der Nutzungshäufigkeit oder als Flatrate) bezahlt werden, wird als unpassend für den Verkehrskontext eingeschätzt.

In einer nachfolgenden Untersuchung wurden Versuchspersonen ausgewählte Funktionen im Rahmen einer Kano-Analyse vorgelegt (Kano, 1984). Die Ergebnisse zeigen klar, dass es drei sogenannte Begeisterungsfaktoren gibt, während die anderen Faktoren im Indifferenzbereich liegen, d. h. sie werden von der Befragten sehr widersprüchlich bewertet, ein Teil von ihnen bewertet sie positiv und würde sie gern nutzen, ein anderer Teil hält sie für überflüssig oder sinnlos.

Die Ergebnisse der Kano-Analyse stützen die vorausgegangen Befragung zur Akzeptanz von Funktionen. Das vernetzte Fahren bietet die Chance, Autofahrer (und potentielle Kunden) mit einigen Funktionen zu begeistern. Die verschiedenen Funktionen werden nicht als selbstverständlich vorausgesetzt (wie es z. B. bei Heizung und Lüftung der Fall wäre), noch geht es um Funktionen nach dem Muster je mehr (Motorleistung) oder je weniger (Verbrauch) desto besser, wie es für Leistungsfaktoren üblich ist, sondern es sind entweder irrelevante Merkmale (oft aus Kundensicht als „Schnickschnack" bezeichnet) oder echte „must-have-features".

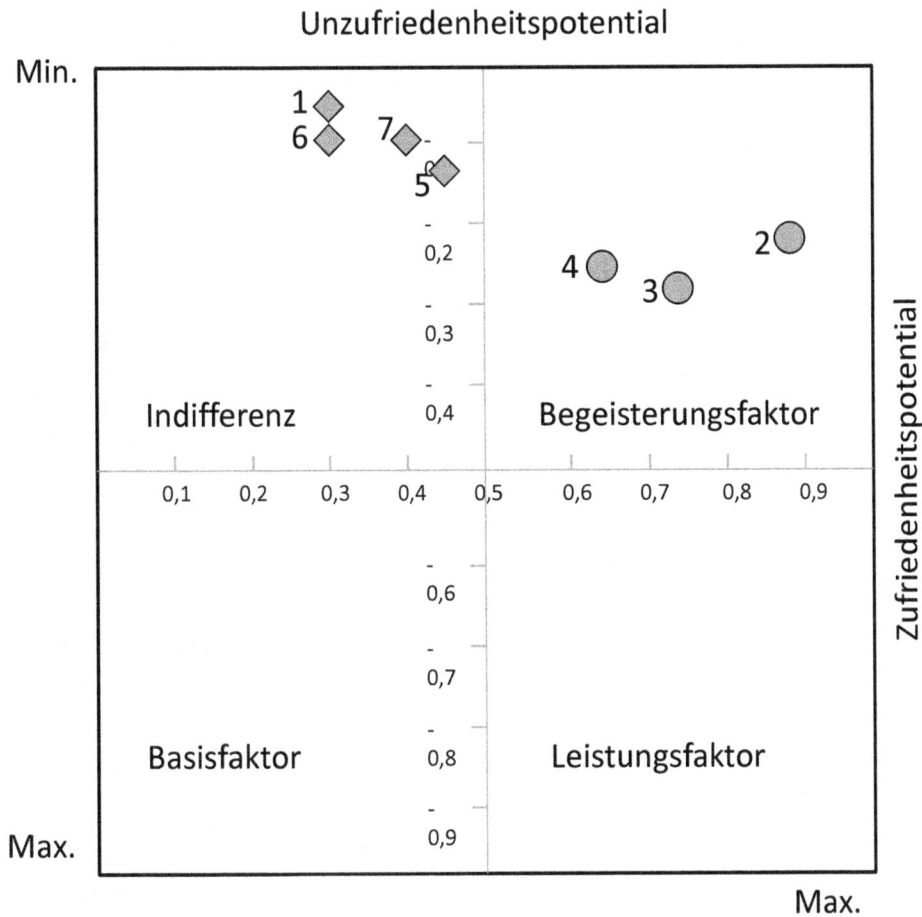

Abb. 6.2   Die Ziffern bezeichnen folgende Szenarien: 1 – Kontakt anderen Autos aufnehmen (eine Art Chat-Funktion zwischen benachbarten Fahrzeugen), 2 – Mitdenkende Navigation (Berücksichtigung der Verkehrssituation in Echtzeit und fortlaufende adaptive Neuberechnung der Routenführung), 3 – Warnung vor Gefahren (vorausfahrende oder entgegenkommende Fahrzeuge fungieren quasi als Sensoren), 4 – Alle Ampeln auf Grün (fortlaufende Adaptierung der Ampelphasen an das Verkehrsaufkommen), 5 - Elektronischer Fahrzeugcheck (permanente Onboard-Diagnose aller relevanten Fahrzeugkomponenten und Verbindung zur Werkstatt), 6 – Einkauf auf Rädern (Senden einer Einkaufsliste während der Fahrt an einen Supermarkt mit der anschließenden Möglichkeit, die bestellten Waren abzuholen), 7 - Wohnung fernsteuern (bestimmte Funktionen in der Wohnung vom Auto ausführen, z. B. vor der Ankunft Heizung hochfahren).

7   Ingenieurpsychologische Untersuchungen zu Software-Systemen für die industrielle Produktion

Während die vorausgegangenen Abschnitte gezeigt haben, dass Produkte der Automobilindustrie bereits in hohem Maße Gegenstand ingenieurpsychologische Analyse und Gestaltung sind und dass Fahrerassistenzsysteme und –informationssysteme bereits so weit optimiert sind, dass ihre Vorteile die Nachteile deutlich überwiegen, sind die Software-Werkzeuge der Automobilindustrie (wie auch anderer Wirtschaftsunternehmen) in großen Teilen noch nicht so weit entwickelt. Die Unterschiede liegen z. T. darin begründet, dass die Hersteller Autos (mit den entsprechenden integrierten Hard- und Software-Systemen) verkaufen wollen und ihre Käufer auch begeistern wollen, während IT-Systeme in der Produktion anscheinend einfach „verordnet" werden können und Benutzer (vom Werker bis zum Manager) gar keine andere Wahl haben, als dieses System zu benutzen. Diese Vermutung ist allerdings nicht zutreffend, denn die Art der Systemnutzung hängt sehr wohl davon ab, ob jemand allein auf Anweisung ein System nutzt oder ob er von dem System einen hohen persönlichen Nutzen erwartet und auch erhält oder vielleicht sogar davon begeistert ist, wie es Autofahrer von bestimmten Funktionen des vernetzten Fahrens sind.

Ein Beispiel aus dem Bereich Forschung und Entwicklung eines Automobilkonzerns soll verdeutlichen, wie ingenieurpsychologische Analysen und Gestaltungsnahmen zu hoch akzeptierten und sowohl gern als auch effizient benutzten Softwaresystemen führen können.

In einer F&E-Abteilung eines Unternehmens bestand Unzufriedenheit darüber, dass Erkenntnisse aus Projekten in zu geringem Maße so dokumentiert und aufbereitet werden, dass sie leicht wieder auffindbar und nachnutzbar sind. Viel wertvolles Wissen ging verloren, wenn die teilweise befristeten Mitarbeiter aus dem Unternehmen ausschieden oder in andere Abteilungen wechselten. Dies ist ein zentrales Thema des Wissensmanagements. In der Literatur (z. B. Damodaran & Olphert, 2000) findet man eine Vielzahl von Untersuchungen, die zeigen, dass alle Wissensmanagementsysteme, bei denen die Dokumentation von Daten, Informationen und Dokumenten als gesonderte Tätigkeit erfolgt, entweder gar nicht oder nur sehr unvollständig benutzt werden. Ursache dafür ist, dass die „eigentliche" Arbeit viel wichtiger ist und oft keine Zeit bleibt, um sich mit solchen zusätzlichen Aktivitäten zu beschäftigen. Eine weitere Ursache besteht darin, dass die Datenbanksysteme, die für das Wissensmanagement eingesetzt werden, sehr komplex sind und oft als universelle Rahmensysteme zur Verfügung gestellt werden, die nicht wirklich zu den konkreten Bedingungen in einem Unternehmen passen. Durch Interviews mit Führungskräften und Befragungs- und Beobachtungsstudien an den Arbeitsplätzen konnten wir feststellen, dass genau diese Bedingungen auch für die Mitarbeiter der untersuchten Abteilung zutrafen. Dies hatte u. a. zur Folge, dass das konzernweit eingesetzte Wissensmanagement-System von den Betroffenen überhaupt nicht benutzt wurde. Es erschien ihnen schlicht ungeeignet. Hinzu kam, dass die Mitarbeiter die Usability des Systems extrem schlecht bewerteten und mehr oder weniger schon von der Systemoberfläche abgeschreckt wurden.

Als Hilfslösung hatte sich die Abteilung auf ein gemeinsames Laufwerk auf einem Server geeinigt, auf dem alle relevanten Projektdokumente abgelegt werden sollten. Aber auch diese

Hilfslösung war nicht wirklich gelungen. Einerseits speicherten viele Mitarbeiter viele intermediäre Dokumente weiterhin bevorzugt auf ihren persönlichen Speichermedien, andererseits wurde das gemeinsame Laufwerk zu einer unstrukturierten Ablage, bei der nach einiger Zeit niemand mehr einen schnellen Überblick über die Inhalte gewinnen konnte, was wiederum dazu führte, dass die Nutzung dieses Laufwerks deutlich zurück ging.

Im Rahmen von Anforderungsanalysen hatten wir zunächst nach den Bedürfnissen der Mitarbeiter gefragt, ihre bisherigen Gewohnheiten bei der Dokumentation von Information und Wissen analysiert und die benutzten Softwarewerkzeuge, sowie die Dokumenttypen erfasst. Eine überraschende Erkenntnis war, dass fast alle Projektdokumentationen durch nur zwei Programme (MS-Powerpoint und MS-Word) erfolgten. Darüber hinaus gab es eine Vielzahl von Komponenten, die in diese beiden Dokumenttypen einflossen (insbesondere Grafik-, Foto-, Video- und Sound-Dateien).

Wir schlugen dann vor, im Sinne eines „nahtlosen Wissensmanagements" die eigentliche Projektbearbeitung und die Dokumentation zu verknüpfen. Dafür wurde eine Datenbank bereitgestellt, die den Namen WEP (Wissens- und Erfahrungspool) trug. Das Menü „Speichern unter..." in MS-Word und MS-Powerpoint wurde um die Option „im WEP" erweitert. So konnten die Mitarbeiter ohne das Programm zu wechseln, Dokumente direkt in der Datenbank speichern und auch später dort wieder zur Überarbeitung aufrufen. Das Abspeichern erforderte es, ein oder mehrere Schlagworte zu dem Dokument aus einem Katalog zuzuordnen. Der Katalog hatte die Besonderheit zweistufig zu sein. Man konnte eher umfassende Begriffe wählen, um ein Dokument mit facettenreichen Inhalten zu charakterisieren oder aber sehr spezielle Begriffe, wenn es um spezifische Fragen ging. Der Begriffskatalog war zudem editierbar. Die Ablage von elementaren Daten wie Fotos etc. erfolgte über eine einfache Benutzungsschnittstelle der Datenbank. Wichtig bei der Einführung des Systems war, dass in der Anfangsphase über Praktikanten schon viele vorhandene Inhalte in das System eingetragen werden konnten. So kam kein Benutzer in die Verlegenheit, als erster einen Eintrag in ein bis dato leeres System vorzunehmen. Wer betritt schon gern als erster ein leeres Restaurant?

Dieses simple, aber maßgeschneiderte Wissensmanagement-System erwies sich als großer Erfolg. Es wurde intensiv benutzt und ist, auch dank der intensiven Einbeziehung der Mitarbeiter in den Analyse-, Entwicklungs- und Einführungsprozess, von allen als Markenzeichen der Abteilung, als „unser" System angesehen. Gerade die Einfachheit der Benutzung wurde als großer Vorteil gesehen. WEP wurde über mehrere Jahre hinweg erfolgreich und intensiv genutzt und erst die komplette Reorganisation der IT-Infrastruktur in der Folge eines groß angelegten Merging-Prozesses machte einen Wechsel erforderlich.

Literatur

Bahner, J.E., Huper, A.D. , Manzey, D. (2008). Misuse of automated decision aids: Complacency, automation bias and the impact of training experience. International Journal of Human - Computer Studies, 66 (9), 688-699.

Carr, N. (2004). Does IT Matter? Information Technology and the Corrosion of Competitive Advantage. Harvard Business School Press: Boston.

Damodaran, L. & Olphert, W. (2000). Barriers and facilitators to the use of knowledege management systems. Behaviour & Information Technology, 19, 405-413

Grabowski, M. & Sanborn, S.D. (2003). Human performance and embedded intelligent technology in safety-critical systems. International Journal of Human-Computer Studies, 58 (6), 637-670.

I-drive und wer fährt? Automobil Tests. Heft 5, Mai 2007, 44 – 49.

Kano, N. (1984). Attractive Quality and Must-be Quality. Journal of the Japanese Society for Quality Control, 4, 39-48.

Knopfarbeit. Autor Motor Sport . Heft 11, 2006, 72-79.

Naumann, A., Urbas, L., Wandke, H. und Kolrep-Rometsch, H. (2006). Mensch-Maschine-Schnittstelle für vernetztes Fahren: Regeln zur Systemgestaltung. MMI-Interaktiv, 10, 7-16.

Norman, D. A. (2007). The Design of Future Things. New York: Basic Books.

Wandke, H. (2007a). Ingenieurpsychologie. In K. Landau (Hrsg.), Lexikon der Arbeitsgestaltung (676-678). Stuttgart: Gärtner-Verlag

Wandke, H. (2007b). Mensch-Computer-Interaktion. in H. Schuler und K. Sonntag (Hrsg.) Handbuch der Arbeits- und Organisationspsychologie (203-209). Göttingen: Hogrefe.

Über den Autor

Prof. Dr. sc. nat. Hartmut Wandke (geb. 1949)
Professor für Ingenieurpsychologie / Kognitive Ergonomie
Institut für Psychologie
Mathematisch-Naturwissenschaftliche Fakultät II
Humboldt-Universität zu Berlin

Hartmut.wandke@psychologie.hu-berlin.de

http://www.psychologie.hu-berlin.de/prof/ingpsy

Arbeitsschwerpunkte
Ingenieurpsychologie, Mensch-Maschine-Systeme, Psychologie der Automatisierung, Assistenzsysteme, Situation Awareness, Mensch-Computer-Interaktion, Software-Ergonomie, Usability Engineering, User Experience, Ubiquitous Computing, Technologie-Akzeptanz, Methoden der Usability-Evaluation, Ältere Menschen und Techniknutzung, Ambient Assisted Living, User Centered Design

Information und Kommunikation auf dem Shop-Floor – Eine Methodik zur Gestaltung handlungsleitender Informationsprozesse

Information and Communication on the shop floor – A method for designing information processes which determine actions

Maik Lehmann

Zusammenfassung

Die Automobilindustrie muss in Zukunft Herausforderungen bewältigen, die durch verschärfte Wettbewerbsbedingungen, wachsende Kundenanforderungen und sich daraus ergebende Komplexitäts- und Flexibilitätssteigerungen u. a. in Fertigungsprozessen entstehen. Besondere Relevanz erhalten dabei Informationsprozesse auf dem Shop-Floor, d. h. auf der eigentlichen Wertschöpfungsebene. Ein praxisorientiertes kybernetisches Modell handlungsleitender Informationsprozesse wird als interdisziplinärer Ansatz vorgestellt. Darauf aufbauend wird eine Methodik der Integration dieser Prozesse in die Fabrikplanung entwickelt. Die praktische Umsetzung wird beispielhaft anhand der Endmontage des Volkswagen-Werkes Wolfsburg illustriert.

Summary

In the future the automotive industry will have to face up to challenges caused by tougher competition, an increase in customer requirements and the consequent increase in complexity and flexibility in, for example, production processes. In this context, information processes on the shop floor, i.e. at the affected level of the value chain, gain a particular relevance. A practically-oriented, cybernetic model of information processes which determine actions is presented as an interdisciplinary approach. On this basis, a method for integrating these processes in factory-planning shall be developed. The practical implementation will be presented using the example of the final assembly at the Volkswagen plant in Wolfsburg.

1 Einleitung

Mit der Erkenntnis, dass sich Potentiale für Produktivitätssteigerungen und Qualitätsverbesserungen durch die Optimierung der Technik erschöpfen, werden Rationalisierungs- und Optimierungspotentiale unter anderem durch eine Neuausrichtung der Arbeits- und Prozessorganisation fokussiert. In diesem Zusammenhang findet die Realisierung eines ganzheitlichen Produktionssystems in vielen Unternehmen statt. Ein wesentlicher Bestandteil des ganzheitlichen Produktionssystems ist das visuelle bzw. allgemein das Informationsmanagement. Dieses erlangt in Organisationen, die Gruppenarbeit fokussieren, eine besondere Bedeutung.

Die Organisation der Fabriken ist gegenwärtig zumeist durch vertikale und hierarchische Strukturen gekennzeichnet. Produktionsaufgaben und Geschäftsprozesse sind hingegen horizontal orientiert. „Die über Jahrhunderte eingefahrenen bürokratischen Unternehmenshierarchien führen zu Verzögerungen bei der Entscheidungsfindung und vielfach zur Auswahl falscher Strategien." (König, 2000, S. 114). Die „fraktale Organisation" ist ein Ansatz, nicht vertikale, sondern horizontale Abläufe als Normalfall einer Prozesseinheit zu betrachten (Warnecke & Hüser, 1992).

Die Konzeption einer fraktalen Organisation verfolgt nicht den Grundgedanken, gänzlich neue Organisationsformen zu schaffen. Der neue Ansatz besteht vielmehr darin, Erfahrungen, Erkenntnisse und bestehende Lösungen in einem größeren Zusammenhang prozessorientiert nutzbar zu machen - und sie in einer langfristigen Vision umzusetzen.

Allgemein besteht ein Konsens darüber, dass eine wie auch immer geartete Organisation des Wissens und des Informationsprozesses innerhalb des Unternehmens entscheidend für die Wettbewerbsfähigkeit ist. „Informationen als Rohstoff eines jeden Entscheidungsprozesses haben sich zunehmend zu einem wettbewerbsentscheidenden Produktionsfaktor entwickelt." (Wolf, 1998, S. 3).

Ein Grundanliegen muss es in diesem Sinne sein, Informationen aus dem Unternehmen in einem Regelkreis in den Fertigungsprozess zurückzuführen, um die Produktion an den Kundenwünschen ausrichten zu können. Es sollen möglichst kleine und schnelle Regelkreise entstehen, wobei die zur Lösung der Aufgaben und Regelung des Prozesses notwendige Kommunikation direkt auf der Ebene der jeweils betroffenen Fraktale/Gruppen, d. h. auf dem Shop-Floor, erfolgt.

Information als Wettbewerbsfaktor

Der rasante Strukturwandel in der Industrie, der vor allem durch das Ausbreiten der Mikroelektronik in Produkt-, Prozess- und Informationstechnologien ausgelöst wurde, ruft das Problem eines effizienten Informations- und Wissensmanagements hervor. Die enormen Potentiale, die bei einer effizienten Lösung dieses Problems erschlossen werden können, werden durch die Tatsache verdeutlicht, dass gegenwärtig bis zu 75% der Belegschaft eines Industrieunternehmens nichts mehr mit der Be- und Verarbeitung von Material im physischen Sinne zu tun haben, sondern ausschließlich Daten und Informationen erfassen, verarbeiten, speichern und übertragen sowie Entscheidungen vorbereiten und treffen (vgl. Augustin, 1990). Das Ziel jeder Organisation muss es demnach sein, sich zu einem lernenden System, zu einer „Selbst-Lern-Organisation" zu entwickeln. Durch starke Rückkopplung von Informationen wird ein Selbstmanagement ermöglicht, das Grundbaustein zum Erreichen dieses Ziels ist.

Die Leistungsfähigkeit und damit der Erfolg eines Unternehmens sind stark von den Einstellungen, dem Wissen und Können, vor allem aber von der Identifikation der Mitarbeiter mit ihren betrieblichen Aufgaben abhängig. Das interne Kommunikations- und Informationssystem hat wesentlichen Einfluss auf die Identifikation mit den betrieblichen Aufgaben und stellt somit die Basis für das Transparenzerleben der Mitarbeiter dar (vgl. Kolb, 1996).

2   Modell handlungsleitender Informationen

Der soziotechnische Systemansatz bildet die theoretische Grundlage effizienterer Prozesse durch Informationsvisualisierung. Da es kein elaboriertes theoretisches Modell gibt, erscheint es sinnvoll, von einem soziotechnischen Systemansatz und nicht von einer soziotechnischen Systemtheorie zu sprechen. Dass die soziotechnische Systemtheorie die Organisation als offene soziale und technische Systeme versteht, ist für deren Bewertung wichtig. Die Kernaussage gilt ebenso für die Organisation in ihrer Gesamtheit wie auch für die Gruppen- und Individualebene, da Veränderungen auf einer Ebene immer durch Faktoren der anderen Ebenen beeinflusst werden und sich auch auf diese auswirken (vgl. Kolb, 1996).

Zentrale Zielstellung des soziotechnischen Systemansatzes ist die optimale Passung von sozialem und technischem Teilsystem. Hierbei kommt der Information und Rückmeldung eine große Bedeutung zu. Sie ermöglicht dem Mitarbeiter eine bessere und umfassendere Orientierung im Arbeitsumfeld, ein besseres Verständnis für Arbeitshandlungen, das Erleben des eigenen Wertes und der eigenen Wirkung und das Eingliedern in das soziale Umfeld des Unternehmens. Die gezielte Steuerung von Informationen im Sinne handlungsleitender Informationen steht dabei im Fokus.

Bei der Erarbeitung eines Modells handlungsleitender Informationsprozesse sind vor allem drei Forschungskonzepte von Bedeutung, da diese das menschliche Handeln beschreiben bzw. Einflüsse auf das Handeln erklären. Es sind Informations-, die Handlungsregulations- und die Motivationstheorie.

Informationstheorien sind im Wesentlichen aus mathematischen und kybernetischen Betrachtungen hervorgegangen. Neben der Definition des Begriffs Information und der notwendigen Abgrenzung zu den häufig synonym verwendeten Begriffen Wissen, Daten, Kommunikation und Nachrichten ist vor allem der Prozess der Informationsübertragung und der Informationswahrnehmung durch den Menschen relevant.

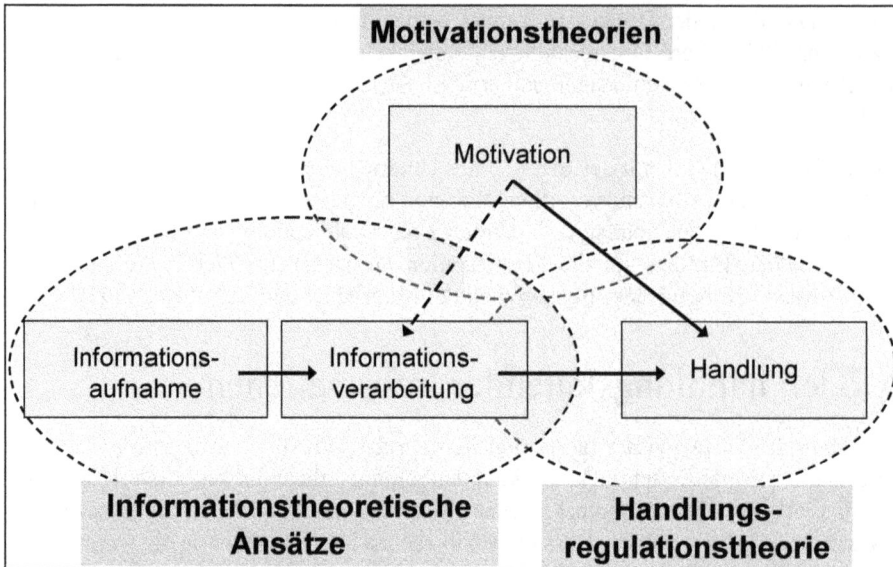

Abb. 2.1: Zugrunde liegende theoretische Ansätze

Die Struktur des Informationsaustauschs kann durch diese Schrittfolge beschrieben werden (nach Klix, 1971):

1. Auswahl und Bildung der Nachricht durch das System 1,
2. Umsetzung bzw. Kodierung der Nachricht durch das System 1,
3. physikalische Übertragung der Nachricht,
4. Umsetzung bzw. Re-Codierung der Nachricht durch das System 2,
5. Zuordnung der Nachricht zu inneren Zuständen (Erkennen) durch das System 2.

Die Reaktion des empfangenden Systems (System 2) ermöglicht dem sendenden System (System 1) eine Bewertung des Erfolgs der Informationsübertragung. Im Fokus steht dabei die Verarbeitung der Information durch den Menschen. Diese wird durch verschiedene Modellansätze beschrieben. Es sind folgende Hauptgruppen:

- sequentielle Modelle bzw. Stufenmodelle,
- Ressourcenmodelle.

Das Modell von Reitter (2001) erweitert die klassischen Ansätze und stellt somit eine weitere Basis für die Entwicklung eines Konzepts der Informationsvisualisierung dar.

Die Ansätze der Informationsverarbeitung stellen die Nahtstelle zur Handlungsregulationstheorie dar. Im Rahmen der Handlungsregulationstheorie ist ein zentrales Konzept die hierarchisch-sequentielle Handlungsorganisation. Grundlagen dafür sind die zyklische Einheit von Volpert (1983) und die VVR-Einheit nach Hacker (1978). Ferner hat eine besondere

Bedeutung im Kontext der Gruppenarbeit das Konzept der kollektiven Handlungsregulation (Weber, 1997).

Wie in Abb. 2.1 dargestellt hat die Motivation erheblichen Einfluss auf Informationsverarbeitungsprozesse und die Handlungsregulation. Dabei wird das Rubikon-Modell nach Heckhausen als theoretisch-methodologische Basis einbezogen. Eine Vertiefung erfolgt im Rahmen der Zielsetzungstheorien. Weitere Einflüsse von Information und Kommunikation auf Arbeitszufriedenheit und -motivation können durch das Modell des Kontrollstrebens und das Konzept des Transparenzerlebens beschrieben werden.

Ableitend aus den benannten Grundlagen wurde ein Modell der informationsgeleiteten Handlung für das Individuum entworfen (siehe Abb. 2.2).

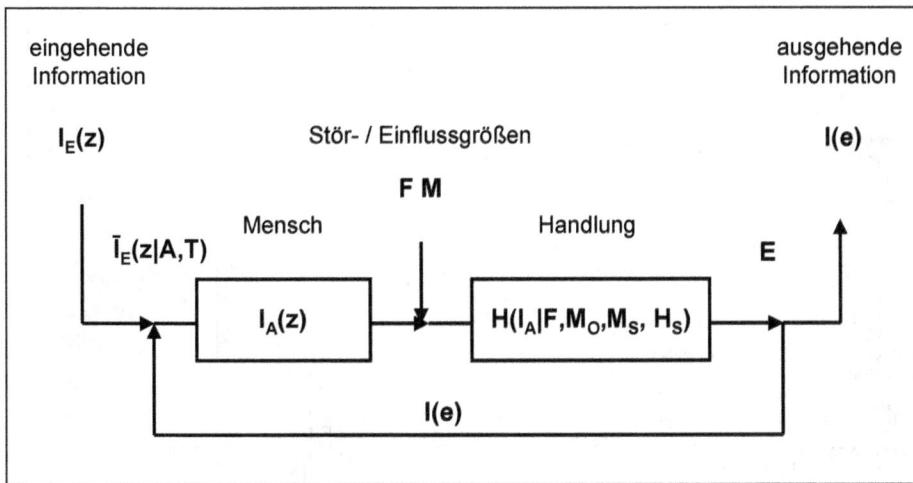

Abb. 2.2　Modell der informationsgeleiteten Handlung

Dieses kybernetische Modell stellt die Wirkzusammenhänge im Sinne einer praktischen Anwendbarkeit vor allem in Unternehmen mit ingenieurtechnischem Hintergrund dar. Die inhaltliche Beschreibung erfolgt über den nachfolgenden Gleichungssatz:

$$E := h_A(i_A|F, M_O, M_S, H_S)$$

mit

$i_A(z)$ 　　 $:= \tilde{\imath}_E(z|A, T)$

Mo 　　 $:= \ddot{u}(z_M; z_O)$

M_S 　　 $:= \text{konst.}$

Für den betrachteten Fertigungstyp kann das Modell für die Arbeitsgruppe wie folgt darge stellt werden (siehe Abb. 2.3).

Aus den klassischen Ansätzen der Fabrikplanung ist eine Methodik zur Integration bzw. Planung handlungsleitender Informationsprozesse abzuleiten. Das Konzept der Fraktalen Fabrik ist - nach Abwägung der Vor- und Nachteile verschiedener Organisationstypen von Fabriken - als die geeignete Variante im Sinne der Integration handlungsleitender Informationsprozesse identifiziert worden (siehe ausführlich Warnecke & Hüser, 1992). Die gesonderte Betrachtung der Informationsprozesse in der Fraktalen Fabrik zeigt Potentiale im Hinblick auf die gezielte Informationssteuerung auf. Als weitere Grundlagen der organisatorischen Arbeitsgestaltung sind die Gruppenarbeit und die Zielorientierung zu nennen. Eine wesentliche Erweiterung der herkömmlichen Arbeitsorganisation stellt die Informationsvisualisierung einschließlich der Feedbackmechanismen dar.

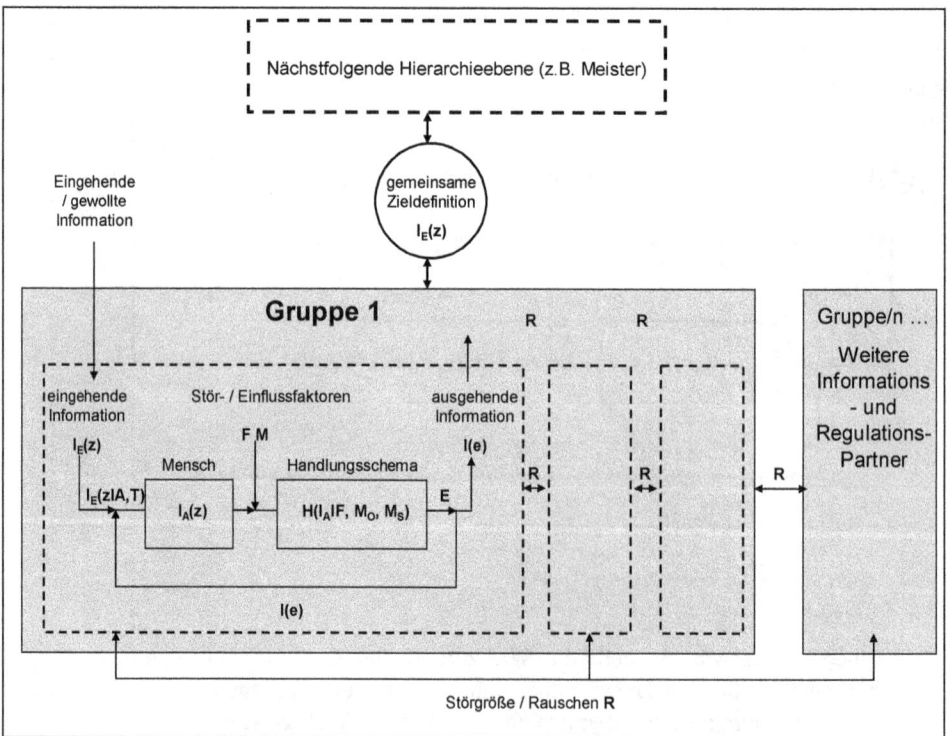

Nächstfolgende Hierarchieebene (z.B. Meister)

Eingehende / gewollte Information

gemeinsame Zieldefinition
$I_E(z)$

Gruppe 1   R   R

Gruppe/n ...

Weitere Informations - und Regulations- Partner

eingehende Information   Stör- / Einflussfaktoren   ausgehende Information

$I_E(z)$ F M   I(e)

$I_E(z|A,T)$ Mensch   Handlungsschema
$I_A(z)$ $H(I_A|F, M_O, M_S)$ E

R   R   R

I(e)

Störgröße / Rauschen R

Abb. 2.3   Modell der informationsgeleiteten Handlung für die Gruppe

Bei Eingrenzung auf eine variantenreiche Großserienfertigung in einer Großunternehmung wurde eine Methodik entwickelt. Diese ist nicht als separate Planungssystematik zu verstehen, sondern orientiert sich an der Planung und Gestaltung wandlungsfähiger Fabriken, wie sie u. a. durch Hildebrand et al. (2005) vertreten wird. Die Abb. 24 zeigt im Überblick die wesentlichen Planungsschritte und inhaltlichen Erweiterungen.

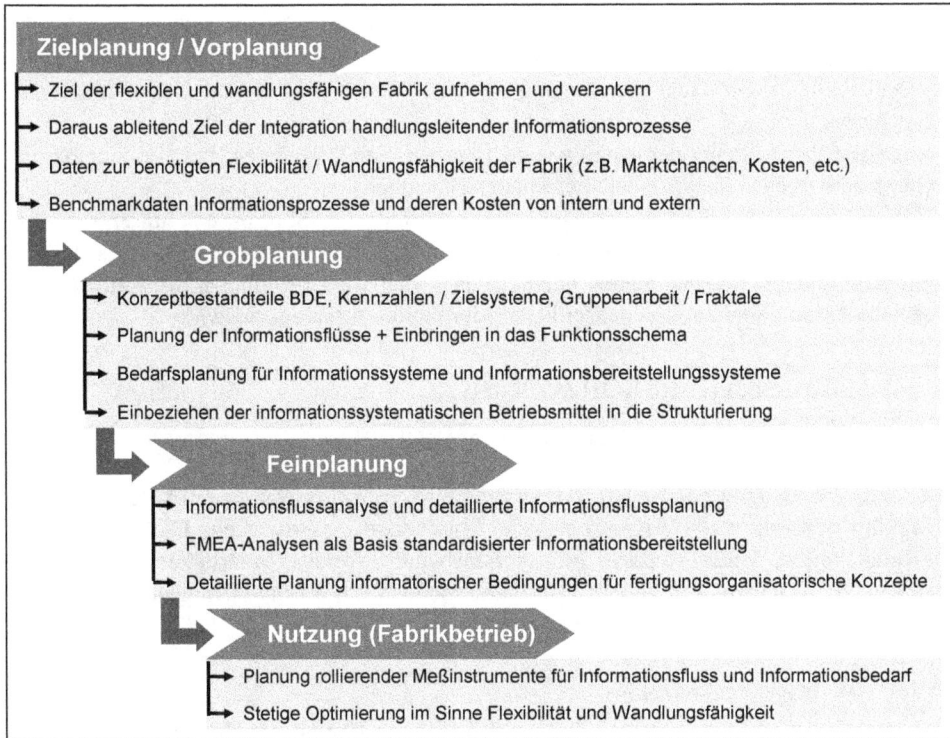

Abb. 2.4   Methodik der Integration handlungsleitender Informationsprozesse

Informationsvisualisierung als Instrument der Informationsübertragung und Rückmeldung

Die Wende von den hierarchischen hin zu den modularen (fraktalen) Unternehmungsstrukturen schafft die Voraussetzung zu schnelleren und flexibleren Reaktionen. Die Arbeitsteilung wird reduziert, dispositive und objektbezogene Arbeiten werden zusammengeführt. Dabei erfüllt der arbeitende Mensch ganzheitliche, prozessorientierte Aufgaben in einer (teil-) autonomen Gruppe.

Das Wissen wächst exponentiell an und führt zu einer Informationsflut, die schwer zu beherrschen ist. Um zukünftigen Anforderungen im Umgang mit Informationen gewachsen zu sein, reicht es nicht aus, Informationen zu sammeln und aufzubewahren, sondern es ist vielmehr notwendig, die Informationen effizient zu verwalten, sie so zu strukturieren (Verfügbarkeit, Aufbereitung, Darstellung, sicherer Zugriff), dass sie den Menschen im Produktentstehungsprozess zur Verfügung stehen. Da der Mensch etwa 75% der Informationen über die reale Welt aus visuellen Eindrücken erhält, hat die Visualisierung von Informationen auch in der Produktion einen hohen Stellenwert. Ziel ist es, die Daten graphisch so zu repräsentieren, dass strukturelle Zusammenhänge und relevante Eigenschaften derselben erkannt werden können. Die Informationsvisualisierung hat vier Aufgaben zu erfüllen (vgl. Dässler, 1999):

- „Symbole, Diagramme oder Animationen helfen komplexe Prozessabläufe und Objekt-beziehungen in der Realwelt zu veranschaulichen und gegebenenfalls zu vereinfachen.
- Visualisierung vereinfacht den Zugang zu Massendaten, z.B. durch Klassifikation und Datenstrukturierung.
- Visualisierung hilft bei der Analyse und Interpretation von Daten, bei der Sichtbarma-chung verborgener Trends sowie bei Mustererkennung.
- Visualisierung entspricht der Neigung der menschlichen Spezies und unserer Kultur, visuelle Informationsprozesse und Repräsentationsformen zu bevorzugen. Aus der Ge-hirnforschung ist darüber hinaus bekannt, dass sich Visualisierung positiv auf die Ge-dächtnisleistung und auf die menschliche Informationsaufnahme auswirkt."

3   Visualisierungskonzept am Volkswagen-Standort Wolfsburg

Ein Grundanliegen der Volkswagen AG am Standort Wolfsburg war es, ein Visualisierungs-konzept in Kooperation von Wissenschaft und Mitarbeitern zu entwickeln. Die wissenschaft-liche Studie diente zunächst dazu, Informationsbedürfnisse der Mitarbeiter und des Ma-nagements zu erkunden. Auf ihrer Basis wurde sodann ein Visualisierungskonzept entwi-ckelt.

Ziel des Visualisierungskonzeptes

Das Visualisierungskonzept hat das Ziel, neue Wege zur Optimierung der Informationsver-breitung und -durchdringung am Standort Wolfsburg aufzuzeigen und deren Umsetzung zu beschreiben. Es ist eine „Stellschraube" auf dem Weg zum optimalen Informationsmanage-ment. Ein weiteres Ziel war es, ein auf alle Bereiche an jedem Standort der Volkswagen AG anwendbares Konzept zu entwickeln. Die speziellen Anforderungen der diversen Bereiche bzw. Standorte, die eine spezifische Anpassung des Konzeptes erfordern, stellen ein nicht zu unterschätzendes Problem dar. Die Beachtung des Problems ist notwendig, um eine strate-gisch bedenkliche Gläubigkeit an ein hochkomplexes, für Mitarbeiter jedoch intransparentes Informationssystem zu vermeiden. Eine konsequente Umsetzung des von uns entwickelten Konzepts bedeutet den Beginn eines neuartigen Informationsmanagements in der Volkswa-gen AG.

Ausgangssituation

Am Standort Wolfsburg ist eine getaktete Fließmontage mit Gruppenarbeit vorzufinden. Die Fahrzeuge werden auf vier Montagelinien gefertigt. An den Linien arbeiten die Mitarbeiter in Gruppen/Teams. Teamstärke und Flächenausbreitung der einzelnen Teams variieren.

In verschiedenen Bereichen des Werkes Wolfsburg, vor allem in der Endmontage, wurden 42"-Plasmamonitore eingesetzt, um Qualitätsinformationen aus dem System FIS-eQS (Ferti-gungs-, Informations- und Steuerungssystem - elektronisches Qualitätsdatenerfassungssys-tem) in die einzelnen Teams und Organisationseinheiten zurück zu melden. Die Darstellung der Informationen erfolgte anfangs statisch (Abb. 3.1 zeigt die dem jeweiligen Team zuge-ordnete Fehlerschwerpunkte in einem 8-Stunden-Fenster.) Die Anzeige wies keine auffälligen Variabilitäten auf, wodurch sie monoton erschien. Sie wurde im 2-minütigen Rhythmus aktualisiert und wechselte zur Verminderung von Einbrenneffekten zwischen einem dunklen und einem hellen Hintergrund. Es konnten keine weiteren Informationen visualisiert werden, weil das Darstellen von herkömmlichen Datenformaten (pdf-Dateien, Powerpoint, Word, etc.) im Wechsel nicht möglich war. Demzufolge wurde eine spezielle Software entwickelt.

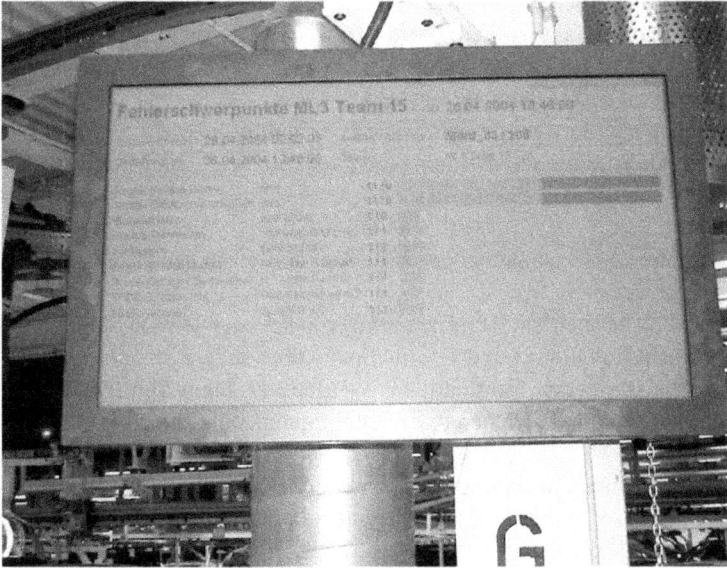

Abb. 3.1:   Plasmamonitor

Mitarbeiterbefragung

Die Zufriedenheit der Mitarbeiter mit der vorhandenen Anzeige wurde in einer empirischen Studie mittels Fragebogen und Experteninterview erfasst. Hierbei wurden alle Hierarchie-ebenen eingebunden und somit ein repräsentativer Querschnitt der Befragung gesichert. Die Auswertung bezieht sich auf 179 Fragebögen, die sich wie folgt aufteilten:

Teammitarbeiter:	79	44,13%
QRK's:	54	30,17%
TK's:	23	12,85%
Meister:	11	6,15%
FK's:	12	6,70%

Im Rahmen des Endbenutzerfeedbacks wurden ferner Experteninterviews mit Teamkoordi-natoren, Meistern und Führungskräften durchgeführt.

In dieser Studie wurden u. a. folgende Erkenntnisse gewonnen:

- Der Einsatz von Plasmabildschirmen für das Informationsmanagement wird als sehr sinnvoll befunden.
- Der Informationsinhalt auf den Plasmabildschirmen ist zu gering und muss erweitert werden. Die Mitarbeiter wollen mehr Informationen.
- Die Darstellung der Informationen ist zu monoton. Die Mitarbeiter schauen deshalb nur selten auf den Bildschirm und arbeiten nicht mit den Informationen.
- Änderungen der Informationsinhalte sollten nur durch visuelle Signale hervorgehoben werden. Audio-Signale werden kategorisch abgelehnt, da sie störend wirken und im Geräuschpegel der Fertigung oft nicht wahrnehmbar sind.
- Favorisierte Informationen sind fertigungsbegleitende Informationen, wie z. B. Stückzahlen, Trends, Fehlerverläufe, Auditnoten, An- und Abwesenheiten etc. Die Mitarbeiter benötigen diese, um den Arbeitsablauf optimieren und richtige Entscheidungen treffen zu können.
- Informationen zur aktuellen Marktsituation der VW AG und zu neuen Produkten und Modellen werden nachgefragt.
- Weitere gewünschte Informationen sind Problemschwerpunkte der letzten Schicht, zudem Konzern- und Werksinformationen und Informationen über andere Standorte.
- Unter den über VW hinausgehenden Informationen werden vor allem Sportmeldungen, aktuelle Nachrichten, Verkehrsinformationen und Wettermeldungen genannt.

Die Erkenntnisse aus dem Endbenutzerfeedback wurden bei der Entwicklung des Visualisierungskonzeptes berücksichtigt. Der Wunsch des Managements und die Notwendigkeit, eine Lösung „mit den Mitarbeitern für die Mitarbeiter" anzustreben, erforderte ein wissenschaftlich fundiertes Endbenutzerfeedback. Somit wurden Betroffene zu Beteiligten.

Grundsätze und Informationsgewichtung

Eine Hauptfrage in der empirischen Studie war, welche Informationen zu welchem Zeitpunkt und in welcher Häufigkeit dargestellt werden sollen. Zunächst wurde dafür eine Gewichtung einzelner Informationsarten vorgenommen. Die folgende Abbildung stellt ein empirisch begründetes, angemessenes Verhältnis der Gewichtung der Informationsarten dar.

Auf Basis der gewonnenen Informationen kommt es zur Clusterung der Darstellungszeiten und -häufigkeiten. Die Hierarchisierung der Informationen ist notwendig, um eine unnötige Ablenkung der Mitarbeiter von ihrer Kerntätigkeit (Arbeitstätigkeit) zu verhindern. In der Abb. 3.3 wird die Clusterung verdeutlicht.

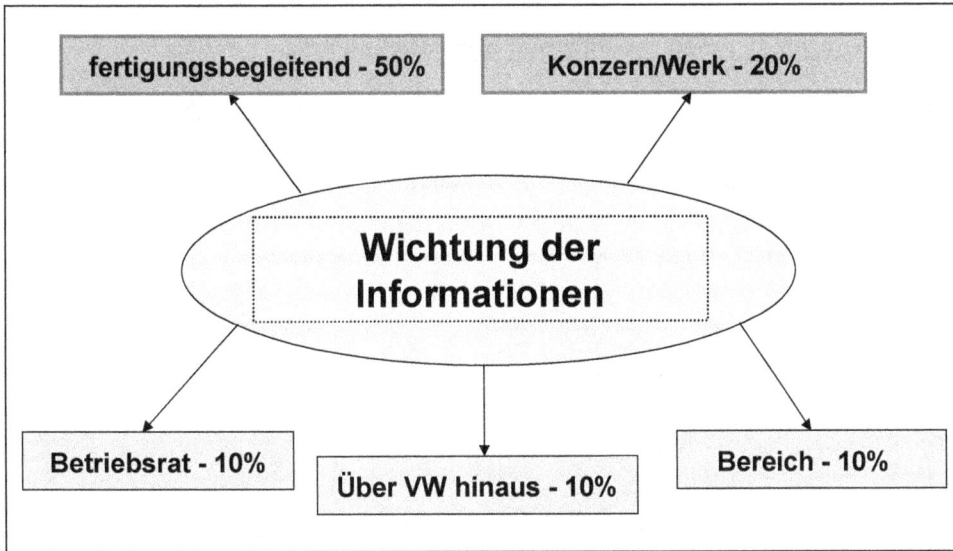

Abb. 3.2: Gewichtung der Informationen

Die Informationen der ersten Hierarchieebene sollten solche sein, die es den Mitarbeitern erleichtern, ihre Kernaufgabe effizient zu erfüllen. Hier sind fertigungsbegleitende Informationen gefordert. Es könnten z. B. Diagramme von aktuellen Daten aus bereits existierenden Systemen zur Qualität und Produktivität (Rückmeldung der Prozessorganisation) in Form von Grafiken und Piktogrammen in einem stetigen und vordefinierten Wechsel dargestellt werden. Qualitätsinformationen aus einem Erfassungssystem stellen hierbei den Kern der Qualitätsaussagen dar. Stückzahlinformationen, Taktzeiten und Pufferstände sind ebenfalls gefragt. Aktuelle Daten, deren Visualisierung über die Plasmabildschirme erfolgt, werden über definierte Schnittstellen aus vorhandenen Systemen automatisch generiert.

Hierarchieebenen der Informationsvisualisierung

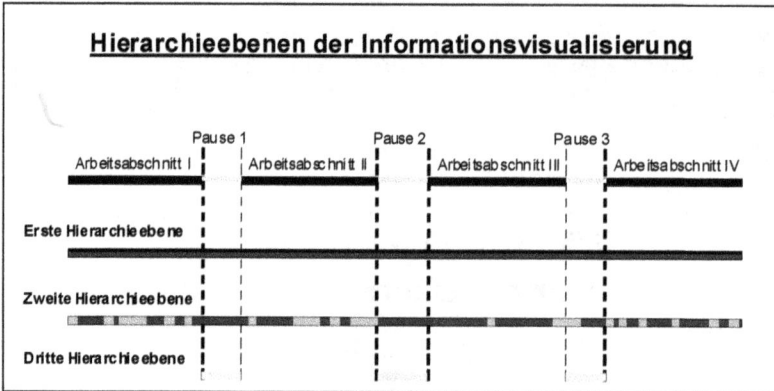

Abb. 3.3: Hierarchieebenen der Informationspräsentation

Die zweite Hierarchieebene sollte zum einen Informationen aufweisen, die einen sofortigen Kenntnisstand der Mitarbeiter erfordern (z. B. Störmeldungen). Zum anderen sollten Informationen beachtet werden, die den Arbeitsprozess unterstützen (z. B. Schulungsvideos).

In der dritten Hierarchieebene sollten arbeitsumfeldbezogene Informationen (z. B. Werks-, Konzern- und Betriebsratsinformationen) nur in den Arbeitspausen visualisiert werden. Diese sollten nicht während der Arbeit präsentiert werden, da sie von der Erfüllung der Kernaufgabe ablenken können.

Im Folgenden wird der in der Praxis realisierte Designentwurf vorgestellt (siehe Abb. 3.4). Dieser basiert auf den Ergebnissen des Endbenutzerfeedbacks. Grundanliegen war es, die wichtigsten fertigungsbegleitenden Informationen für die Mitarbeiter einfach und verständlich darzustellen.

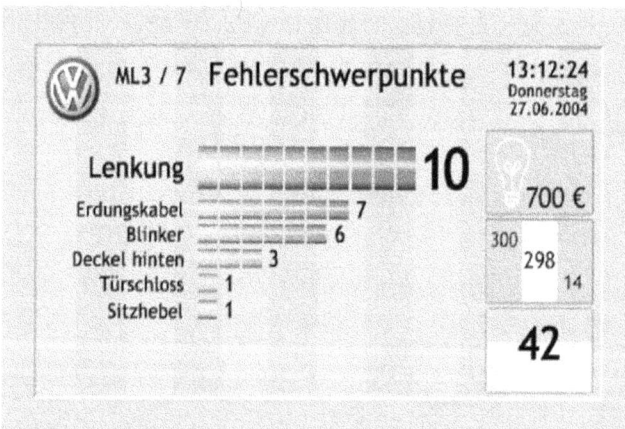

Abb. 3.4: Design der Darstellung

Das Design sieht vor, dass neben der Hauptdarstellung drei bis vier kleine Piktogramme dargestellt werden. Diese Piktogramme reduzieren den Informationsgehalt auf einfach und übersichtlich darstellbare Kerninformationen. In definierbaren Intervallen werden die Piktogramme groß aufgeblendet und wechseln so fortlaufend. Die zeitliche Dauer einer Darstellung sollte von ihrer Priorität abhängen. Qualitätsinformationen sind besonders zu beachten.

In der Kopfzeile der Darstellung sind ein Markenlogo, der Bereichsname (Team, Montagelinien etc.), der Name des aktuell aufgeblendeten Piktogramms und Datumsdaten aufgeführt.

Weitere Informationen können in den Pausenzeiten groß überblendet werden. Sollten mehrere Medien (Präsentationen, Videos, etc.) gleichzeitig genutzt werden, so ist eine sinnvolle Aufteilung des Monitors anzustreben. Zur Verhinderung von Monotonie und von physikalischen Einbrenneffekten werden z. B. Inhalts- und Farbvarianten im Wechsel dargestellt.

Die Wirksamkeit der geplanten Darstellungsvariabilität ist sehr davon abhängig, dass Präsentationen auf den Monitoren nicht als monoton wahrgenommen werden. Aus dem Grund ist es sinnvoll, kleine Charakteranimationen in die Darstellungen einzubeziehen. Soll zum Beispiel eine Sofortinformation dargestellt werden, kann dies u. a. durch ein sich bewegendes Ausrufungszeichen begleitet werden.

Ein wichtiger Aspekt ist außerdem die Aktualität der Darstellungen. Neben automatisierten Daten muss das Einpflegen von aktuellen Informationen gewährleistet sein.

4   Potenziale des Visualisierungskonzeptes

Das oben skizzierte Visualisierungskonzept wurde in einem mehrjährigen Projekt fast vollständig umgesetzt. Es weist aber noch Potenziale auf, die im Folgenden dargelegt werden.

Qualität

Ein Bestandteil des Visualisierungskonzeptes ist die Darstellung von Qualitätsdaten. Grundsätzlich erfolgt die mobile Aufnahme der Qualitätsdaten per PDA durch die Qualitätsregelkreismitarbeiter. An den Enden der einzelnen Fertigungsabschnitte sind Mitarbeiter positioniert, die z. B. die Karosse nach Qualitätsgesichtspunkten prüfen. Bevor das Fahrzeug das Werk verlässt, wird am sogenannten Zählpunkt 8 eine komplette Qualitäts- und Funktionsprüfung des Fahrzeuges durchgeführt. Werden Beanstandungen am Fahrzeug festgestellt, so werden diese in Nacharbeit behoben und im FIS-eQS festgehalten. Die entstandenen Datenmengen werden fahrzeugspezifisch oder summarisch in Berichten verarbeitet und dem Management dargelegt. Um eine sofortige Rückmeldung in die Gruppen zu erreichen, werden den Fehlern Verursacherteams zugeordnet. Dementsprechend werden die Fehler an die Mitarbeiter rückgemeldet. Die Rückmeldung von Qualitätsdaten im Sinne eines schnellen Regelkreises weist folgende Potentiale auf:

- Die Rückmeldungen der Fehler erhöht die Sensibilität der Mitarbeiter für aktuelle Beanstandungsschwerpunkte.
- Der Qualitätsregelkreismitarbeiter kann schneller regelnd eingreifen, da die Informationen über den qualitativen Zustand des Prozesses zeitnah verfügbar sind.

- Die Mitarbeiter erkennen die Problemschwerpunkte der letzten Schicht und können präventiv damit umgehen.
- Durch die schnelle Rückmeldung von Anlagenstörungen kann der Mitarbeiter regelnd eingreifen und die Qualität des Prozesses mit entsprechenden Mitteln erhalten.
- Das Gegenüberstellen von einer hieraus resultierenden Kennzahl über drei Arbeitsschichten kann ein qualitätsförderlicher Wettbewerb zwischen diesen Schichten aufkommen.
- Die Rückmeldung von Kosten, die durch Qualitätsmängel vor Kunde entstehen (externe Fehlerfolgekosten) sensibilisiert die Mitarbeiter dahingehend, dass das Vertrauen in die Qualität der Marke Volkswagen von der Qualität ihrer persönlichen Arbeitsleistung abhängt.

Neben diesen Punkten sind weitere Potentiale erkennbar. Die bereits genannten Aspekte haben direkte Auswirkungen auf

- die Steigerung der Direktläuferquote an diversen Zählpunkten im Fabrikprozess,
- die Senkung der internen Fehlerfolgekosten,
- die Senkung der externen Fehlerfolgekosten.

Eine verbesserte Qualität und damit eine Steigerung der Prozesseffizienz erhöht die Direktläuferquote. Diese wiederum senkt interne Kosten (z. B. der internen Fehlerbehebung). Weiter Einsparungen sind möglich, wenn dies dauerhaft ist und somit das Nacharbeitspersonal reduziert werden kann. Wird ferner die Kundenzufriedenheit einbezogen, so kann die Verbesserung der Qualität nicht hoch genug bewertet werden.

Zeit

Die Mitarbeiter erhalten durch das Visualisierungskonzept aktuelle Rückmeldungen zu den Kennwerten des Fertigungsprozesses. Dies erschließt folgende Potentiale:

- Die Mitarbeiter sind in der Lage, eine für den Prozess optimale Einteilung der Arbeitstätigkeiten durch hierfür benötigte Informationen dezentral durchzuführen. (Selbststeuerung der Teams)
- Weiterhin ergeben sich verkürzte Entscheidungswege (z. B. bei Störfällen) durch dezentralisierte Entscheidungsspielräume auf Basis von Informationen vor Ort.
- Durch die verbesserte Reaktionsfähigkeit im Prozess können Puffer reduziert und somit Durchlaufzeiten gesenkt werden.
- Die verbesserte Prozessqualität sorgt für eine Reduzierung der Nacharbeit und senkt somit die Produktdurchlaufzeiten.
- Durch die Visualisierung der Qualitätsinformationen sinken die Kontrollzeiten, da alle notwendigen Informationen auf einen Blick verfügbar sind.
- Die schnellere Reaktion bei Anlagenstörungen durch Informationsvisualisierung reduziert störungsbedingte Liegezeiten.
- Das Einspielen von Schulungsvideos zu den Arbeitsgängen wird zur effizienteren Erfüllung der Arbeitsaufgaben beitragen.

Kosten

Eine Reduzierung der verbrauchten Zeit pro Fahrzeug hat erkennbare Auswirkungen auf die Fabrik- bzw. Personalkosten. Durch Informationsvisualisierung sind Potentiale bezüglich folgender Kostenarten gegeben:

- Qualitätskosten,
- Flexibilitätskosten,
- Personalkosten,
- allgemeine Fabrikkosten (durch erhöhte Produktivität).

Die Auswirkung des Visualisierungskonzeptes auf die Kosten ist quantitativ nur schwer bestimmbar. Im Werk Wolfsburg werden viele Maßnahmen und Projekte verfolgt, die u.a. die Kostenreduzierung zum Ziel haben. Deshalb ist eine umfassende Analyse erforderlich, die alle Maßnahmen zur Kostensenkung berücksichtigt. Zweifelsohne kann jedoch konstatiert werden, dass die Finanzierung des Projekts zur Informationsvisualisierung den üblichen wirtschaftlichen Anforderungen einer Amortisation des Invests innerhalb eines Jahres gerecht geworden ist.

Flexibilität

Die Auswirkungen einer umfassenden Informationsversorgung der Mitarbeiter sind an keinem anderen Zielkriterium so plastisch beschreibbar wie anhand der Flexibilität. Dabei sollen das Flexibilitätsressourcenpotential und die Aktivierungszeit dieses Potentials unterschieden werden.

Der Standort Wolfsburg der Volkswagen AG ist die größte zusammenhängende Automobilproduktionsstätte der Welt. Bei ca. 50.000 Mitarbeitern stellt sich das Problem der Informationsversorgung und -durchdringung bis zur untersten Hierarchiestufe. Die vielfältigen Strukturen und Verzweigungen, aber auch die hocharbeitsteilige Prozessorganisation stellen hohe Anforderungen an Informationssysteme. Probleme der Informationsdurchdringung können u. a. mit Hilfe der Informationsvisualisierung gelöst werden. Mit den Plasmabildschirmen vor Ort in den Fertigungsteams können Informationen direkt an die Mitarbeiter der Shop-Floor-Ebene, d. h. ohne zwischengeschaltete Hierarchieebenen, gegeben werden. Dies ermöglicht eine flexiblere Steuerung des Werkes.

Motivation

Das grundlegende Kriterium ist die Motivation und Bindung der Mitarbeiter. Die Erhöhung der Mitarbeitermotivation hat positive Auswirkungen auf alle anderen Kriterien und auf den gesamten Produktionsprozess. Es ist evident, dass die Rückmeldung des Arbeitsergebnisses, die Rückkopplung der Prozessorganisation und die damit erfolgende Dezentralisierung der Entscheidungsspielräume für die Mitarbeiter von großer motivationaler Bedeutung sind. Diese Faktoren stellen einen Ansatz der Motivationsentwicklung dar. Um ihn ganzheitlich umsetzen zu können, werden neben Informationen, die der Mitarbeiter zur Ausführung seiner Arbeitstätigkeit benötigt, auch Informationen über das Tagesgeschehen und das Unternehmen zur Verfügung gestellt.

Ein weiterer Motivationsaspekt ist die Bindung der Mitarbeiter an das Unternehmen. Die Steigerung von Corporate Identity erhöht die Mitarbeiterzufriedenheit und Leistungsbereitschaft der Mitarbeiter. Denn ein Grundanliegen sollte es sein, dem Mitarbeiter Informationen über alle interessierenden Aspekte des gesamten Unternehmens zu geben. Somit wird er in das Unternehmensgeschehen eingebunden – und sein Wir-Gefühl wird gestärkt.

5   Fazit

Problemstellungen der Praxis sind zumeist durch hochkomplexe Strukturen und Prozesse charakterisiert. Für die Lösung derartiger Probleme muss zunehmend auf interdisziplinäre Forschungsansätze zurückgegriffen werden, da die Vernetzung von Wissenschaftsdisziplinen neue Chancen zur Beschreibung der Realität und zur Lösungsfindung bietet. So wurde eine Methodik entwickelt, die auf Ansätzen der Fabrikplanung, der Arbeitswissenschaft und der Arbeitspsychologie basiert. Dabei sind vor allem Gesichtspunkte der Handlungsregulationstheorie, der Informationstheorie, der Motivationstheorie und der Arbeitsorganisation in einem Modell der handlungsleitenden Informationsprozesse zusammengeführt worden. Eine Integration des Modells in die Planung von Fertigungsstätten ist künftig unerlässlich.

Das Visualisierungskonzept, d. h. eine Methode zur Verbesserung der Prozesseffizienz durch Rückkopplung der Prozessorganisation in einer Fließfertigung, wurde als Prototyp in der Endmontage des Volkswagen-Werkes Wolfsburg umgesetzt und anhand zyklisch stattfindender empirischer Studien stetig weiterentwickelt. Optimierungspotentiale wurden und werden durch eine sukzessive Erweiterung des Konzeptes in Theorie und Praxis erschlossen.

Die Zukunft eines Unternehmens wird maßgeblich durch seine Mitarbeiter bestimmt. Die Ausführungen im vorliegenden Beitrag sollen zeigen, dass eine Förderung des Humanpotentials und eine daraus resultierende Verbesserung des Produktionsprozesses eine höhere Prozesseffizienz zur Folge hat. Das Konzept der Informationsvisualisierung wird in der Praxis letztendlich erfolgreich sein, wenn im Unternehmen ein Ressortdenken und starre Hierarchien überwunden werden. Im Rahmen einer selbstlernenden Organisation sollte die Visualisierung von Produktions- und weiteren Informationen als durchgängiger Prozess verstanden werden.

Abkürzungen

A	Art der Information – Codierung
E	Arbeitsergebnis
F	Freiheitsgrad
H	Handlung
HS	Handlungsschema
IA	aufgenommene Information
IE	eingespeiste Information
M	Motivation
MO	objektive Motivation
MS	subjektive Motivation
N	Stichprobenumfang

PDA   Persönlicher Digitaler Assistent (Handheld)
QRK   Qualitätsregelkreis
FK   Führungskraft/-kräfte
TK   Teamkoordinator.
R   Rauschen
T   Transportweg der Information
Z   Ziel der Information
zM   Mitarbeiterziele
zU   Unternehmensziele

Literatur

Augustin, S. (1990). Information als Wettbewerbsfaktor: Informationslogistik – Herausforderung an das Management. Köln: Verlag TÜV Rheinland.

Dässler, R. (1999). Informationsvisualisierung: Stand, Kritik und Perspektiven . In Methoden und Strategien der Visualisierung in Medien, Wissenschaft und Kunst. Trier: Wissenschaftlicher Verlag (WVT).

Hacker, W. (1978). Allgemeine Arbeits- und Ingenieurpsychologie. Psychische Struktur und Regulation von Arbeitstätigkeiten, 2. Aufl. Bern: Huber.

Hildebrandt, T. (2005). Theoretische Grundlagen der bausteinbasierten technischen Gestaltung wandlungsfähiger Fabrikstrukturen nach dem PLUG+PRODUCE Prinzip. Dissertation an der Fakultät für Maschinenbau der TU Chemnitz. Wissenschaftliche Schriftenreihe des Instituts für Betriebswissenschaften und Fabriksysteme, Heft 45.

Klix, F. (1971): Information und Verhalten. Berlin: Deutscher Verlag der Wissenschaften.

Kolb, P. (1996): Zusammenhang zwischen Arbeitszufriedenheit und Transparenzerleben von Mitarbeitern in Unternehmen. Frankfurt am Main: Peter Lang Verlag.

König W. (2000): Wolfgang König interviewt Horst Strunz und Hans-Jürgen Warnecke zu Anforderungen an die Mitarbeiter in fraktalen Organisationen. In Wirtschaftsinformatik, 42, 2000, Sonderheft, 114-118.

Reitter, C. (2001): Beanspruchung des Autofahrers durch Monotonie - eine Untersuchung mit blick- und lidmotorischen Parametern. Dissertation an Fakultät für Verkehrs- und Maschinensysteme der TU Berlin.

Volpert, W. (1983): Das Modell der hierarchisch-sequentiellen Handlungsorganisation. In Hacker, W., Volpert, W. und von Cranach, M. (Hrsg.), Kognitive und motivationale Aspekte der Handlung (38-50). Bern: Huber.

Warnecke, H.-J. und Hüser, M. (1992): Die fraktale Fabrik: Revolution der Unternehmenskultur, Berlin: Springer.

Weber, W. G. (1997): Analyse von Gruppenarbeit: Kollektive Handlungsregulation in sozio-technischen Systemen. Göttingen: Huber.

Wolf, P. (1998): Konzept eines TQM-basierten Regelkreismodells für ein Information Quality Management. Dortmund: Verlag Praxiswissen.

Über den Autor

Dr.-Ing. Maik Lehmann (geb. 1980)
Volkswagen AG, Werk Wolfsburg
Assistenz Werkleitung Wolfsburg

maik.lehmann@volkswagen.de

Dr. Lehmann studierte Wirtschaftsingenieurwesen an der Hochschule Merseburg (FH). 2003 nahm er die Tätigkeit bei Volkswagen auf. Nach dem Ingenieurstudium an der TU Chemnitz erfolgte hier auch 2009 die Promotion.

Arbeitsschwerpunkte

Information und Kommunikation, Shop-Floor-Management, Fehlerabstellprozess, Produktionsmanagement, Planungs- und Projektmanagement

www.ingramcontent.com/pod-product-compliance
Lightning Source LLC
Chambersburg PA
CBHW081558190326
41458CB00015B/5648